선박기초안전

윤귀호 공저
오세진
정진아
이형기
배병덕
김종성
이윤석
박영수
이상득
이상일
정은석
이진욱

도서출판 상 학 당

머 리 말

해양대학교의 해사대학 학생들은 기초안전교육을 이수해야 승선실습이 가능하므로 현재 1학년을 마치면 방학을 이용하여 기초안전교육을 이수하고 있다. 이에 한국해양대학교에서 실습을 담당하는 교수들이 그동안의 선박실무경험을 바탕으로 우리 학생들이 선박에 승무하는 데 필수적으로 요구되는 생존지식과 기술을 효과적으로 습득하도록 《선박기초안전》 교재를 집필하게 되었다.

해양생존기술의 발달과 장비의 개발 등에 발맞춰 교재의 내용을 최신화하고자 여러 최신 자료를 수집하고 교수님들의 의견교환과 합의의 과정을 통해 이 교재를 편찬하였다.

ISM Code의 목적인 '선박승무원의 안전확보', '선박과 화물의 안전확보', '해양환경보호'에서도 알 수 있듯이 선박승무원의 안전확보는 선박에 승선근무하는 우리들에게는 무엇보다도 중요한 항목일 것이다. 그런 점에서 선박에서의 안전을 보장하고 승무원의 해상생존기술을 제공하기 위해 편찬된 이 교재가 많은 도움을 주리라 확신하는 바이다.

아무쪼록 이 교재가 우리학생들에게 선박의 안전의식을 높이고 더 나아가 졸업 후에도 계속 옆에 두고 애독하는 교재가 되기를 바라는 바이며, 그동안 편찬을 위한 기초자료의 수집과 많은 의견토론을 마다하지 않았던 여러 교수님들과 어려운 여건에서도 출판을 위한 많은 지원을 해주신 도서출판 상학당의 남승우 사장님에게 진심으로 감사의 마음을 전한다.

앞으로 지속적으로 내용을 개정 · 보완할 것임을 다짐하며...

2009년 1월

저자 일동

차 례

제 I 편 개인생존

제1장 구명 설비의 종류_15

제2장 생존기술_41

제 II 편 기초소화

제 3 장 선박의 화재와 소화 개요_75

제 III 편 기초응급처치

제 IV편 비상대응

제5장 선박 비상대응 절차_183

제8장 선내 업무 및 지시 이해_267

제 I 편
개인생존

제1장 구명 설비의 종류
제2장 생존기술

제1장 구명 설비의 종류

1.1 구명정

1.1.1 구명정의 종류

1974 SOLAS 협약에서는 Oar식 구명정, 기계추진장치부 구명정 및 제1급, 제2급 발동기부 구명정(life boat) 등 4종류로 나누어져 있으나, 1974년 SOLAS 협약이 1983년 개정에 의하여 부분폐형 구명정, 전폐형 구명정, 그리고 내화 구명정 등이 추가되어 있다.

1. 추진 방식에 의한 분류

1) Oar식 구명정(Oar-rowing lifeboat)
2) 기계추진장치부 구명정(Mechanically propelled lifeboat)
3) 발동기부 구명정(Motor lifeboat)

2. 형상에 따른 분류

1) 개방형 구명정(Open type lifeboat)
2) 부분폐형 구명정(Partially enclosed lifeboat)
3) 전폐형 구명정(Totally enclosed lifeboat)
4) 내화 구명정(Fire protected lifeboat)

3. 밀폐식 구명정(Totally enclosed lifeboat)

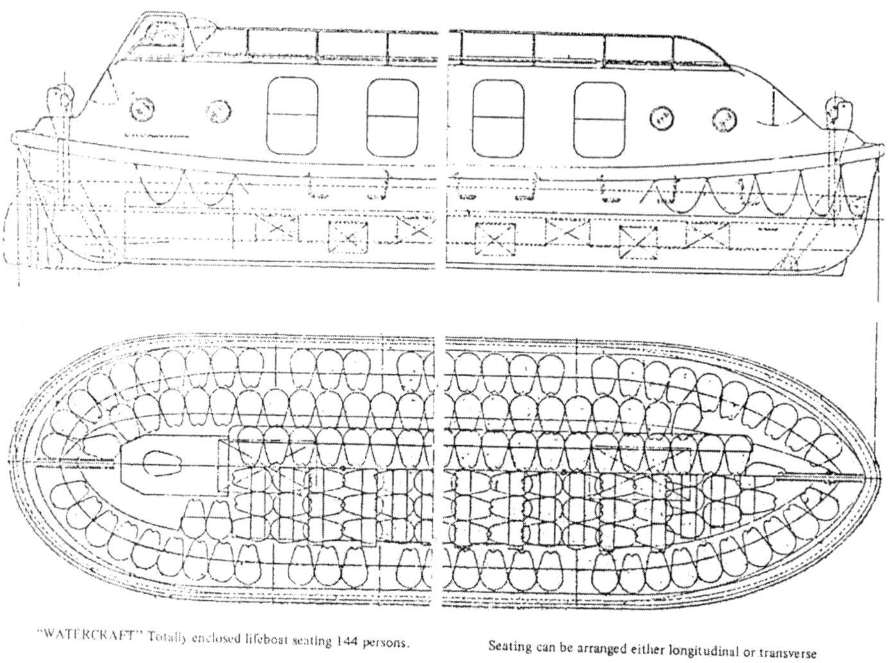

그림 1-1 ● 구명정 내부(전폐형)

그림 1-2 ● 구명정 사진(전폐형)

1.1.2 구명정의 진수장치(Davit의 종류)

구명정을 진수시키는 장치를 보트 대빗(Boat davit)이라 한다. 대빗은 각 구명정마다 설치되어 있고, 구명정 진수를 용이하게 하기 위하여 스케이트(Skate)나 기타 적당한 장치를 비치하고 있다.

또한, 가능한 한 최단 시간에, 늦어도 30분을 넘지 아니하는 시간에 진수될 수 있어야 한다. SOLAS 1983 개정 협약에서는 2인이 5분 이내에 가능하도록 항상 준비 상태를 유지할 것과 퇴선 신호 후 10분 이내에 전체 퇴선이 가능할 것을 요구하고 있다.

1. Radial davit

대빗의 축을 회전시켜 구명정을 수평방향으로 돌려 진출시키는 형식으로 종래에는 가장 널리 사용되었으나 현재는 소형선박에만 설치된다. 조작이 복잡하고 위험하며 선체 동요나 경사가 심할 때는 Swing out이 불가능할 수도 있다.

2. Pivot davit

스쿠루(Screw)장치로 되어 있어 핸들을 돌리면 대빗의 하단을 지점(Point)으로 하여 대빗이 선내 · 외로 움직이게 된다. 기계식 대빗 중 가장 오래 전에 고안되었으며, 그 종류도 많다. 중력형보다는 보트를 Swing out시키는데 노력과 시간이 많이 걸린다.

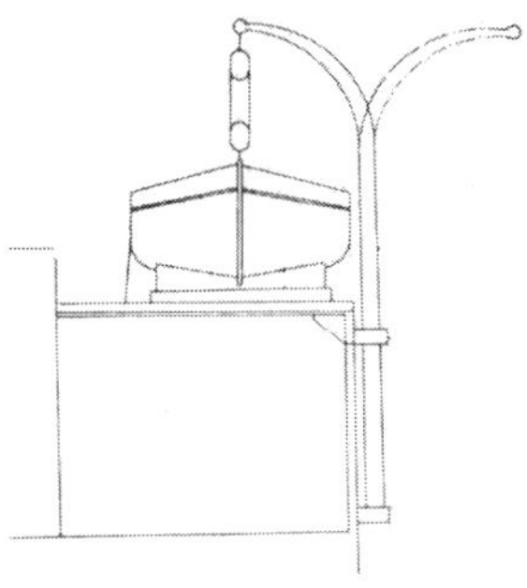

그림 1-3 ◦ Radial davit

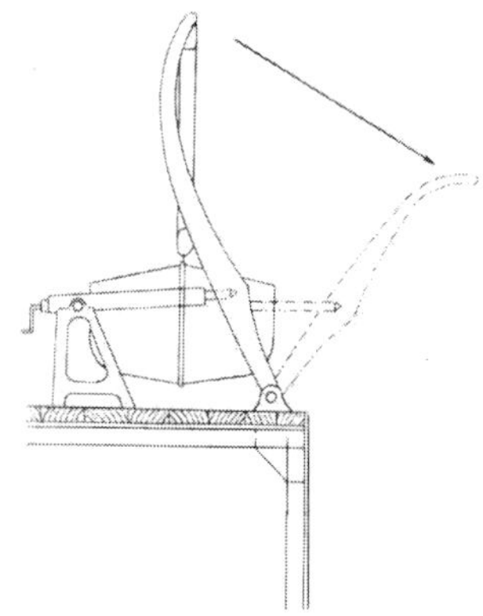

그림 1-4 ◦ Pivot davit

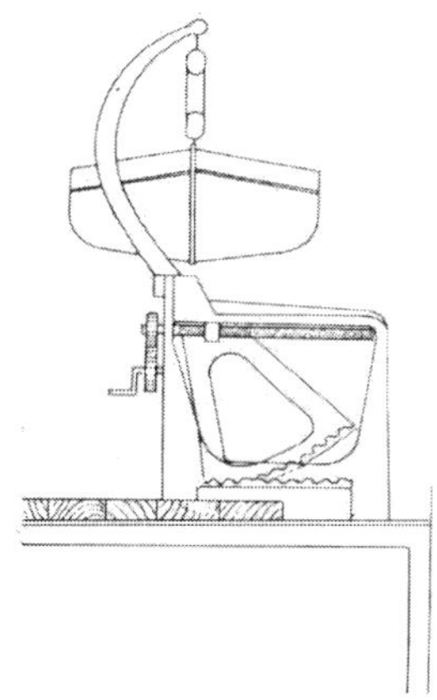

그림 1-5 ◦ Quadrantal davit

3. Quadrantal davit

대빗의 하부를 부채꼴로 하고 차차 장치에 의하여 구명정을 이동시키는 대빗이다. Pivot davit와 같이 수동에 의하여 대형의 구명정을 이동시키기 때문에 시간과 노력이 많이 필요하다.

4. Gravity davit

보트의 무게에 의하여 선외로 내릴 수 있는 대빗이며, 대빗 하단을 기점으로 하여 진출되는 형식과 대빗의 롤러가 트랙에 미끄러져 진출되는 형식(Roller track way type)이 있다.

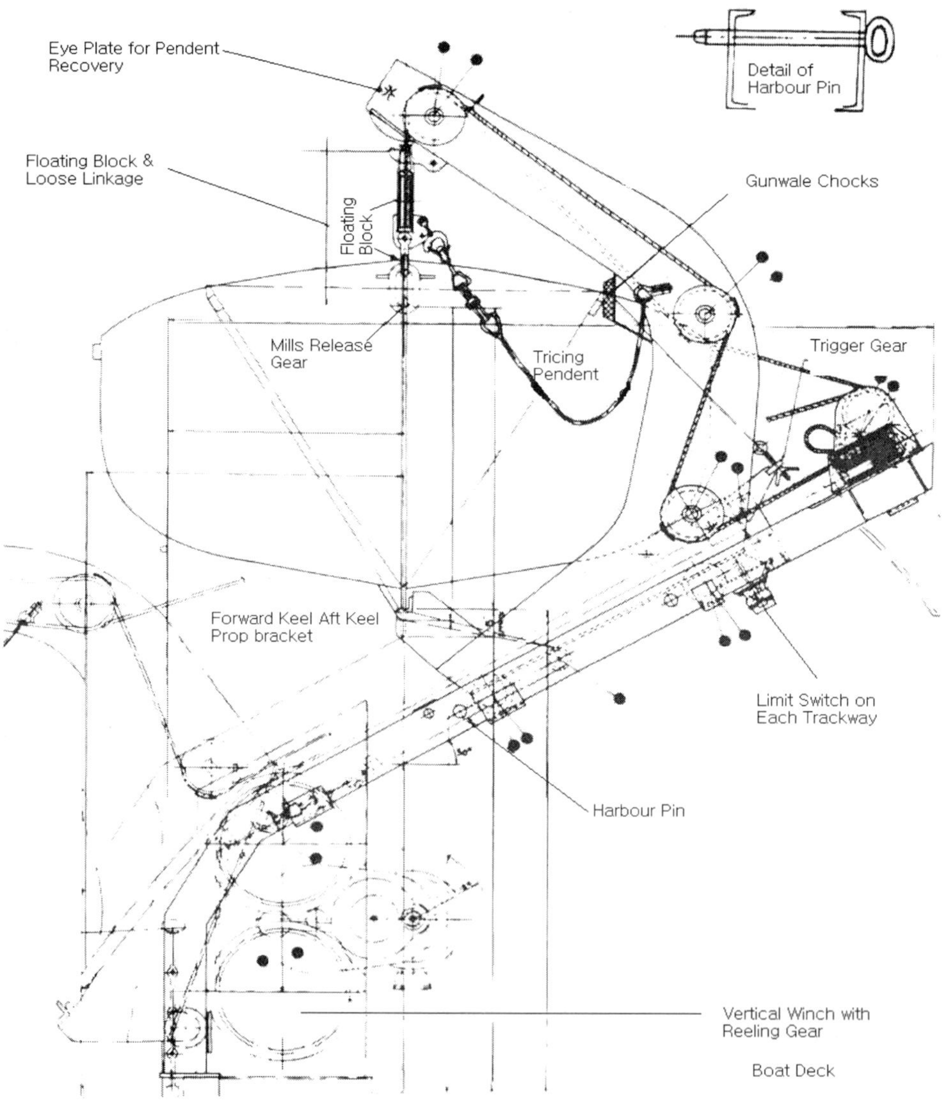

그림 1-6 ◦ Gravity type Davit

브레이크 핸들을 들어올려 구명정을 강하하고, 이때 강하속도는 독립된 원심력 브레이크에 의하여 조절할 수 있다.

대빗를 작동 전 또는 작동 중에 움직이지 못하도록 하는 트리거(Trigger)식으로 된 안전장치가 있고, 보트 윈치나 보트 폴(Boat fall)의 교체, 수리시에 대빗을 고정시키는 하버 핀 장치가 있다.

5. Free fall type davit

자유낙하 구명정은 10°까지의 트림과 20° 이상 선박이 경사한 상태에서 정원과 의장품을 만재하고, 선박의 최대경하 항해상태의 흘수선상의 탑재위치로서 설계된 최대 높이로부터 진수될 때 생기는 가속도에도 보호될 수 있도록 제작된다.

그림 1-7 • Free fall davit

1.1.3 구명정 진수와 관련한 주요 구성품과 역할

그림 1-8 ● Cradle &Cradle stopper

① 크레이들(Cradle) : 구명정 진수 및 격납시 와이어로서 하중을 지지하는 지지대로서 활강로를 따라 구명정을 선외로 이동시키거나 대빗에 고정시켜 준다.

② 크레이들 스토퍼(Cradle stopper) : 활강로를 가로지르는 강재 사각봉으로 크레이들이 활강로를 따라 미끄러져 내려가지 않게 하는 역할을 하며, 구명정 진수시 반드시 제거하여야 한다.

③ 크레이들 스토퍼 핀(Cradle stopper pin) : 구명정을 고박시킨 후 크레이들이 움직이지 않게 고정시키는 장치이다.

그림 1-9 ● Sea painter

그림 1-10 ● Sheave

④ 시 페인터(Sea painter) : 구명정이 진수된 후 앞뒤로 이동하는 것을 방지하며, 본선으로부터 멀어지는 것을 방지하는 역할을 하며 평상시에도 묶여 있다.

⑤ 쉬브(Sheave) : 대빗에 부착된 도르래로서 대빗 와이어가 통과하며 와이어 꼬임 방지와 하중을 감소시켜 원활하게 구명정을 작동시키는 역할을 한다.

⑥ 플로팅 블록(Floating block) : 구명정과 대빗 와이어 로프를 연결하는 블록으로 구명정 선수미에 있으며 구명정 훅(Hook)에 연결되어 있다.

⑦ 보트 쵸크(Boat chock) : 구명정 고박시 구명정 현측에 접착되는 것으로, 선박 횡요시 동요로 인한 구명정의 파손 또는 충격을 완화하기 위하여 대빗에 목재와 고무로 부착되어 있다.

그림 1-11 • Floating block

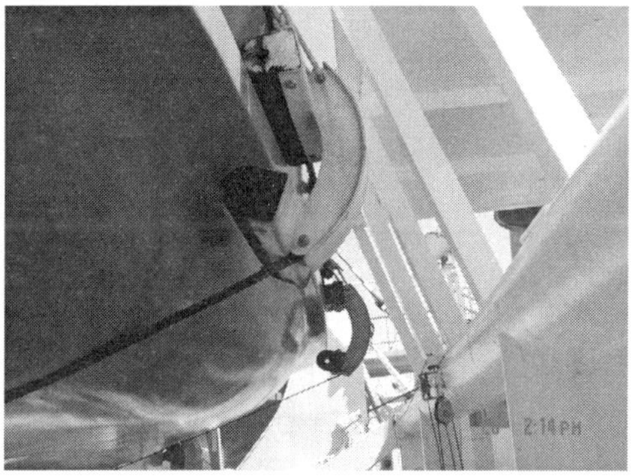

그림 1-12 • Boat chock

그림 1-13 • Pad eye

그림 1-14 • Limit Switch

⑧ 패드 아이(Pad eye) : 구명정을 고박하는 와이어를 연결하는 고리 역할을 하는 구멍(Hole)으로 크레이들 상부와 갑판상에 설치되어 있다.

⑨ 리미트 스위치(Limit switch) : 크레이들을 지지하는 지주대(Frame)에 조그맣게 부착되어서 구명정 격납시 크레이들이 지주대(Frame)에 도달하면 이 밸브를 눌러 원동기나 유압기의 작동을 멈추게 하여 크레이들 작동을 정지시켜 대빗 와이어에 무리한 힘이 걸리지 않게 하는 일종의 안전장치이다.

⑩ 킬 레스트(Keel rest) : 크레이들에 부착되어 구명정 고박시 구명정 용골(Keel)이 안착될 수 있게 만든 것으로 충격완화를 위하여 목재가 많이 쓰인다.

⑪ 보트 윈치(Boat winch) : 전기나 유압을 사용하여 윈치(Winch)를 작동시켜 대빗 와이어를 감아 구명정을 격납시키는 역할을 하며 대빗 와이어를 감는 드럼이 부착되어 있으며 수동으로 윈치를 작동시킬 수 있게 제작되어 있다.

⑫ 대빗의 와이어 로프(Wire rope) : 구명정 진수와 격납시 대빗과 구명정을 연결하는 와이어 로프로 구명정 하중을 견디며, 여러 개의 도르래(Sheave)를 통과하며, 보트윈치 드럼에 감겨져 있어 크레이들을 위, 아래로 움직이게 한다. 여러 개의 도르래와 블록을 통과하는 와이어 로프는 마모가 빨리 되므로 통상 2년에 한 번씩 앞과 뒤를 바꾸어 주고, 4년마다 새 와이어 로프로 교환한다(1974 SOLAS의 1983 개정에는 2년 6개월에 앞과 뒤를 바꾸어 주고, 5년마다 새로운 와이어 로프로 교환하도록 규정하고 있다).

그림 1-15 • Keel Rest

그림 1-16 • Boat Winch

그림 1-17 • Hand Break

그림 1-18 • Toggle pin

⑬ 핸드 브레이크(Hand brake) : 구명정을 강하시키는 일종의 조종레버로 안전핀을 제거하고 위로 들어올리면 구명정 자체 무게에 의해서 하강하게 되며 들어올리는 높이를 이용하여 구명정 하강 속도를 조절할 수 있다.

⑭ 토글 핀(Toggle pin) : 고박시 슬립 훅이 벗겨지지 않게 하고 핀을 제거하면 슬립 훅을 풀어 고박용 와이어를 쉽게 제거할 수 있게 하는 핀이다.

⑮ 보트 폴(Boat fall) : 구명정 하강시 필요한 대빗 와이어 로프를 말하며, 하강시 구명정 하중을 견디며 구명정 균형을 잡아 준다.

⑯ 구명정 이탈기(Releasing gear) : 구명정이 진수되었을 때 플로팅 블록의 폴 링크(Fall link)로부터 구명정을 이탈시키는 장치로서 이탈 손잡이(Releasing handle)를 당기면 구명정의 양끝이 동시에 폴 링크로부터 이탈하게 된다. 어떤 사정상 이탈기를 작동하지 않고 이탈하고자 한다면 폴 링크는 손으로 각각 이탈시켜야 한다.

그림 1-19 • Boat fall

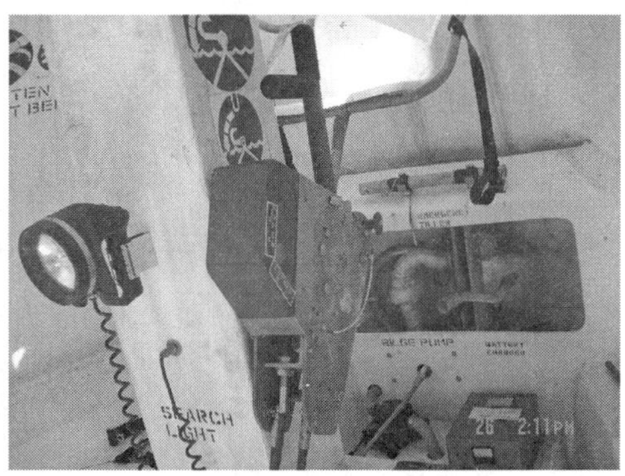

그림 1-20 • Releasing gear

1.1.4 구명정 진수 및 격납(Enclosed type의 경우)

1. 구명정의 진수 방법

① 각 구명정의 승정 요원은 먼저 전원 Plug 제거, Bottom plug를 잠그고, 전원 스위치를 "ON"한다.

② Slip hook에 의한 Lashing line을 제거한다.

③ Arm stopper(또는 Cradle stopper라고도 함)를 제거한다.

④ 승정한다.
승정 후 안전 벨트를 매어야 한다.

⑤ 보트 윈치의 Brake lever에 있는 Toggle pin을 제거한다.

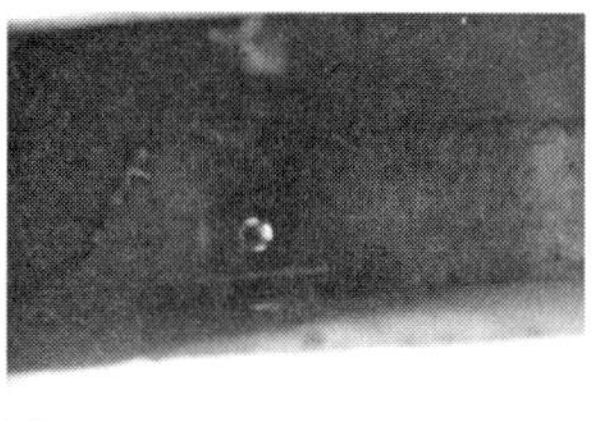

그림 1-21 ● Bottom plug

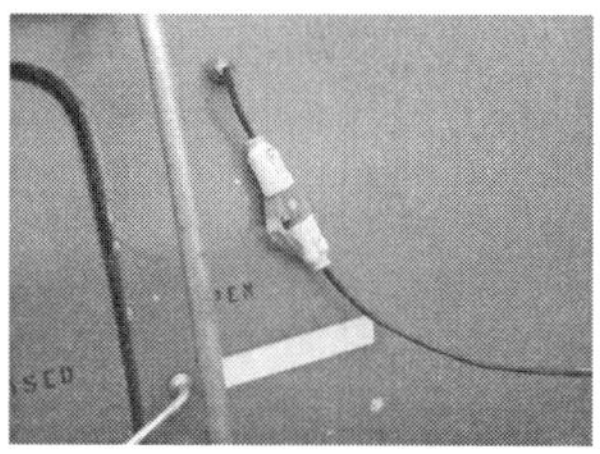

그림 1-22 ● 전원 충전 plug

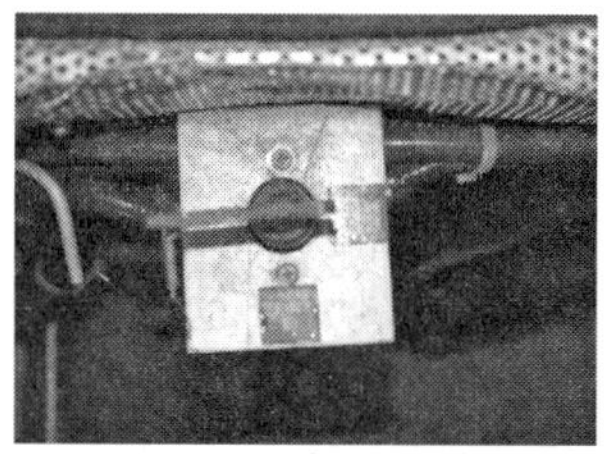

그림 1-23 ● Power switch

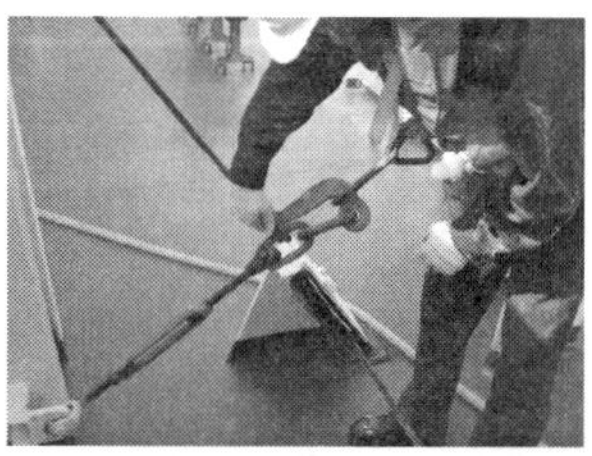

그림 1-24 ● Slip hook 제거

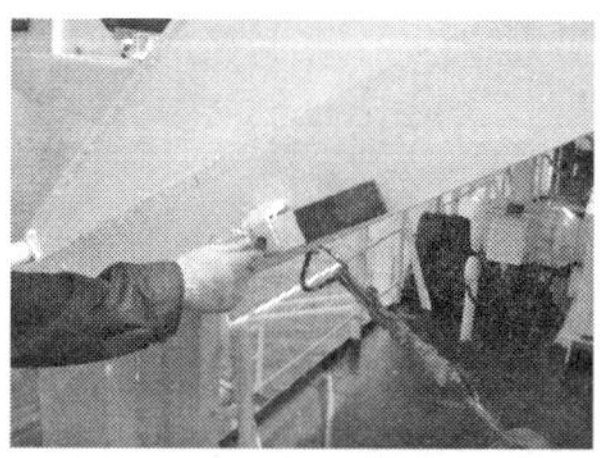

그림 1-25 ● Arm stopper pin 제거

그림 1-26 ● Arm stopper 제거

그림 1-27 ● 승정 및 안전벨트 착용

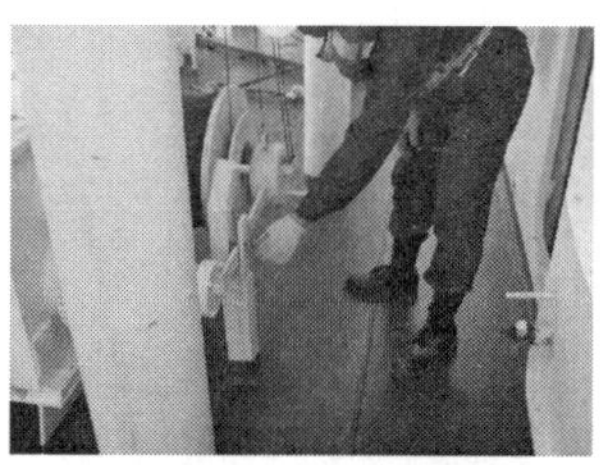

그림 1-28 ● Toggle pin 제거

그림 1-29 ● Break lever 작동

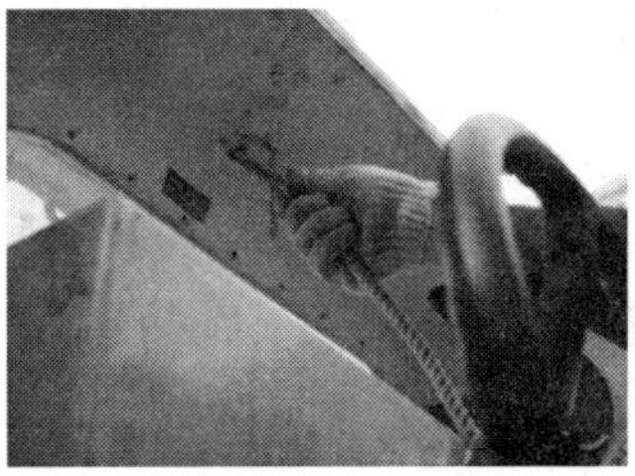
그림 1-30 • Remote control wire

그림 1-31 • 구명정 강하

그림 1-32 • 구명정 이탈

⑥ 대빗에서 구명정 안으로 연결된 Remote control wire를 천천히 조금씩 당긴다. 또는 보트 데크에 있는 윈치의 Brake lever를 직접 서서히 움직여 구명정을 하강한다.

⑦ 구명정이 수면상에 닿으면 Remote control wire를 제거하고, 구명정의 Releasing gear 작동, sea painter를 제거하고 구명정을 본선으로부터 이탈시킨다.

2. 구명정의 격납 방법

① 보트 윈치의 Brake lever에 있는 Toggle pin을 꼽는다.

② 구명정의 Hook에 각각의 Suspension block을 연결한다.

③ Starter의 주전원을 작동시킨다.

④ Remote Push Button(RPB)을 작동시켜 구명정을 끌어올린다.

⑤ Limit switch가 작동되면 수동 조작 핸들을 이용하여 끝까지 구명정을 끌어올린다.

⑥ Arm stopper를 설치한다.

⑦ lashing line을 이용하여 구명정을 확실히 고박한다.

⑧ Starter의 주전원을 Off시킨다.

3. 구명정 진수 및 격납시의 주의 사항

① Remote control wire를 당길 때 세게 당기거나, Brake lever를 한 번에 움직이면 구명정이 빠르게 하강되어 매우 위험하게 되니 주의해야 한다.

② 구조정 겸용 구명정을 끌어올릴 때 Clutch lever는 Low 방향으로 맞추어 있어야 한다.

③ 모든 절차를 수행할 때 정장의 명령에 따른 복명 복창과 정장은 반드시 그 명령이 제대로 수행되었는지 확인을 해야 한다.

1.1.5 구명정 진수 및 격납(Open type의 경우)

1. 구명정의 진수 방법

① 각 구명정에 승정한 승정 요원은 먼저 Bottom plug를 잠근다. 승정 요원은 Life line을 단단히 붙잡는다.

② Lashing wire를 푼다.

③ Trigger lever를 푼다.

④ Brake lever를 들어 구명정을 Shelter deck(Embarkation deck)까지 하강시킨다. 구명정 하강시 Brake lever는 천천히 들어올리면서 하강시켜야 한다.

⑤ Bowsing rope를 잡는다.
Craddle의 Cleat와 구명정의 Falling block에 연결

⑥ Sea painter를 잡는다.

⑦ 승정용 사다리(Jacob/Embarkation ladder)를 설치한다.

⑧ Brake lever, Bowsing rope, Sea painter 담당자를 제외한 전원은 승정한다.

⑨ Tricing rope를 푼다.

⑩ Brake lever 담당자는 구명정을 수면상까지 하강시킨다.

⑪ 구명정 앞뒤의 Hook에서 Falling block를 벗겨 Bowsing rope를 끌어올린다.

⑫ 승정용 사다리를 이용하여 Brake lever, Bowsing rope, Sea painter 담당자들이 승정한다. 승정이 완료되면 Sea painter를 풀어내고 본선에서 이탈한다.

2. 구명정의 격납 방법

진수 절차의 역순으로 행한다.

3. 구명정 진수 및 격납시의 주의 사항

① 상기의 순서를 절대 준수할 것
② Brake lever가 들린 상태에서 Hand lever를 절대 끼우지 말 것
③ 구명정 격납시 Wire rope가 Drum에 잘 감기고 있는지를 확인할 것
④ 구명정 격납시 모든 Lashing 상태가 완전한지 확인할 것

4. Oaring 용어

① 노 위로(Raise up oar) : 블레이드를 머리 위로 향하도록 하고 손잡이를 다리 사이에 끼운 다음 두 손으로 수직되게 잡는다.
② 노 쉬어(Rest oar) : 손잡이를 안쪽으로 당겨서 블레이드가 밖으로 수평되게 무릎과 단정 위에 놓고 쉰다.
③ 노 준비(Ready, Stand-by) : 블레이드를 수면에 수직되게 손잡이를 두 손으로 잡고, 두 손을 앞으로 쭉 펴서 당길 준비를 한다. 이때, 시선은 전면(지휘자)을 향하도록 하고, 블레이드는 약간 물에 잠기게 한다.
④ 노 저어(Row, Hold water, Back water, Give way) : 노 준비상태에서 노를 가슴쪽으로 힘차게 끌어당긴다.

5. Oaring시의 주의 사항

① 모든 승정원은 지휘자의 지시 아래 일치된 동작으로 노를 젓는다.
② 승정 중에는 개인 잡담이나 개인 행동을 절대 금한다.

1.1.6 자유낙하식 구명정의 진수 및 격납

1. 구명정의 진수 방법

① 하강/회수 hook가 구명정 lifting hook로부터 분리되어져야 하며 sling은 boat의 상부에 고박되어야 한다.
② Lashing wire를 푼다.
③ 모든 로프들이 진수 ramp와 boat로부터 제거되었는지 확인한다.
④ Boat 외부의 전원 plug를 제거한다.
⑤ 모든 해치 및 개구부는 완전히 닫혀 있고 잠겨 있는지 확인한다 .

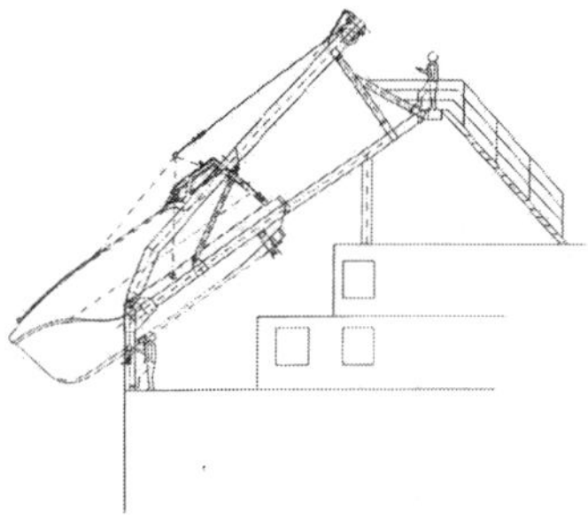

그림 1-33 • 강하 1

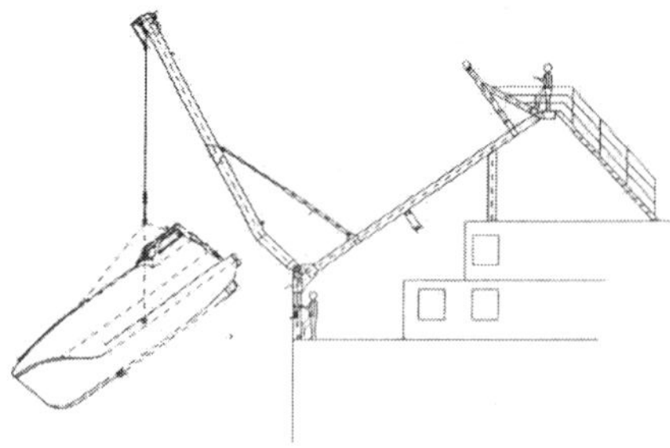

그림 1-34 • 강하 2

⑥ 모든 승정 요원들이 착석하고 안전벨트 및 이마용 끈을 착용했는지 확인한다.

⑦ Battery SW를 “ON” 위치로 한다.

⑧ 조종자는 엔진을 중립 위치에서 start하고 본인의 자리로 간다.

⑨ 유압 펌프를 작동시키면 boat는 하강하게 된다.

2. 구명정의 격납 방법

① 유압 펌프를 작동시켜 데릭을 외부 하강 위치로 둔다.

② Lifting traverse를 내려 구명정과 연결한다.

③ Winch를 이용해 회수하고 lashing 및 전원 plug를 연결한다.

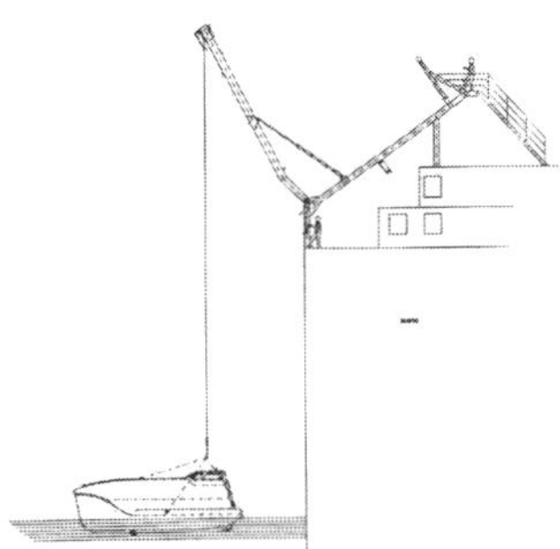

그림 1-35 • 진수

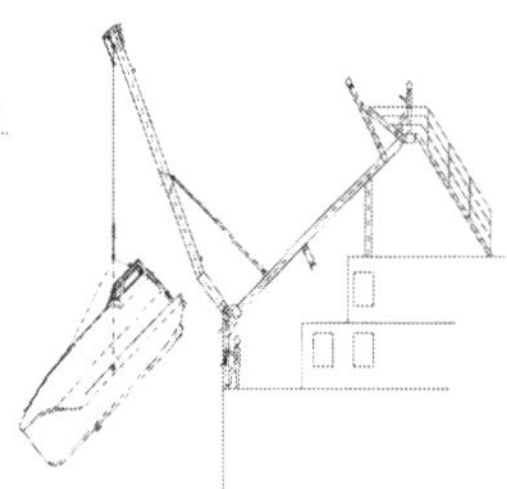

그림 1-36 • 격납 1

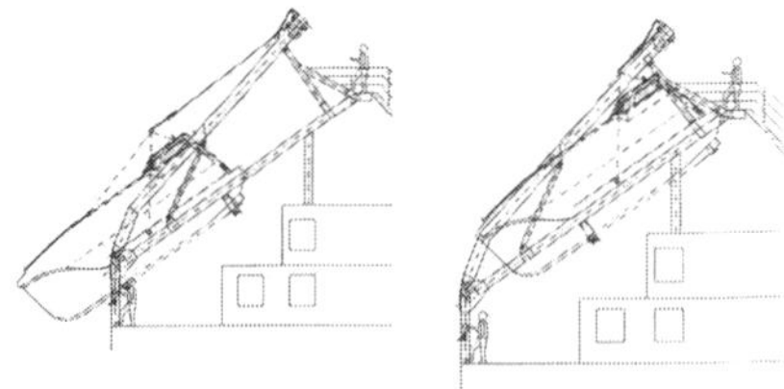

그림 1-37 • 격납 2

1.1.7 구명정 의장품

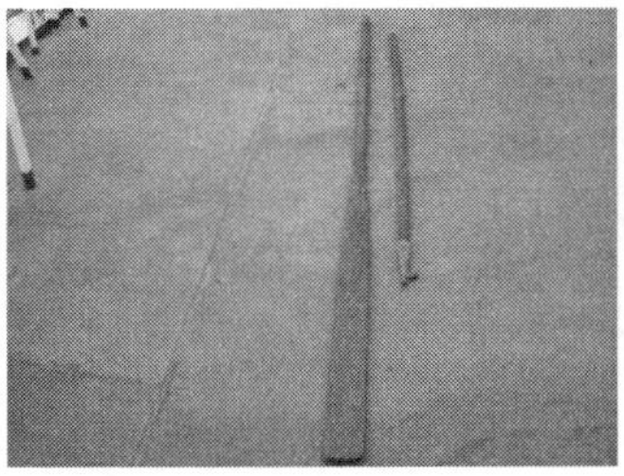

그림 1-38 • Buoyant Oar & Boat hook

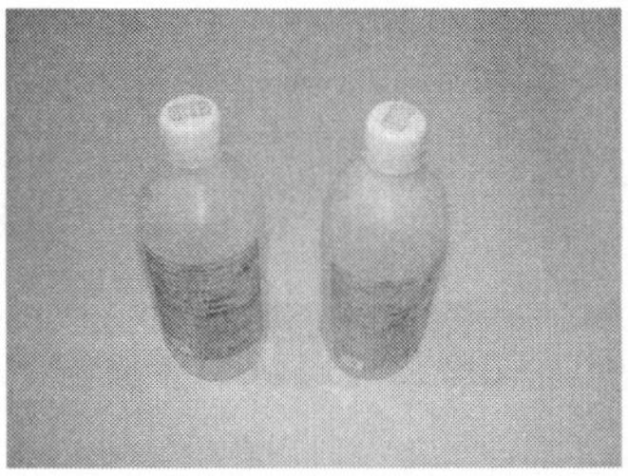

그림 1-39 • 구난식수

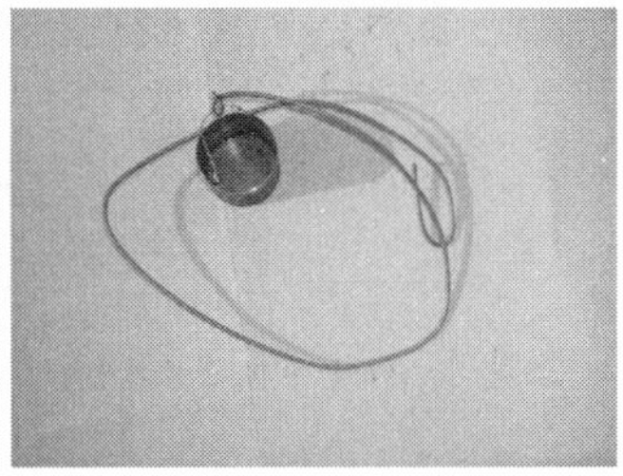

그림 1-40 • Dipper

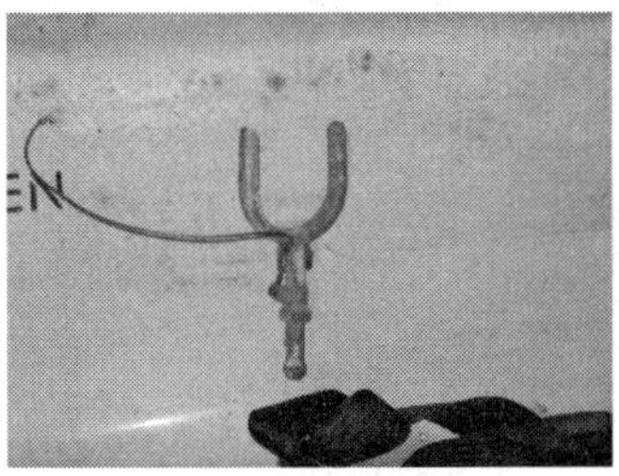

그림 1-41 • Crutch(rowlock) with lanyard

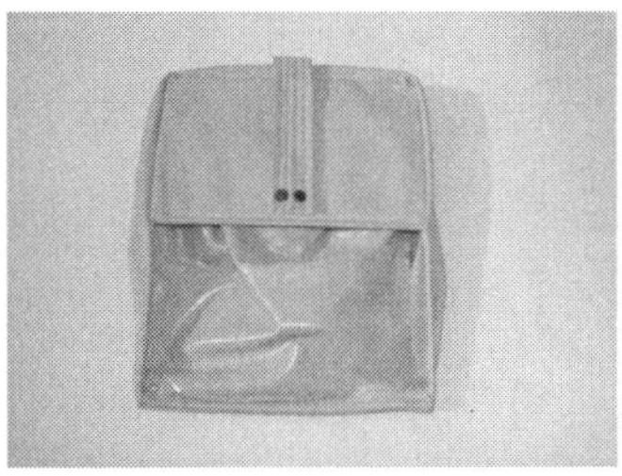

그림 1-42 • Buoyant Bailer

그림 1-43 • Bucket with lanyard

그림 1-44 • Survival manual

그림 1-45 • Compass

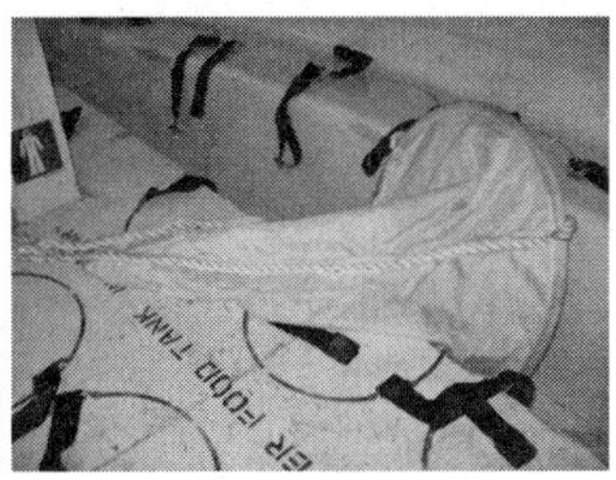

그림 1-46 • Sea anchor

그림 1-47 • Painter

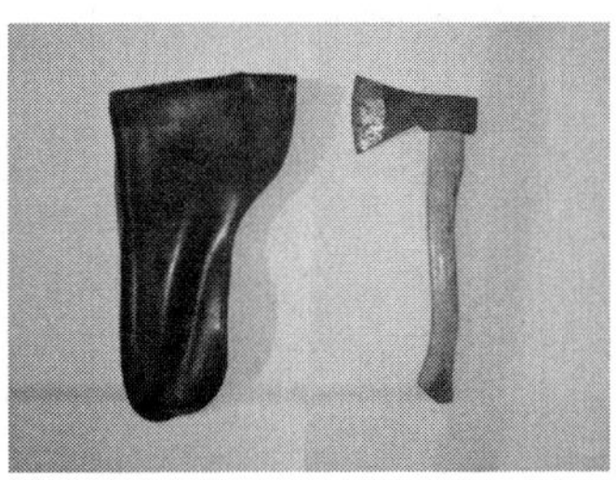

그림 1-48 • Hatchet

그림 1-49 • Graduated drinking vessel

그림 1-50 • Food ration

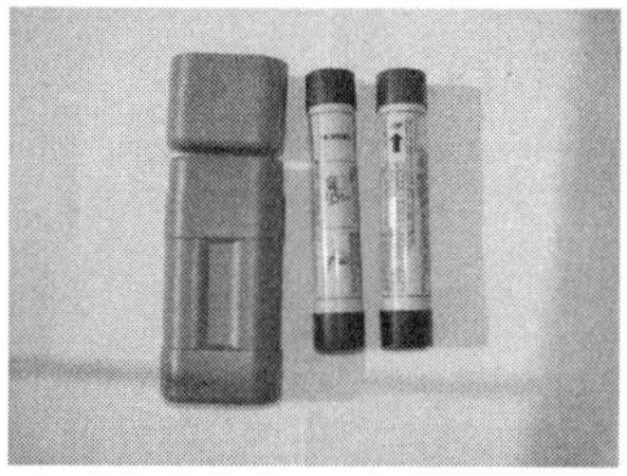
그림 1-51 • Rocket parachute

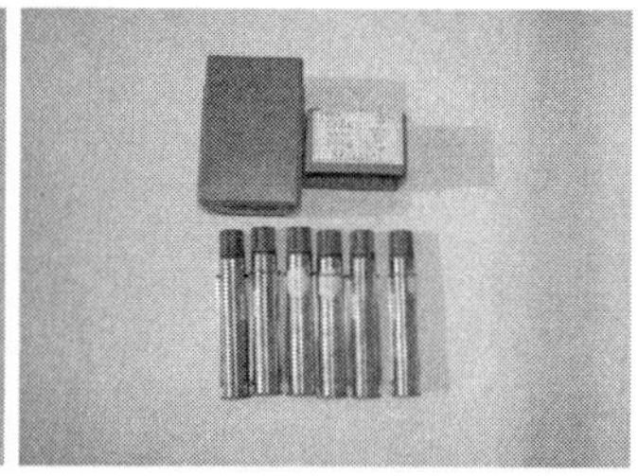
그림 1-52 • Hand flare

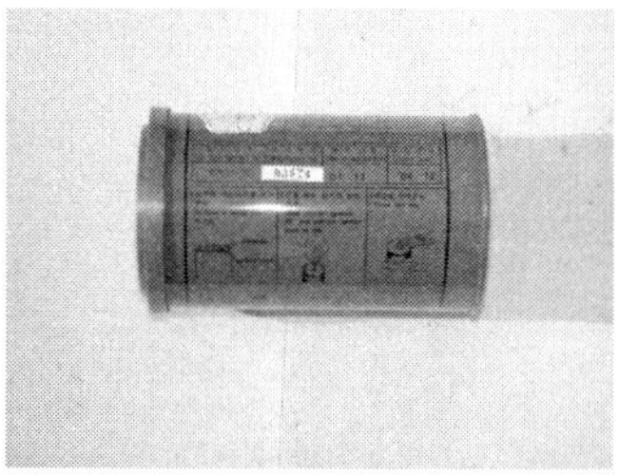
그림 1-53 • Buoyant smoke signal

그림 1-54 • Electric torch

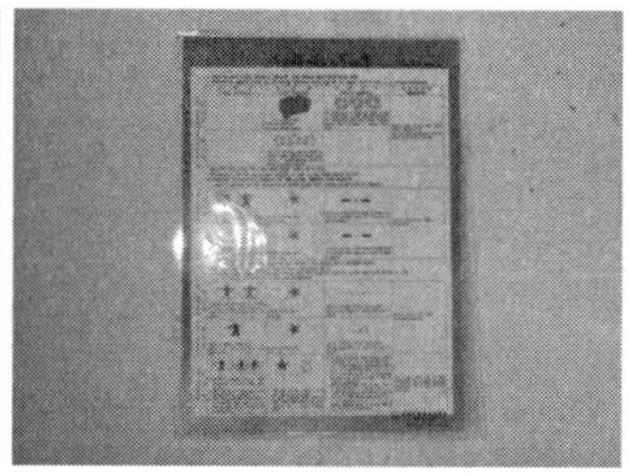
그림 1-55 • Life-saving signal table

그림 1-56 • Buoyant rescue quoit

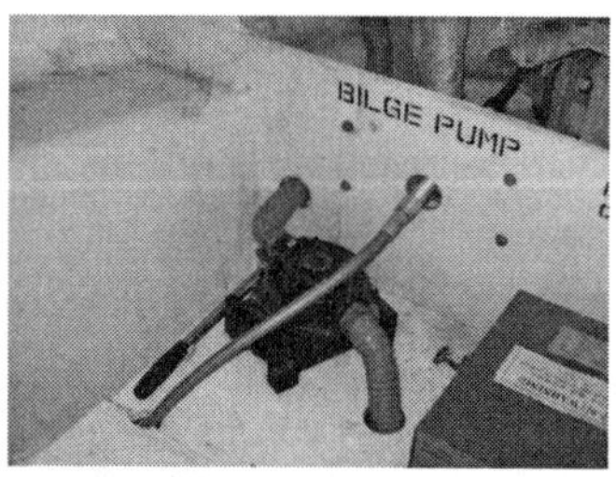

그림 1-57 • Bilge pump

그림 1-58 • Fishing tackle

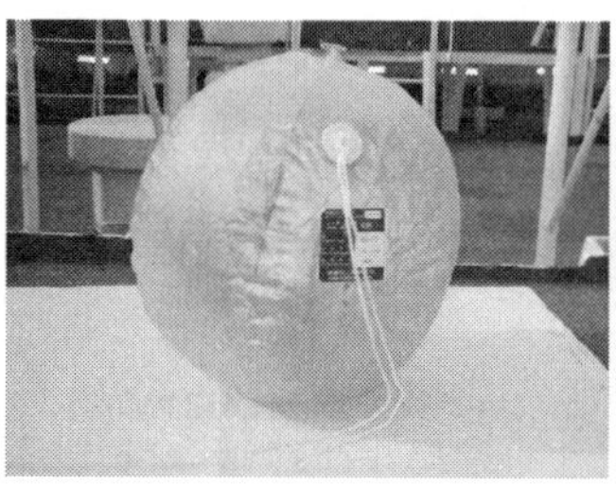
그림 1-59 • Radar reflector

그림 1-60 • Fire-extinguisher

그림 1-61 • Tool set

그림 1-62 • Search light

그림 1-63 • 보온복

그림 1-64 • 신호 거울

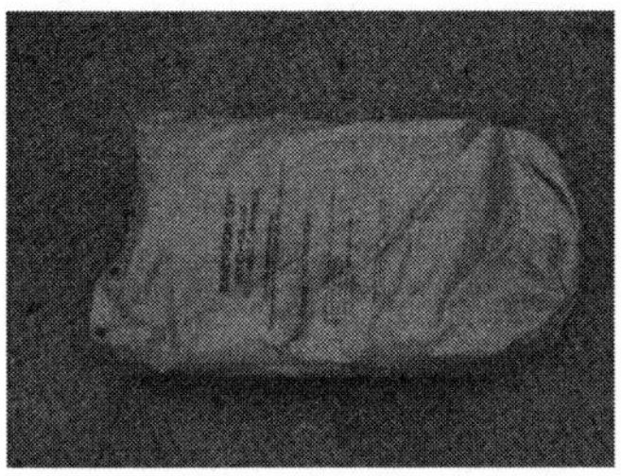

그림 1-65 • Immersion suit

그림 1-66 • Jack knife

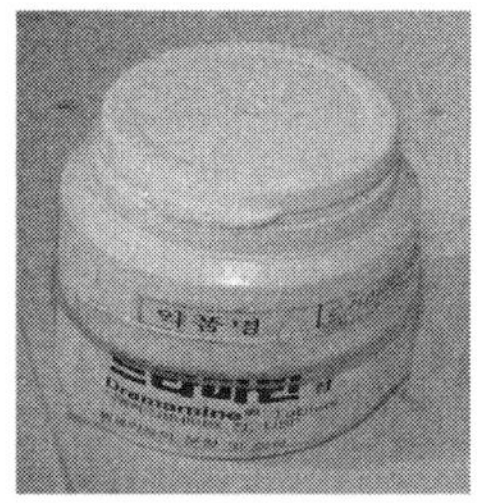

그림 1-67 • 멀미약

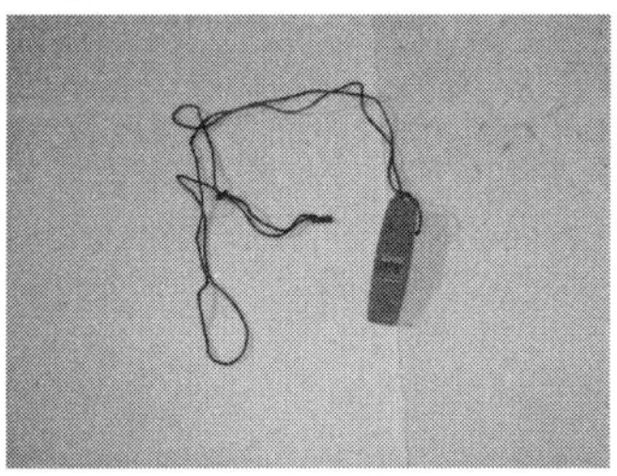

그림 1-68 • Whistle

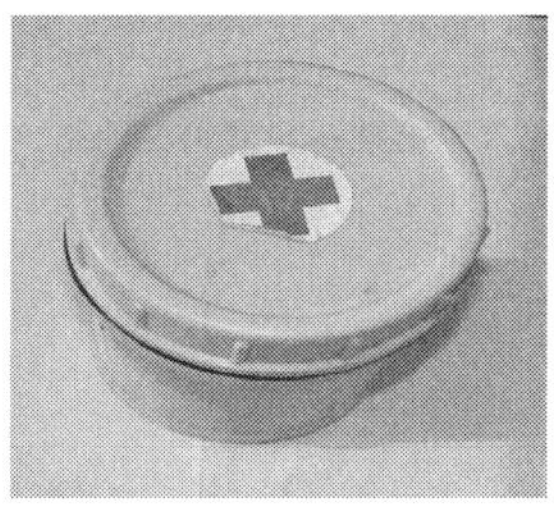

그림 1-69 • First aid kit

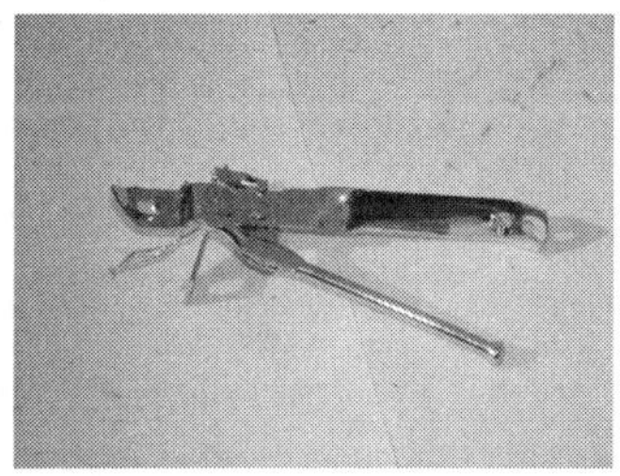

그림 1-70 • Tin opener

1.2 구명벌

1.2.1 구명벌의 종류와 구조

구명벌(Life raft)은 팽창식과 고형식으로 나누며, 팽창식은 다시 국제항해 종사선에 설치되는 1종 팽창식과 20톤 이상의 어선 및 연안항해 종사선에 설치되는 2종 팽창식으로 분류되며 주요한 차이점은 표 1-1과 같다.

표 1-1 ● 각종 구명벌의 비교

종류 / 구분	1종 팽창식	2종 팽창식	고형식
부양자세	일면이용, 뒤집혀 팽창 시 바로 세울 수 있음	양면 사용 가능	양면 사용 가능
천 막	자동 팽창식	수동 팽창식	설치 가능
바 닥	전체가 기실	65% 이상 기실	침수방지구조, 인원 및 의장품을 안전하게 수상에 유지할 것
사용온도	−30℃∼66℃	−20℃∼40℃	

한편, 구명벌의 구조(그림 1-71, 1-72 참조)는 종류와 크기에 따라 다소 차이는 있으나, 대체로 다음과 같은 주요부로 구성되어 있다.

① 상부기실(Upper buoyancy chamber)
② 하부기실(Lower buoyancy chamber)
③ 바닥기실(Bottom buoyancy chamber)
④ 지주기실(Pole buoyancy chamber)
⑤ 이산화탄소 용기(CO_2 bottle)
⑥ 텐트(Tent)
⑦ 출입구(Port hole)
⑧ 빗물 받이용 드레인 튜브(Drain tube)
⑨ 라이프 라인(Life line)
⑩ 승강용 사다리(Jumping ladder)
⑪ 표지등(Marker light)
⑫ 의장품 수납대(Equipment container)
⑬ 해묘(Sea anchor)

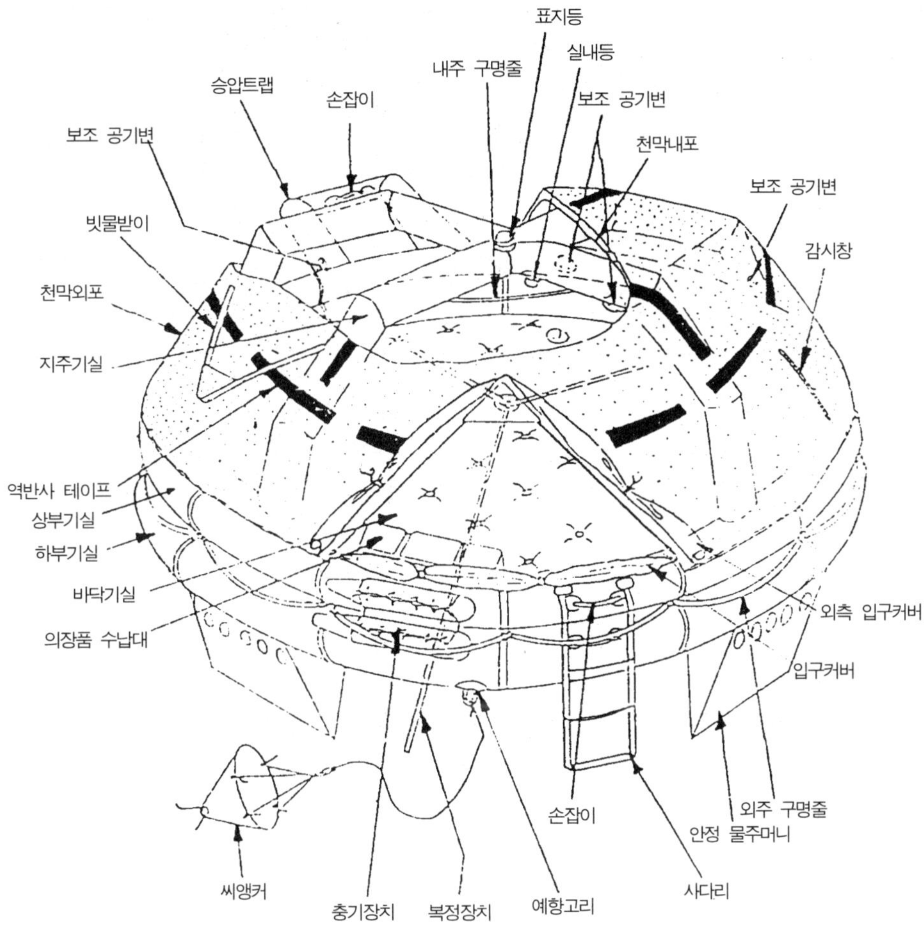

그림 1-71 ● 구명벌의 구조

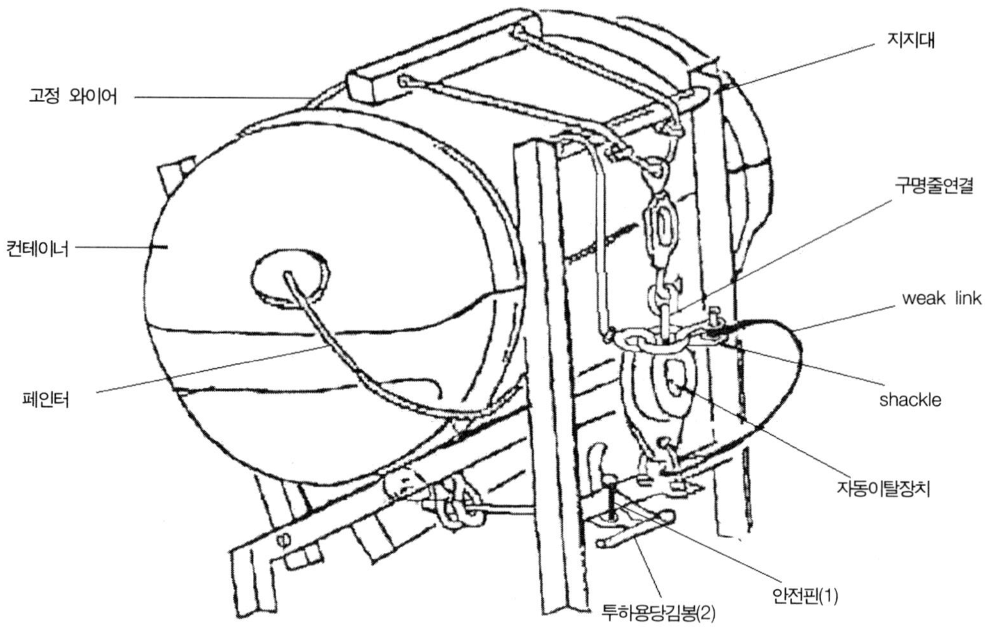

그림 1-72 • 구명벌 외관

1.2.2 구명벌 운용을 위한 주요 구성품과 역할

1. 연결줄

구명벌 본체 연결고리와 적재대의 연결줄 연결링(Painter connecting ring)에 고정되어 구명벌과 본선의 연결상태를 유지시키는 줄로서, 길이는 10m에 경하 항해상태에서 보관장소로부터 수면까지의 거리를 합한 길이 또는 15m중에서 큰 것 이상의 길이를 가지도록 규정되어 있고, 구명벌이 이탈되어 팽창되었을 때 침몰하는 선박에 의하여 끌려 들어가지 않아야 한다.

2. 자동줄

자동줄(Release cord)은 구명벌을 팽창시키는 역할을 하는 줄이다. 자동줄의 끝부분은 가느다란 강철줄(Wire)의 작동줄로 연결되어 있으며, 이산화탄소 용기(CO_2 bottle)의 커터(Cutter)장치에 삽입되어 있고, 다른 반대쪽 끝단은 적재대에 연결되어 수동 투하시 또는 본선 침몰시 자동으로 이산화탄소를 터트려 구명벌을 팽창시킨다.

3. 투하용 손잡이 및 안전핀

투하용 손잡이(Release handle for dropping)는 구명벌을 수동으로 투하할 때 사용하는 것으로 안전핀(Safety pin)을 제거하고 투하용 손잡이를 잡아당기면 투하된다.

4. 위크 링크(Weak link)

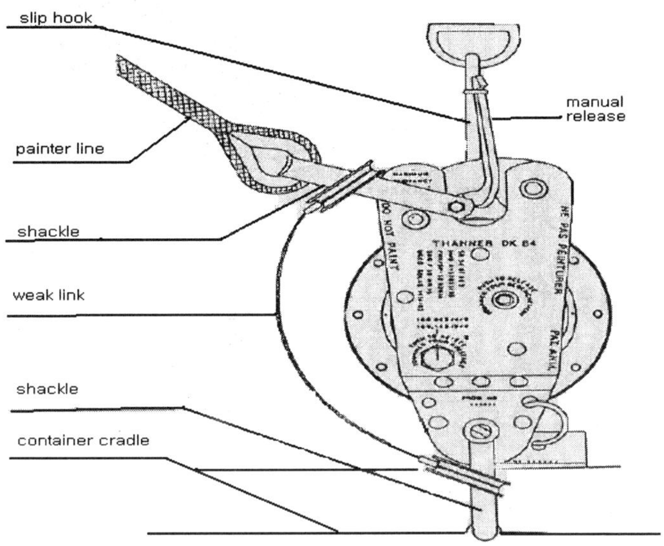

그림 1-73 ◦ Weak link

위크 링크는 일정한 크기의 장력(2.2±0.4kN)이 가해지면 자동으로 절단되는 링크이다. 위크 링크는 본선이 침몰할 때 구명벌 자체의 부력으로 인하여 규정 장력에 도달하면 분리되어 본선과 함께 침몰하는 것을 막아준다. 또 이 링크는 구명벌을 수동으로 투하하는 경우는 특별히 문제가 없으나, 본선이 침몰하여 자동 팽창되었을 경우 수중의 생존자가 구명벌에 도달할 때까지의 시간을 지연시키는 역할도 한다.

5. 자동이탈장치(Hydraulic release unit)

본선 침몰시에 구명벌을 본선으로부터 자동으로 이탈시키는 장치이다. 이 장치는 일반적으로 수심 4m 이하의 수압에서 작동하여 본선으로부터 자동이탈되어 수면으로 부상하도록 설계되어 있다.

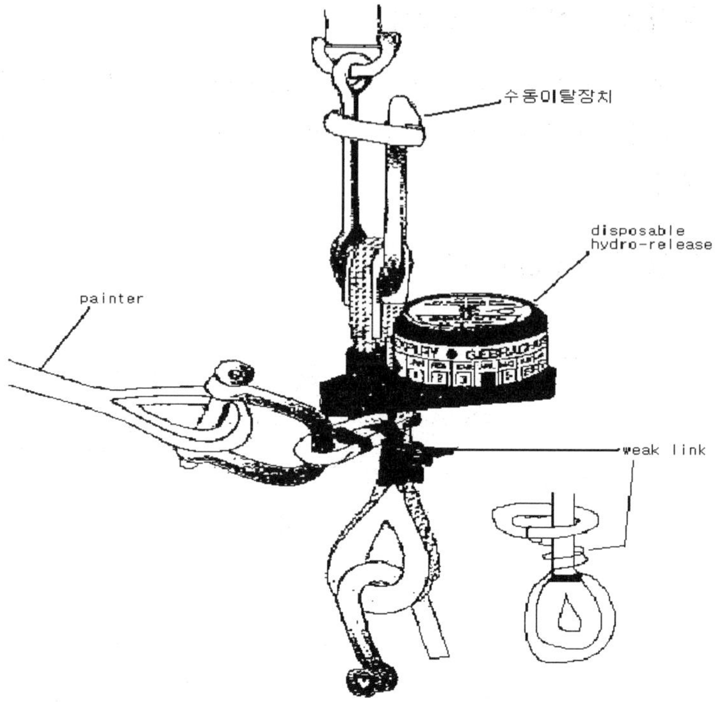

그림 1-74 ● 자동이탈장치

1.2.3 구명벌의 진수

1. 싱글 암 대빗(Single arm davit)에 의한 진수

이 장치는 격납된 갑판에서 팽창시켜 승무원이 탑승하면 바로 강하할 수 있는 장치로서 최근에 건조된 선박에 많이 설치되고 있다.

이 장치에서 사용되는 구명벌은 그 목적에 맞도록 특수하게 제작되어 있다. 즉, 인원과 의장품을 만재한 상태에서 진수할 수 있도록 충분한 강도를 갖고 있으며, 본선이 동요중이라도 탑승갑판에서 안전하게 탑승할 수 있도록 바우싱 라인(Bowsing line)이 부착되어 있고, 착수 후에 탑승자가 구명벌을 대빗 폴(Fall)로부터 쉽게 이탈시킬 수 있는 장치가 갖추어져 있다.

이 장치의 기본적인 진수방법은 다음과 같다.

① 본선의 안전레일(Guard rail)을 걷어낸다.

② 구명벌을 대빗 폴에 연결하고 바우싱 라인을 묶는다.

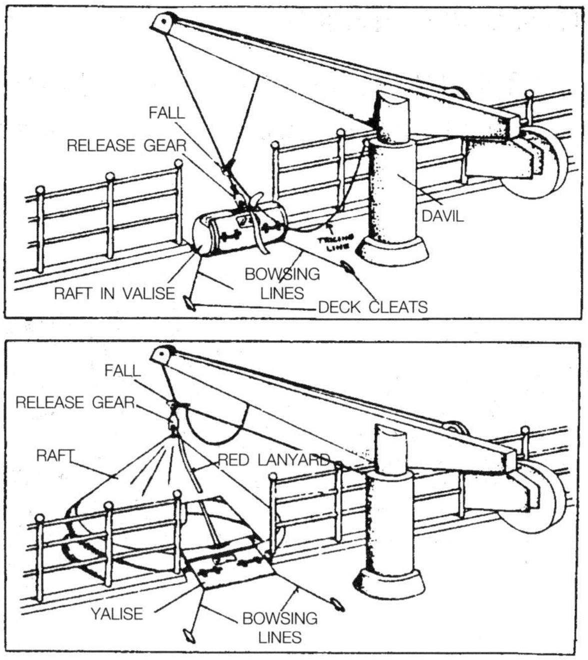

그림 1-75 ● 싱글 암 대빗

③ 대빗 폴을 당겨서 구명벌을 팽창시킨다.

④ 승무원이 탑승한다.

⑤ 바우싱 라인을 풀어낸다.

⑥ 구명벌이 착수하면 이탈용 밧줄(Releasing lanyard)을 당겨서 대빗 폴과 구명벌을 분리시킨다.

2. 투하용 손잡이에 의한 수동진수

① Weak link가 연결되어 있는지 확인

② 고박줄(Painter)이 자동이탈장치에 고박되어 있는지 확인

③ 팽창용 작동줄(적색)이 고박되어 있는지 확인(외부에 나와 있는 경우)

④ 안전핀 제거

⑤ 투하용 당김봉을 강하게 당겨 투하

⑥ Painter로 뗏목을 끌어당겨 선박에 접현시킨 후 사다리를 이용 탑승한다.

⑦ 뗏목에 비치된 안전도로 painter를 자른 후 선박으로부터 이탈한다.

3. 이탈장치에 의한 자동팽창

시간적 여유가 없어 수동으로 진수하지 못한 경우에도 이탈장치의 자동작동에 의하여 구명벌은 수면에 부상하게 되는데, 그 과정은 다음과 같다.

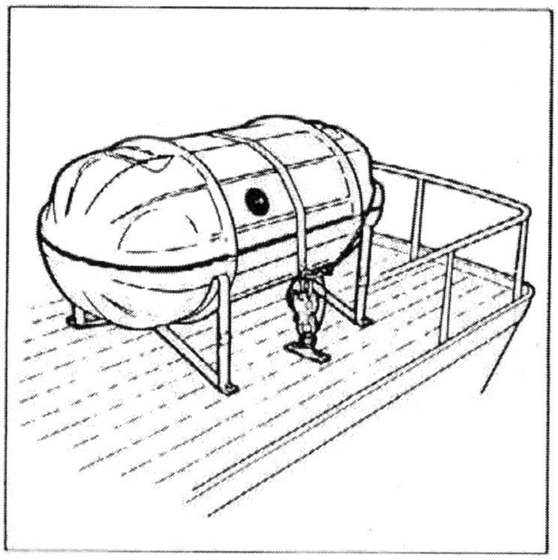

A liferaft on a typical stowage showing the painter line made fast to the weak link system of the H.R.U.
Note that the location is such that the senhouse slip is readily accessible and that the H.R.U. is on the seaward side of the vessel.

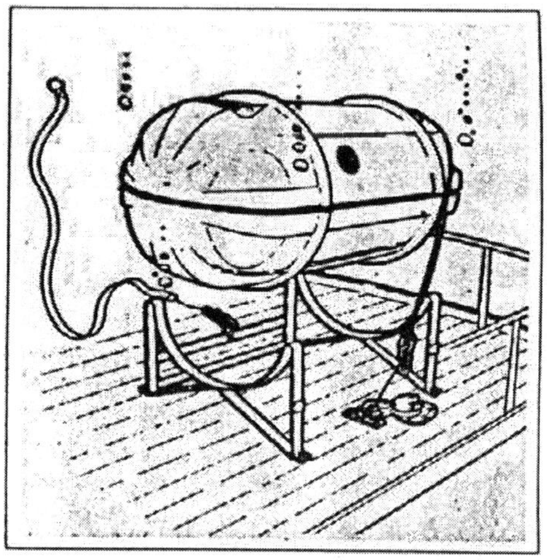

When submerged to a depth of 1.5 to 3.7 metres (5 to 12 feet), the H.R.U. operates automatically. Freed of its lashing strap, the container rises to the surface paying out the inflation painter line as it goes but retaining it to the H.R.U. by means of the weak link.

It is this combination of the rising container and the sinking vessel which provides the painter tension which activates the gas cylinder and starts inflation once all the free painter line is paid out.

As the vessel continues to sink, the weak link will break – thus releasing the liferaft from the vessel.
The weak link of 227 ± 45 Kgf (500 ± 100 lbf) breaking strength ensures that a raft is not dragged under by the sinking vessel before it has time to inflate to its full dimensions.

그림 1-76 • 자동이탈장치에 의한 팽창

① 선박이 침몰하여 이탈장치에 0.25~0.35kg/cm^2 정도의 수압이 작용하면 (수심 4m 이하) 이탈기가 작동하여 고정와이어(Lashing wire)가 제거된다.

② 용기 자체는 부양성을 가지므로 배가 침몰하는데 따라 자동줄이 당겨져 빠져 나온다.

③ 자동줄이 다 빠져 나오면 가스 작동줄이 이산화탄소 용기에서 당겨지므로 구명벌이 팽창된다.

④ 팽창된 구명벌의 부력에 의해 Weak link가 일정한 힘에 의해 절단되면서 본선에 연결되어 있는 연결줄(Painter)은 구명벌과 분리된다.

제2장 생존기술

2.1 퇴선 과정의 기본조치

2.1.1 퇴선 전후의 기본조치도

조난발생	조난통신
퇴선준비	
지시대기	
퇴선결정 총원집합 점호	① 의복, 방수복, 보온복 착용 ② 구명동의 착용 ③ 부서배치표에 따른 휴대 물품 준비 ④ 비상통신기 준비 ⑤ 여분의 물품 준비(옷, 담요, 본선신호탄, 식수, 식량 등) ⑥ 탈출경로 확인
퇴선 및 탑승	생존정 진수 – 탑승 / 타생존자의 탑승보조 / 연결줄 절단 / 안전장소 대피 수중으로 직접 탈출 – •장소선정과 확인 •뛰어내릴 때의 바른자세 – 뛰어내림 – 안전장소 신속대피 – 수영금지(대기) – 위치표시(호각) – 부양된 라이프래프트 탑승
최초 24시간	① 해묘 투하 ② 황천 운용 ③ 타생존정 연결 ④ 입구폐쇄 ⑤ 생존정 보수 ⑥ 내부 보수작업 ⑦ 환자 보호 ⑧ 추위, 동상방지 ⑨ 비품확보 관리 ⑩ 멀미약 복용 ⑪ 지휘자 선출 ⑫ 업무분담 ⑬ 감시당직근무 ⑭ 위치표시 ⑮ 식수확보
탑승 24시간 이후	① 위치 표시 ② 환기 ③ 적정온도 유지 ④ 라이프래프트 팽창도 조절 ⑤ 동상 및 침수족병 예방 ⑥ 식수 및 식량의 확보, 분배 및 관리 ⑦ 황천 운용 ⑧ 비품의 활용 ⑨ 항해
구조시	① 위치표시 ② 구조수단 선택 ③ 구조 방법의 숙지 ⑤ 구조 ④ 접근 조건 ⑥ 구조 후의 응급처치

2.1.2 퇴선 전 기본조치

1. 조난 신호

선박이 조난을 당하였을 경우 조난의 사실과 원조의 필요성을 알리는 조난신호는 매우 중요한 역할을 하며 얼마나 신속하게 본선의 조난통보나 교신을 하느냐에 따라 구조의 성패가 크게 엇갈린다고 보아도 될 것이므로 아래의 신호를 하나 또는 둘 이상을 사용하여 본선의 조난사실을 표시하여야 한다. 단, 조난을 표시하는 경우 이외의 목적 또는 혼동될 우려가 있는 어떠한 신호도 사용하여서는 안된다.

① 약 1분간의 간격으로 행하는 1회의 발포, 기타의 폭발에 의한 신호
② 무중 신호 기구에 의한 음향의 계속
③ 로켓 신호
④ 무선전신 또는 기타의 신호방법에 의한 모르스[••• - - - •••(SOS)]의 신호
⑤ 무선전화에 의한 "메이데이(MAYDAY)"라는 말의 신호
⑥ 국제신호기 NC기의 게양
⑦ 방형기와 그 위 또는 아래에 흑구 또는 이와 유사한 것 1개를 붙여 이루어지는 신호
⑧ 타르, 기름통 등의 연소로 생기는 선상에서의 발염신호
⑨ 낙하산신호 또는 발연신호
⑩ 오렌지색 연기를 발하는 발연신호
⑪ 좌우로 벌린 팔을 반복하여 천천히 올렸다 내렸다 하는 신호
⑫ 무선전신, 전화 경보신호
⑬ 비상위치지시용 무선표지설비(EPIRB)에 의하여 발신하는 신호
⑭ 공중으로부터의 식별을 위해 오렌지색 캔버스에 흑색의 4각형과 원을 그리거나 또는 기타 적당한 모양을 그린 것
⑮ 해면 착색제(Dye Marker)의 사용
⑯ 레이더 트랜스폰더(RADAR TRANSPONDER)의 사용

2. 퇴선 신호

퇴선 신호는 기적 또는 일반 알람에 의해 단음 7회, 장음 1회를 울려 전 선원에게 알리며, 퇴선 신호가 울리면 전 선원은 모든 작업을 멈추고 지정된 구명정으로 집합하여 퇴선 준비를 하여야 한다.(퇴선 신호에 대해서는 SOLAS에서 강제화된 신호 방법이 없으므로 통상 선사마다 다를 수 있음.)

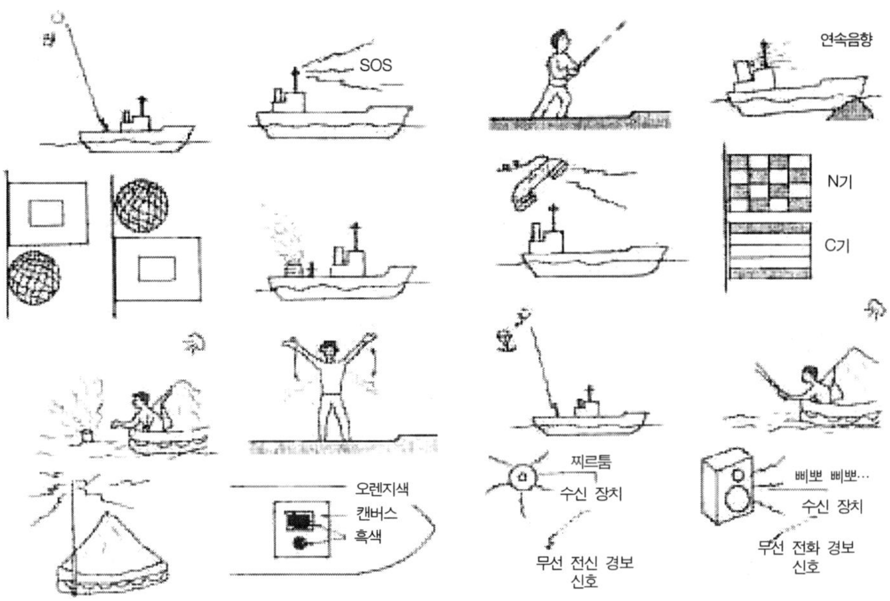

그림 2-1 • 조난신호

3. 퇴선 준비

1) 마음의 준비

해난사고로 인한 퇴선 가능성을 항상 인식하고 평소의 훈련이 실제 퇴선시에 자신의 목숨을 구해줄 중요한 훈련이라는 것을 인식하고 매사 신중하고 안전하게 훈련을 실시하여야 하며, 만일 실제로 퇴선을 하게 된다면 당황하지 말고 평상시 훈련시처럼 공포심을 갖지 말고 반드시 구조된다는 신념으로 침착하게 책임자의 지시를 기다려야 한다.

① 퇴선시의 대처방법은?

② 갑판으로의 탈출경로는?

③ 편리하게 사용할 수 있는 구명설비는 어디에 있는가?
④ 부서배치표에 따른 자신의 임무와 소지품은?

2) 실질적 준비

① 옷을 많이 입을 것, 가능하다면 손, 발, 머리 부분도 보호할 수 있어야 한다.
② 구명동의를 올바르게 착용한다.
③ 본선용의 각종 신호탄, 예비식수 및 식량, 두터운 옷 및 담요, 여분의 기름 등을 준비한다.
④ 조난위치를 확인한 후 통신을 실시한다.
⑤ 필요하면 기관, 보일러 및 각종 펌프를 정지시킨다.
⑥ 연료유 탱크의 통풍 공기구(Air vent)를 막는다.

4. 퇴선의 판단 및 결정

선박의 안전이 저해되어 그 선박에서 더 이상 생존유지를 기대할 수 없게 된 경우에는 다른 안전한 수단에 의해 생존유지를 도모하지 않으면 안된다. 이 때문에 본선으로부터 신속하게 탈출할 필요가 있으나, 퇴선하는 시기는 긴급사태의 종류나 환경조건에 따라 다르다. 퇴선의 시기를 결정하는 데에 영향을 미치는 중요한 사항으로 다음과 같은 점을 고려할 수 있다.

① 해난의 종류와 정도
② 긴급사태에 영향을 미치는 요소
③ 사용 가능한 구명설비의 종류

이들 요소를 종합적으로 판단하여 현황에 대처하려면 선박에 대한 전문지식이 필요하다. 따라서 퇴선의 판단 및 결정은 전문지식을 가진 선장에 결정되는 것이다. 즉, 퇴선 명령은 선장이 내리는 것이므로 개인의 판단에 의해 임의 퇴선하는 것은 매우 신중하지 않으면 안된다. 퇴선하는 것 이외에는 대책이 없다고 생각되는 경우라도 본선이 가장 안전한 구명정이라는 것을 항상 명심해야 한다.

2.1.3 퇴 선

1. 생존정에 의한 퇴선

퇴선시 가장 안전하고 바람직한 퇴선 방법은 생존정(구명정, 구명뗏목)을 타고 퇴선하는 것이다. 퇴선 명령이 발해지면 이선을 위하여 신속히 행동하여 생존정에 탑승할 수 있어야 한다. 이를 위해서는 평상시 훈련 때 탑승방법 및 순서가 잘 훈련되어 있어야 하며, 지휘자의 지시에 따라 질서있게 행동하여야 한다.

2. 생존정 탑승이 곤란한 경우의 퇴선

생존정 및 정상적인 탑승이 곤란한 경우 물로 직접 뛰어들기 전에 다음을 이용을 고려하여 될 수 있으면 직접 물에 뛰어내리는 것을 피하여야 한다.

① 각종 사다리(Jacob's Ladder, Pilot Ladder, Gangway Ladder 등)
② 안전네트(Safety net)
③ 매듭있는 밧줄, 계류삭, 기타 각종 로프(몸을 정삼각형으로 유지하면서 내려간다.)
④ 부근의 소화호스
⑤ 데릭(Derick)
⑥ 탑승용 의자(Sea descent gear)

3. 물 속에 직접 뛰어들기

상기의 방법으로 의한 퇴선이 불가능할 경우 최후로 선택하는 방법으로 다음의 순서 및 주의사항을 충분히 고려한 다음 뛰어들기를 실시한다.

1) 적당한 장소 선정

① 뛰어내릴 때의 물과의 마찰로 인한 손상을 방지하기 위하여 가능한 한 20피트(약 6m) 이하의 낮은 곳을 택한다.
② 선체의 빌지킬, 프로펠러 등 선박의 돌출부가 없는 장소를 택한다.
③ 선박이 표류하는 반대방향의 장소를 선정한다.
④ 바람을 등지는 장소를 택한다.
⑤ 생존정의 위치를 고려하여야 한다.

⑥ 기타 화재 등 위험이 있는 장소는 피한다.

2) 해면 상태확인

장소를 선정한 뒤 뛰어내릴 해상에 위험한 부유물이나 먼저 뛰어내린 사람이 있는지 등 안전을 확인하여야 한다.

3) 뛰어드는 자세

① 두 다리를 모아 차렷 자세를 취한다.
② 왼손으로 꼬아 입을 막고 오른손은 왼쪽 어깨에 가볍게 잡는다.
③ 시선은 정면 또는 고개를 조금 위를 보며 뛰어내릴 때도 항상 시선은 똑같아야 한다.

4) 물에 뛰어내린 후의 조치

① 물 속에 뛰어든 후에는 안전한 거리(선측 500m, 선수미 200~300m)까지 신속하게 수영하여 나가, 본선이 침몰할 때 생기는 소용돌이에 휘말리지 않도록 하고 폭발 또는 화재에 대비하여야 한다.
② 해면의 유류 화재시 본선으로부터 멀리 떨어져 나가기 위하여서는 구명동의, 기타 무거운 옷을 다 벗고 심호흡을 한 뒤 잠수를 하여 가능한 한 멀리까지 수영해 나가고, 고개를 수면상으로 내밀기 직전에 평영으로 불길을 밀어내고 호흡을 한다.

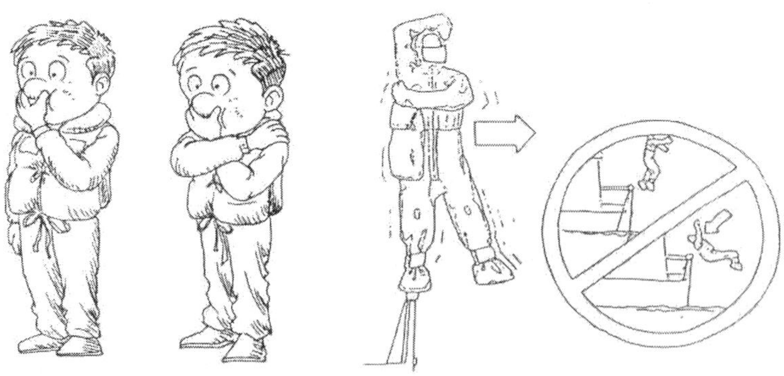

(a) 구명동의 착용시 (b) 방수복 착용시

그림 2-2 ● 물에 뛰어드는 자세

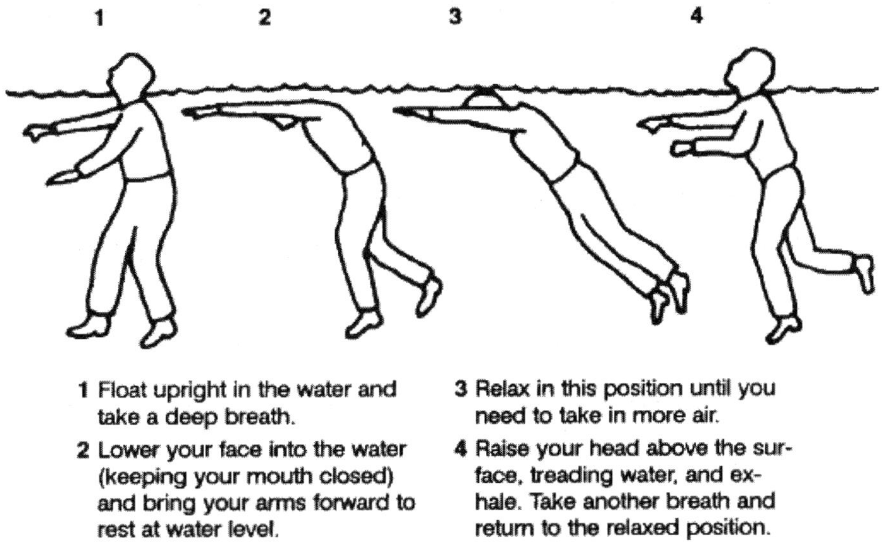

그림 2-3 ● 수중에서의 부양 자세

③ 수중 폭뢰나 기타 폭발물에 의한 폭발이 수중에서 일어나고 있을 때는 폭발시의 수중압력을 피하기 위하여 배영자세로 수영을 하고, 고개를 높이 쳐들어서 머리 부분에 충격을 받지 않도록 한다.

④ 야간 또는 시정이 제한된 경우에는 라이프래프트(Life Raft)가 진수되었더라도 잘 보이지 않으나, 만일 그것이 팽창중이라면 "쉬~익"하는 소리가 나므로 이 소리가 나는 곳으로 가도록 한다.

2.1.4 퇴선 후 기본조치

1. 생존정에서의 기본조치

1) 지휘자 선정

표류중 조난자를 통솔할 지휘자를 선정하는 것은 매우 중요한 일이다. 지휘자는 자신 있고 단호한 명령과 조난자의 복종으로 질서의 유지와 도의를 확립할 수 있어야 하며, 전원을 단결시킬 수 있는 사람이 선정되어야 한다. 지휘자가 일단 선정되면 전원에게 자신이 지휘자임을 선언하고, 자신의 통솔하에 일치단결할 것을 맹세하도록 하여야 한다. 또한 지휘자는 아래의 사항을 충분히 검토하여야 한다.

① 퇴선 전 조난통신의 송신여부와 그것이 수신되었다는 합리적인 근거가 있는가?
② 조난위치는 어딘가?
③ 구조의 가망성은 어느 정도인가?
④ 구조자의 거리 및 도착예정시각은?
⑤ 식수 및 식량은 어느 정도며 추가 확보할 방법은 있는가?
⑥ 정원은 어느 정도의 육체적 노동에 견딜 수 있는가?
⑦ 부근의 지형상황과 보다 유리한 위치로의 이동여부는?
⑧ 구조자의 육안 또는 레이더의 주의를 끄는데 이용 가능한 신호류는 없는가?

2) 업무의 분담

지휘자는 다음과 같이 업무를 적당한 사람에게 분담시킨다.

① 구급계 : 응급처치
② 양식계 : 식량 및 식수의 관리와 분배
③ 공작계 : 생존정의 보수와 관리
④ 신호계 : 조난신호 용구의 관리와 사용
⑤ 기록계 : 일시의 계측, 기타 일지의 기록
⑥ 어로계 : 물고기나 새의 포획

3) 강한 정신력의 고취

해상에서 불행하게 조난을 당하여 생명을 잃을지도 모르는 심각한 위기에 처하게 되면 강한 정신력은 사활을 좌우하는 중요한 요소가 된다. 강한 정신력만이 해상에 잔존하는 위험을 극복하게 되고 나아가 경험 또는 교육, 훈련으로 체득하고 있는 구난 지식을 활용 및 타인과의 협조, 원조를 가능케 하며 장시간 해상에서 표류를 계속하게 될 경우 조난자에게 고독감, 허탈감, 절망감, 무료감과 같은 정신적인 위기를 극복할 수 있다. 조난자가 정신적인 위기에 처하게 되면 부지불식간에 원기를 잃게 되고, 게다가 공복감과 갈증이 겹치면 의지력이 약해지게 되고 공포심을 가지게 된다. 한 사람이 그런 상태가 되면 다른 사람에게 빠른 속도로 파급되어 전 탑승자가 같은 분위기에 젖어들게 된다. 따라서 조난자는 구조에 관해 항상 긍정적인 생각을 갖도록 노력함과 동시에 서로를 격려하여 그런 분위기가 되지 않도록 해야 하고, 특히 지휘자는 항상 구조

될 수 있다는 확고한 신념을 전원에게 표시하고 생존할 수 있다는 강한 정신력과 신념을 갖도록 해야 한다. 사기 유지를 위해 서로 농담을 주고받거나, 재미있는 이야기, 손장난, 오락 합창, 낚시질 등을 하는 것이 매우 유익하다.

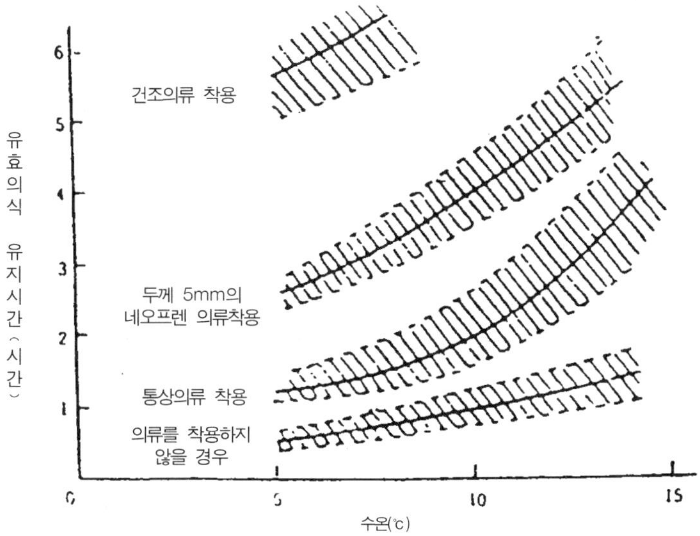

그림 2-4 ◦ 의복착용에 따른 생존기간

2.1.5 퇴선 후 해상 생존기술 4원칙

가까운 거리에 구조시설이 있든 없든 간에 생존자는 먼저 절박한 생명의 위협에 대처하는 조치를 취해야 하고, 그런 다음 우선순위에 따라 다른 위험에 대비하지 않으면 안된다. 해상에서 생존을 위한 우선순위로 4가지의 원칙을 들 수 있는데 이것은 ① 방호(Protection) → ② 조난의 위치표시 → ③ 식수 → ④ 식량의 순이다. 익사 혹은 자연 상태의 조건으로 노출되는 것에 대한 적절한 방호조치는 다른 어떤 것보다 먼저 해결되어야 하며 그런 다음에야 구조를 위한 위치표시가 가능해질 것이다. 식수와 식량은 그것 자체가 생존을 위해 필수불가결한 것이기는 하나 조난시에는 우선순위에서 보다 뒤로 쳐진다. 식수는 4~5일, 식량은 40~50일간 없어도 생존이 가능하기 때문이다. 이러한 우선순위는 퇴선시 부차적으로 준비해야 할 물품반출에도 그대로 적용되며, 퇴선 후 반드시 취하여야 할 기본조치이다.

1. 방호(Protection)

1) 방호의 필요성

과거에는 조난자의 주된 사망원인이 대부분 익사 때문이라고 생각하여 왔다. 그러나 2차 대전을 거치면서 영국 해군을 중심으로 한 조사 결과, 그 사망원인이 익사보다는 기후 또는 해상 상태와 같은 자연조건에 무방비상태로 노출되는 쪽이 훨씬 더 큰 비중을 차지한다는 것을 알게 되었다.

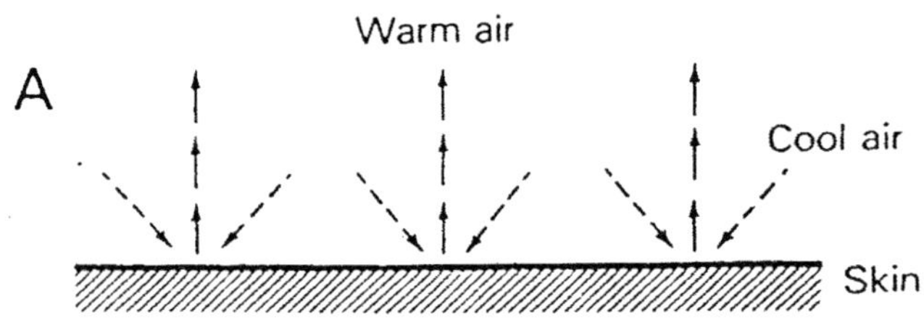

(a) 의복을 착용하지 않은 경우 : 연속적인 체온상실

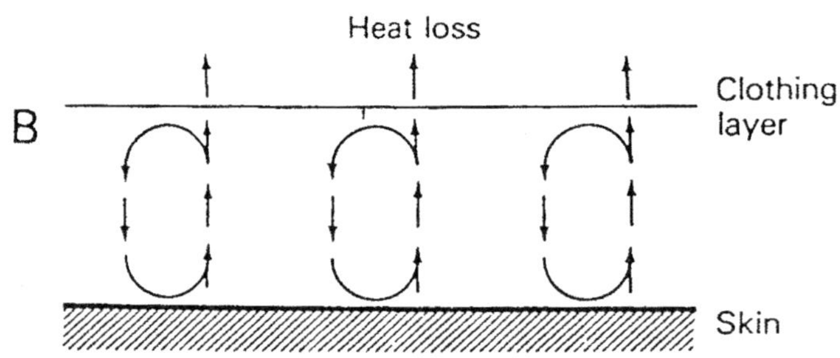

(b) 얇은 의복을 착용한 경우 : 순환 대류현상에 의한 체온상실

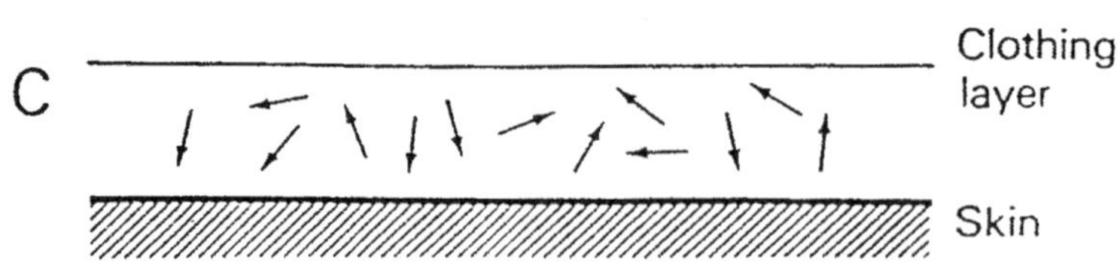

(c) 6mm정도의 의복착용시 : 대류현상을 방지하여 체온유지

그림 2-5 • 생존자의 의복착용과 체온유지 관계

물 속에서는 같은 온도의 공기 중에서보다 26배정도 더 빨리 체온을 잃게 된다. 따라서 구명동의 등을 착용하고 물 속에 뜨는 것만으로 충분하지 못하고

추위, 바람, 파도 및 강수로부터 조난자를 보호할 수 있는 지지물을 이용하거나 물에서 나올 필요가 있는 것이다.

사고에 의해 물에 빠지거나 해상에서의 퇴선시에 생명을 잃는 주요 원인은 저체온(Hypothermia)과 한랭쇼크(Cold shock)이며 부분적인 상해로 동상 또는 침수족병을 일으킨다. 찬 해수에 노출되면 신체에 부분적인 혹은 전반적인 영향이 미친다. 이 영향의 정도는 노출기간, 수온, 방호의 정도에 따라 결정된다. 따라서 신체의 전반적인 냉각 및 체온을 저하를 방지하기 위하여 개인이 할 수 있는 방호는 필수적이라 할 수 있으며 신체에 중요한 영향을 미치는 저체온과 한랭쇼크를 방지 및 지연조치가 방호의 기본이라 할 수 있겠다.

2) 저체온

신체 중심부의 온도가 35℃ 미만으로 저하한 상태에서 신체기능이 약화되는 것을 저체온이라 한다. 중심부 체온이 30℃ 이하로 떨어지면 생명을 잃을 수 있다.

(1) 원 인

일반적인 원인은 물 속에 잠겨 있거나 생존정에서 차가운 대기에 노출되는 경우이다. 찬 해수에 노출된 초기단계에서는 피부표면의 혈관이 수축되고 몸이 떨림으로써 과대한 체온손실을 방지하는 동시에 체열을 발산시켜 정상체온을 유지하려 하나 여기에는 한계가 있다. 인체의 체열 발생은 체내의 자양분의 분해에 의할 수밖에 없는데 그것이 무한정 가능한 것이 아니기 때문이다. 따라서 일반적으로 인체의 조정량과 주위 해수에의 손실열량이 균형을 이루는 온도가 25℃라고 알려져 있는 것도 표류가 장기간일 경우에는 큰 의미가 없다. 또한 체온과 해수온도와의 차가 크면 클수록 손실량은 커지는 반면 조정량은 어느 한도를 넘을 수 없게 되는데 이것이 체온 저하의 중요한 원인이 된다. 열대해역에서는 상당기간 동안은 저체온에 의해 사망하지는 않으나, 찬 해역에서는 저체온에 의해 한 시간 이내에 사망할 수 있다. 많은 경우에 있어서 저체온에 의해 사망하기 전에 신체기능의 약화로 사망하게 된다.

(2) 저체온 현상의 3단계

해상에서 구조된 사람은 항상 저체온이라고 의심해야 한다. 저체온 현상은 크게 흥분기, 쇠약기, 허탈기 3단계로 구분하며 각 단계별 인체 현상은 다음의 그림과 같다.

표 2-1 ● 입수시 예상 생명 시간

수 온	시 간
21.0 ~ 15.5℃	12시간
15.5 ~ 10.0℃	6시간
10.0 ~ 4.5℃	1시간
4.5℃ 이하	1시간 이하

주의 : 노출 방지복 착용시 상기 시간에서 최대 24시간 이상을 연장할 수 있다.

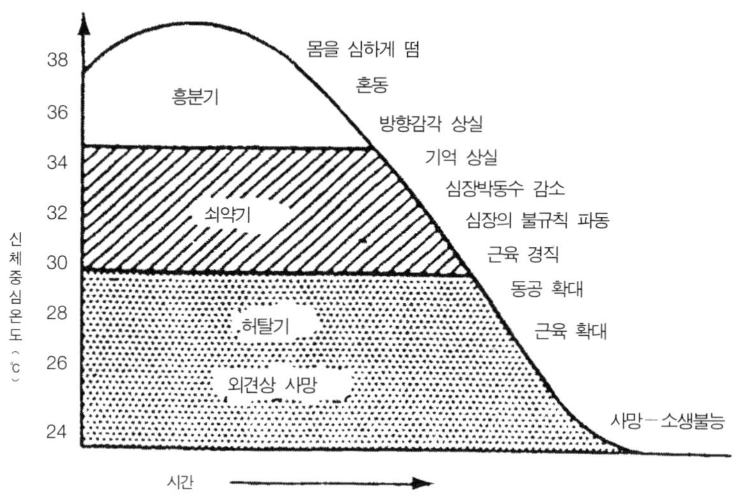

그림 2-6 ● 체온에 따른 인체 현상

3) 체온저하의 지연조치

(1) 적당한 의복의 착용

의복은 그 자체가 열을 발생하는 것은 아니지만 옷을 구성하고 있는 섬유 및 그 사이의 공기층에 의하여 체열이 쉽게 바깥쪽으로 나가지 못하도록 한다. 또 옷과 피부 사이에 스며들어야 체온에 의해 데워진 따뜻한 물을 보존케 하여, 주위의 찬 해수에 피부가 닿지 않고 따뜻한 물에 닿도록 해 주는 역할을 한다.

옷을 입을 때의 유의할 점은 다음과 같다.

① 한 벌의 두꺼운 옷보다는 얇은 것이라도 많이 입는 것이 좋다.
② 안쪽에는 양모계통의 따뜻한 옷을, 바깥쪽에는 방수가 잘 되는 옷이 좋다.
③ 가능한 한 피부가 직접 노출되지 않도록 최대한 가리기 위하여 모자, 장갑, 양말, 신발을 착용한다.
④ 옷의 끝 부분을 잘 여며서 물의 출입, 공기의 출입이 용이하지 않도록 한다. 옷소매는 장갑 속에, 상의는 허리띠 속에, 바지 끝은 양말 속에 넣도록 한다.
⑤ 준비되어 있다면 옷의 제일 바깥쪽에 유막처리 코트(Oilskin Coat) 또는 방수복(Immersion Suit)을 착용한다.

(2) 필요 없이 수영하지 말 것

① 다음의 경우 이외에 수영해서는 안된다.
- 본선으로부터 안전한 거리까지 이탈하기 위한 경우
- 구명정이나 라이프래프트에 접근하기 위한 경우
- 부상자를 구조하는 경우
- 서로 모이기 위한 경우

② 물 속에서 수영을 하는 것은 다음과 같은 영향을 준다.
- 혈액 순환을 촉진시켜 체온 저하를 빠르게 하고
- 사지를 펴게 되어 해수와 닿는 면적이 커지게 하며
- 옷과 피부사이의 공기와 따뜻한 물을 쉽게 방출시킨다.

표 2-2는 해수중에서의 운동이 생존기간에 미치는 영향에 대하여 나타내고 있다.

표 2-2 ◦ 해수중에서의 운동에 따른 생존기간

구분 \ 해수온도	5℃	10℃	15℃
발은 딛고 물 속을 걸을 때	1.46시간	1.96시간	3.07시간
가만히 누워 떠있을 때	1.96시간	2.62시간	4.11시간
부양물에 의지해서 뜰 때	2.87시간	3.80시간	5.96시간

(3) 알코올을 마시지 말 것

알코올을 마시는 것은 몸을 따뜻하게 하는 것과는 무관하여, 오히려 혈액순환을 촉진시켜 체열 발산을 증가시키고, 그로 인하여 체온이 급격히 상실된다. 그리고 이것은 주의력을 감퇴시켜 퇴선 직후의 행동에 여러 가지 문제를 야기시킬 수도 있고 갈증을 심하게 하므로 절대 피해야 한다.

(4) 기 타

① 구명동의를 착용할 것
② 가능한 한 젖지 않도록 할 것
③ 몸을 빨리 건조시키고 따뜻하게 할 것
④ 추운 지방에서는 라이프래프트의 바닥기실을 팽창시켜 한기차단에 힘쓸 것

4) 한냉쇼크(Cold shock)

수온이 낮은 물속에 들어가면 심장의 고동, 혈압, 호흡수가 급증하게 된다. 이러한 변화에 의해 사망하거나 극히 무력해지는데, 특히 심장병 혹은 고혈압을 앓은 이력이 있는 중년 이상의 사람에게 현저하다. 더 많은 옷을 입고 가능한 한 천천히 물에 들어가면 이러한 쇼크영향을 훨씬 줄일 수 있다. 방수가 되는 겉옷을 입으면 쇼크를 방지할 수 있다.

5) 침수족병(Immersion foot)

침수족병이란 사지(통상은 발)의 국부조직의 온도가 오랫동안 동상에서와 같은 빙점 이하는 아니지만, 정상보다는 낮은 온도로 되어 있는 상태를 말한다.

통상은 침몰선박의 생존자들이 수 일간 표류할 때 직면하게 된다. 발이 저린 상태로 움직일 수 없다. 그러나 건조한 상태에서도 증상이 나타날 수 있고, 꽉 끼는 양말을 신거나 장시간 의자에 앉아 있을 때도 나타난다. 증상은 발이 하얗게 되어 마비되며, 차갑고, 약간 부풀어 오른다. 발을 따뜻하게 하면 빨갛게 되고, 따갑고, 부풀며 보통은 고통을 느낀다.

이를 방지하기 위해서는 발을 건조시키고 따뜻하게 한다. 구조된 후 사지를 급속히 따뜻하게 하는 것을 피해야 한다. 아울러 증상이 있는 부위를 마사지해서도 안된다.

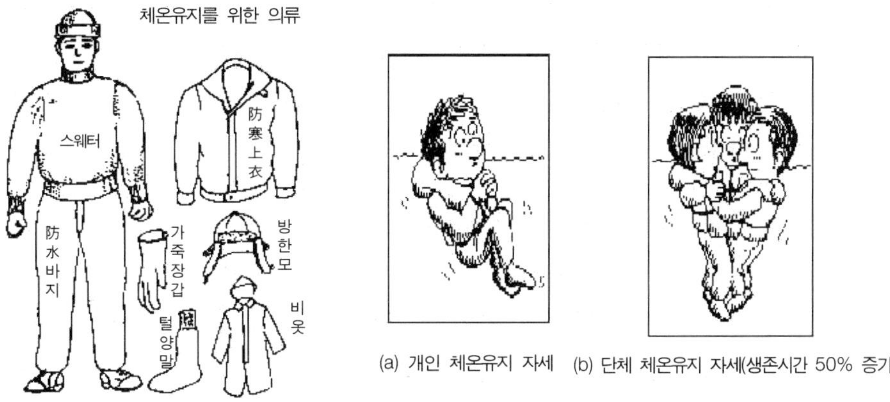

그림 2-7 ● 체온의 유지

2. 위치표시

오늘날은 통신과 구조시설 및 조직이 잘 발달되어 있어 조난자의 구조가 신속하고 확실해졌다. 그러나 모든 것을 구조자에게 일임해 버려서는 안되고 조난자측에서도 다음과 같은 협력동작을 취해 주지 않으면 안된다.

1) 조난위치에 머물 것

조난위치를 구조자가 알고 있는 경우 그 부근에 머무는 것은 간접적으로 자기의 위치를 알려 주는 것이 된다. 따라서 조난 후 일단 안전한 곳에 나오면 해묘를 투하하여 표류를 감소시킬 필요가 있다.

라이프래프트에서 해묘를 투하하지 않은 경우 투하한 상태보다 약 2배의 속도로 표류된다. 풍속이 30노트일 때 그 차이는 시간당 1.2마일로, 가령 40시간 뒤에 구조자가 도착한다고 할 경우 48마일이라는 큰 차이가 난다. 이 거리는 레이더에 의한 탐지 가능거리의 약 20배이며, 따라서 그만큼 구조받기 힘들게 되는 것이다.

2) 목표물을 크게 할 것

해상에서 표류하고 있을 때는 구명정, 라이프래프트, 기타 부기 등을 로프로 서로 연결하여 모여 있는 것이 좋다. 이것은 목표물을 크게 하여 육안 혹은 레이더 수색 때 원거리에서 쉽게 발견되게 한다. 기타 본선에서 나온 부유물도 구명정이나 라이프래프트를 손상시킬 우려가 없으면 연결해 두고, 금속편을 높이 올려 매달아 레이더 수색에 도움이 되도록 한다. 이러한 목표물의 확대는 구명동의만 입고 떠 있을 경우도 마찬가지로 원형으로 둘러서서 끈으로 연결하여 모여 있는 것이 좋다. 조난자들이 서로 모여 있는 것은 그 외에도 다음과 같은 이점이 있다.

① 조난신호 용구를 절약할 수 있다.
② 식량, 식수, 기타 비품을 서로 활용할 수 있다.
③ 서로 대화를 나누게 되어 지식을 교환하고 사기저하를 막을 수 있다.
④ 상어의 공격을 저지시킬 수 있다.

3) 위치표시를 위한 신호를 적절히 사용할 것

본선에서 추가로 가지고 나오지 않는 한 구명정이나 라이프래프트의 조난신호 용구는 표 2-3과 같다.

표 2-3 ● 생존정의 조난신호 용구

종류 \ 개수	구명정	라이프래프트	시인거리	발신시간
낙하산신호	4	4	23～35마일	40초 이상
신호홍염	6	6	5～10마일	1분 이상
발연부신호	2	2	10～30마일	3분 이상
신호거울	1	1	10～20마일	-
호각	1	1	가청거리	-
전등(Flash)	1	1	1마일 미만	-

위치표시를 위한 조난신호는 위와 같이 극히 제한되어 있다. 따라서 조난신호용구는 지휘자의 지시에 따라 유효적절하게 사용하고, 구조자의 위치에 따라 알맞은 신호를 선택하고, 특히 1회용 신호인 낙하산신호, 신호홍염, 발연부신호 등은 구조자가 확실하게 알 수 있을 때만 아래의 방법으로 사용하여야 하고, 습기나 물에 젖지 않도록 보관에도 충분히 유의해야 한다.

(1) 낙하산 신호

제조업자의 사용 설명서의 지시를 따라야 하며, 발사 직전까지 안전장치를 해두고 절대 사람을 향하게 조절하여서는 안된다. 고도를 75도 정도로 상공을 향해 발사하고, 발사에 실패하면 미련없이 버려야 한다.

(2) 신호홍염

야간에 구조선의 접근을 유도하기 위하여 사용한다. 불티에 의해서 구명뗏목이 손상될 우려가 있으므로 될 수 있으면 노 끝에 묶어서 풍하측에 높게 그리고 구명뗏목에서 멀리 떨어지게 하여 사용하여야 한다.

(3) 발연부 신호

다량의 오렌지색 연기를 4~5분간 일정한 비율로 발연한다. 반드시 주간에만 사용토록 하고 풍하측 해중에 던진다. 바람이 강한 날은 연기가 분산되어 높게 날아가지 못하여 멀리까지 보이지 못하나 항공기에 의한 구조 때는 관계가 없다.

(4) 신호거울

낮에 거울 또는 이와 유사한 금속편에 의해 반사광을 보내는 것은 매우 효과가 크다. 특히 햇빛이 강한 날은 20마일 떨어져 항공기까지 신호를 보낼 수가 있다.

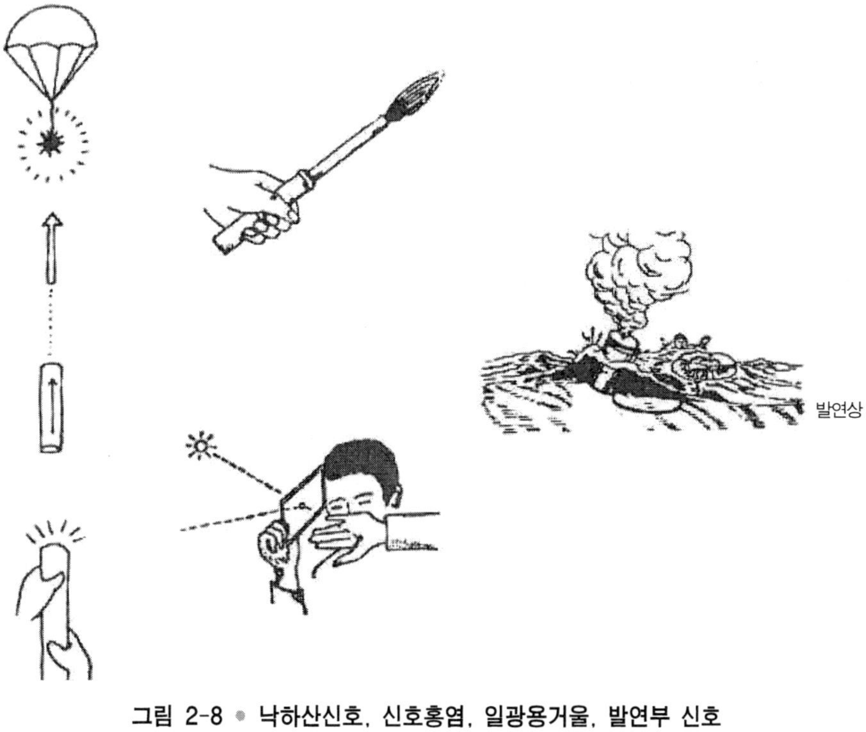

그림 2-8 ● 낙하산신호, 신호홍염, 일광용거울, 발연부 신호

① 신호 거울의 한쪽 끝을 한 손으로 쥐고, 거울면을 태양쪽으로 향하게 한다.
② 가운데 있는 구멍으로 새어 들어오는 햇빛을 한 손에 받고, 그 선상에서 눈을 두지 않도록 하면서 구멍을 통해 목표물을 조준한다.
③ 선박에 대해서는 그 부근에 해면을 항공기에는 부근 상공을 향해 서서히 움직여서 목표물에 접근케 한다.

3. 식 수

구명정에는 1인당 3리터, 라이프래프트에는 1인당 1.5리터의 식수가 준비되어 있다. 그러나 통상 성인이 직접 마시거나 음식물을 통해 하루에 섭취하는 물의 양인 2~3리터에 비하면 대단히 적은 양에 불과하다. 따라서 퇴선 때 여분의 물을 휴대하는 것이 좋으며 표류 중에 비가 오면 물을 최대한 모아야 한다.

생존을 위한 식수의 요구량은 기상상태 및 소요작업량에 따라 변화하며, 식수가 없는 조건하에서 평균 대기온도에 따른 예상 생존시간은 표 2-4와 같다.

표 2-4 • 식수가 없는 경우 평균 대기온도에 따른 예상 생존기간

평균 대기온도	37℃	32℃	26℃	21℃	15℃
예상 생존시간	2일	3일	4일	8일	10일

표류 중 하루에 마시는 물의 적정한 양은 500cc이다. 그러나 탑승인원이 많거나 물의 저장이 적을 때 또는 구조가 지연될 때는 하루 160cc까지 줄일 수 있다.

1) 지휘자의 역할

물을 분배할 때는 반드시 지휘자의 지시에 따라서 한다. 이 때 지휘자는 다음사항을 고려하여 신중히 식수의 분배량을 결정하여야 한다.

① 물의 잔량
② 해수의 여과량
③ 육지도착 혹은 구조 예상시간
④ 눈, 비가 내릴 가능성
⑤ 탑승자의 수와 건강 상태

2) 식수의 배급 방법

① 첫 24시간 동안에는 물을 지급하지 않는다.
② 하루 3번(일출 전, 한낮, 일몰 후) 균등 분배한다.
③ 전체량의 최대 1/3까지는 예상 구조일이 넘었을 때를 위해 예비로 남겨 둔다.
④ 급수담당자를 지정하여 그 사람으로 하여금 분배케 하며 지휘자가 직접 나누어서는 안된다. 분배량이 불균형에 관한 사소한 오해가 지휘명령 계통의 와해와 불만증대 및 비협조 등의 중대문제로 발전할 수도 있기 때문이다.

3) 갈증시 주의사항

땀, 구토, 소변, 출혈, 호흡 등은 몸에서 수분이 배출되는 주요원인이 되므로 적은 양의 물을 마시고 견디기 위해서는 다음의 조치를 취하지 않으면 안된다.

① 물이 충분치 못하면 구난 식량만 먹을 것
② 멀미약을 복용할 것
③ 땀을 흘리지 않도록 할 것
④ 출혈을 방지할 것
⑤ 물을 마실 때는 한꺼번에 넘기지 말고 입술을 축인 다음 브랜디를 마시듯이 조금씩 입 속에 머금고 여러 번 굴린 후 천천히 삼켜야 한다.
⑥ 갈증이 심할 때는 단추 등과 같이 작고 단단한 것을 입속에 넣고 빨면 효과가 있다.

4) 추가 식수의 확보

추가로 식수를 확보하기 위하여 다음과 같은 노력을 기울여야 한다.

(1) 빗물을 많이 모을 것

비가 오는 경우 라이프래프트에는 빗물받이용 트레인 튜브가 있으므로 빗물을 모을 수 있으나 구명정에는 특별장치가 없다. 이때는 천막을 펼쳐서 가능한 빗물을 많이 모으도록 노력을 기울여야 한다. 빗물을 받기 전에 천막에 붙어 있는 소금결정을 씻어낸다.

(2) 해수나 소변은 절대 마시지 말 것

인체세포의 체액염도는 0.9%이며 해수의 염도는 지역에 따라 차이는 있으나 보통 3.5~3.7% 정도가 된다. 최상의 조건에서의 소변성분은 염분 1.5%, 요소 1.5%, 기타 0.5%로 총 3.5% 용해성분을 가지고 있다. 따라서 해수를 마시면 신장에서의 최대 염분배출이 1.5%에 불과하므로 염분농도의 증가로 정신착란, 환각, 간질증상, 혼수상태가 나타나고 결국 죽음에 이르게 된다. 소변의 경우도 해수를 마시는 것과 같은 결과를 가져오므로 절대 마셔서는 안된다.

(3) 염도 0.9% 미만의 식수대용물질

어류 또는 거북이의 뇌척수액이나 안구액, 청수와 해수를 4 : 1 이상 희석시킨 해수 등은 염도 0.9% 미만으로 식수대용으로 이용할 수 있다.

(4) 염도 0.9%의 식수대용물질

어류즙, 거북이 혈액, 청수와 해수를 3 : 1로 희석시킨 해수는 최후의 식수대용으로 이용할 수 있다.

(5) 기 타

해수 탈염 장치나 태양증류기가 있는 경우 이를 이용해 음료수를 확보한다.

4. 식 량

1) 식량의 비치량

구명정이나 라이프래프트에는 식수와 마찬가지로 극히 제한된 식량만이 준비되어 있다.

표 2-5 ● 생존정에 비치된 식량

비상식량 \ 1인당 비치량	구명정	라이프래프트
비스켓류	16온스(2,200Cal)	12온스(1,650Cal)
보리엿	16온스(2,200Cal)	6온스(825Cal)
가당응축 밀크	16온스(2,200Cal)	-

2) 식량의 중요도

식량은 식수에 비하여 그 중요성이 떨어진다. 식량은 비록 없어도 40일 이상 생존할 수 있고 표류 중에 고기, 새, 해초 등의 대용식을 구할 수도 있기 때문이다.

3) 식량의 배급

식량은 1인당 하루 500Cal 정도씩 지급하도록 하되, 첫 24시간 동안에는 분배하지 않는 것 등 지급방법이 식수와 동일하다.

4) 식량을 먹는 요령

적은 음식물을 먹는 요령은 천천히 씹도록 하는 것이다. 이것은 배탈이 나지 않도록 하는 뜻도 된다.

5) 대용식량

조난시 대용식량으로 고기를 낚거나 해초를 수집하여 식량의 부족을 보충할 수 있다. 그러나 어느 경우에도 물이 충분하지 않을 때는 그것을 먹어서는 안 된다.

① 연체동물 : 홍합, 삿갓조개, 대합, 비단 달팽이, 문어, 오징어와 같은 것은 모두 먹을 수 있다. 조개류는 일반적으로 식용이 가능하며 주요한 단백질 공급원이었으나 나사조개는 절대 먹어서는 안된다. 또한 적조시에는 연체동물들이 독성을 지닐 수 있으므로 주의해야 한다.

② 게, 바닷가재, 따개비 : 이러한 종류는 인간에게 거의 위해가 없으며 훌륭한 식량이 된다. 그러나 취급부주의로 인해 손가락을 다칠 수 있다. 이러한 많은 종류들은 껍질에 뾰족한 침이 있어 취급시 보호장구를 착용해야 한다.

③ 성게 : 바다에 매우 흔하며 접촉시 매우 심한 고통을 야기하지만 또한 아주 좋은 식량원이 될 수 있기 때문에 장갑을 끼고 취급해야 한다.

④ 해삼 : 이 동물은 인도 서태평양 지역에서 매우 중요한 식량원이다. 내장을 제거하여 식용한다.

⑤ 낚시를 잃었을 경우 대신으로 핀, 클립, 구두의 못, 주머니 칼, 물고기 뼈, 새의 뼈 등을 쓸 수 있으며, 낚시줄에 대해서는 타폴린, 캔버스, 섬유, 구

두끈, 헝겊으로 대신할 수 있다. 라이프래프트에 있을 때는 낚시 바늘, 물고기의 지느러미 등이 기실이나 바닥을 찢지 않도록 특히 주의해야 한다.

⑥ 조류 : 새는 모두 먹을 수 있지만 가능하면 간 이외의 내장은 낚시질의 미끼로 쓰면 좋다.

표 2-6 • 조난시 해상에서의 5대 금지사항

기억하라!(REMEMBER)
바닷물을 마시지 마라(Do not drink seawater)
오줌을 마시지 마라(Do not drink urine)
술을 마시지 마라(Do not drink alcohol)
담배를 피지 마라(Do not smoke)
물을 마실 수 없다면 먹지 마라(Do not eat, unless water is available)

2.2 생존정과 항해

조난시 가급적 조난위치에 머물러야 하나, 퇴선 전에 외부와 교신되지 못하고, 보다 구조가능성이 높은 위치로 이동할 필요성이 있다면 생존정을 이용한 항해를 고려할 수 있다.

2.2.1 항해와 위치 추정

1. 항해의 기록

① 지나온 날짜

② 중요업무-위치 확인, 식사시간, 당직 교대, 부상자 상태, 생존정의 정비 등

③ 기록은 본선에서 휴대한 종이, 연필이나 또는 생존 지침서, 기타 가능한 모든 도구를 사용한다.

2. 항 해

① 가능한 한 조난 위치에 머물 것

② 퇴선 전에 외부와 교신을 하지 못하는 경우는 보다 구조 가능성이 높은 위치로 이동할 것

3. 방위의 판별

1) 주간의 태양이용

① 태양이 동쪽에서 떠서 서쪽으로 진다.

② 시계가 가고 있을 때는 단침(시침)을 태양의 방향에 맞추고, 그 방향과 12시 방향과의 2등분선이 자오선의 방향이다.

2) 야간의 별자리 이용

① 북극성 : 북반구(적도와 북위 60° 사이)에서 북극성은 항상 정북에서 방위 2°이내에 있으므로, 이 북극성에서 수평선에 내린 수선의 발이 진북이다.

② 오리온 성좌 : 정동의 수평선상에 나타나 정서로 진다. 오리온 성좌는 적위 3°S로 거의 적도 부근에 있기 때문에 동서 방향을 판정할 수 있다.

③ 남십자성 : 남반구에서는 남십자성의 장축 연장선과 수평선과의 교점이 남이다.

4. 위도 결정법

북극성의 고도가 그 위치의 위도가 된다.

5. 북극성의 발견법

북극성을 바로 찾지 못하는 경우 그림 2-10과 같이 북두칠성 또는 카시오페아로부터 북극성을 찾아내거나, 또는 위치 추정이 가능하다.

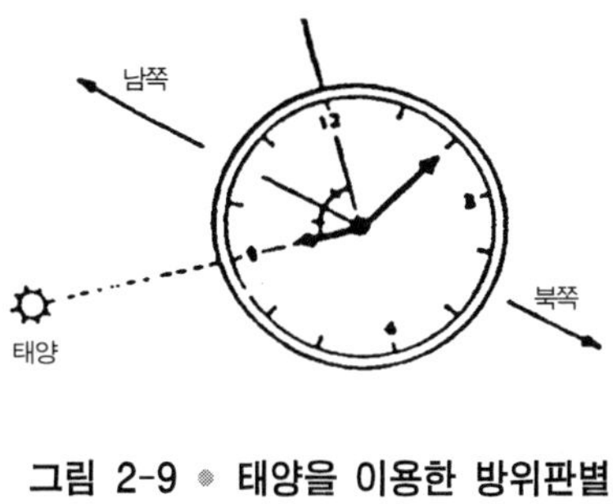

그림 2-9 ◦ 태양을 이용한 방위판별

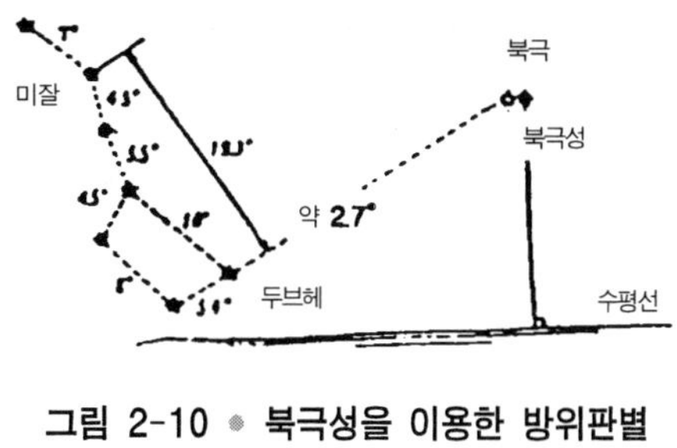

그림 2-10 ◦ 북극성을 이용한 방위판별

(1) 북두칠성에 의한 방법

그림과 같이 북두칠성의 α에서 β까지 선분 $\alpha\beta$의 약 5.7배 연장한 곳에 북극성이 있다.

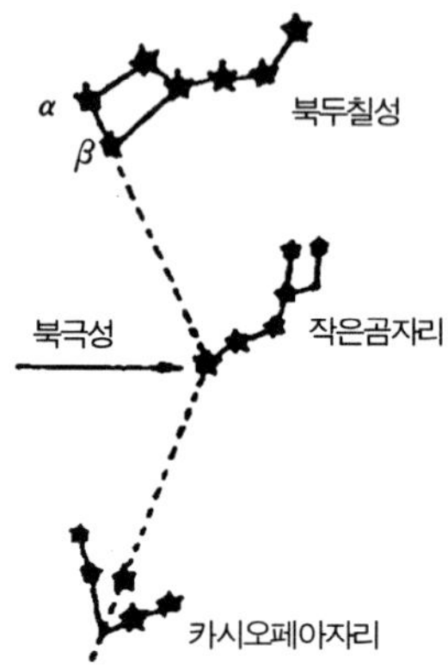

그림 2-11 ● 북극성 발견법

(2) 카시오페아에 의한 방법

카시오페아는 다섯 개의 별로 된 W자형의 성좌이며, 북극성의 사이에 두고, 북두칠성의 반대쪽에 있다.

그림 2-11과 같이 양변의 교점으로부터 중앙의 별로 연장선을 그어 사이 거리의 약 5배의 점에 북극성이 있다. 북위 40°이남에서는 카시오페아와 북두칠성을 동시에 볼 수 없다.

2.2.2 육지 발견법과 착안

1. 육지 발견법

1) 바다의 빛

바다의 빛만으로도 대략의 위치, 육지의 방향을 알아낼 수 있다. 청색 또는 녹색은 심해의 빛이고, 큰 하천의 하구로부터 수마일 떨어진 곳은 녹색이며, 하구로부터 수마일 떨어진 곳은 녹색이며, 하구 가까이 갈색 또는 펄빛이다.

적도 지방에서는 얕은 초호나 산호초 군락으로부터 비치는 태양 반사광이 하늘에 초록빛을 띠는 엷은 색을 나타낸다.

2) 얼 음

극지에서 끝이 날카로운 얼음이 자주 보이면 육지가 가깝다.

3) 해 초

해초는 주로 해안에 가까이 있지만 제법 먼 곳까지 떠다닐 때도 있다. 만일 육상의 식물이나 나뭇가지 등이 보이면 육지가 가깝다.

4) 번 개

이른 아침 수시간 동안 같은 방향에 번개가 치면 그 방향에 육지가 있다.

5) 새

새 또는 곤충이 보이면 육지가 가깝다고 생각해도 좋으나 상당히 떨어져 있을 때도 있다.

6) 구 름

크고 둥근 모양의 두꺼운 구름인 적운이 보일 때나 수평선상의 한 곳에 구름이 모여 있을 때는 그 방향에 육지가 있음을 의미한다.

극지방에서는 밝은 색의 반사는 빙원이나 눈으로 뒤덮인 육지를 의미한다. 이러한 반사는 공해상에서의 나타나는 짙은 갈색과 매우 다르다.

7) 도시의 야간 반사

야간에 도시의 불빛이 구름 등에 반사되어 멀리는 100마일까지도 보일 수가 있다.

8) 육지의 냄새

야간, 안개 또는 비가 내릴 때에는 냄새나 소리로 육지를 감지할 수 있다. 망그로브 숲의 곰팡이나 개흙 냄새는 멀리까지 전달될 수 있다.

9) 소 리

밀려드는 파도를 보기 오래 전부터 파도의 소리를 들을 수 있다. 한 방향에서 새들의 지속적인 지저귐은 근처 육지에 그들의 홰가 있다는 것을 의미한다.

10) 파도의 형태

육지에 접근할수록 파도의 형태에 따라 육지를 감지할 수도 있다.

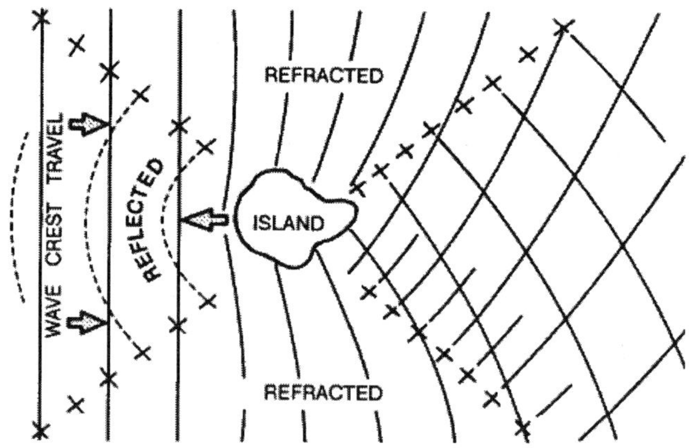

그림 2-12 ◉ 섬 주위의 파도의 형태

2. 착 안

착안을 위한 육상 접근시에는 다음의 사항을 고려하여야 한다.

① 해안에 접근해도 바람이나 해조류에 밀려 착안할 수 없을지도 모른다는 점을 충분히 유의한다.

② 주간에 해풍 야간에 육풍이 불게 되므로 아침에 해묘를 걷어 올려 주간에는 해안쪽으로 떠밀리게 하고 저녁에는 해묘를 드리운다.

③ 해안에 아주 가까이 접근했을 때에만 노를 사용한다.

④ 해안에 이상 조류가 있어서 좀처럼 육지에 접근하기 어려운 때에는 힘센 사람이 로프를 갖고 헤엄쳐 해안에 도달하여 적당한 곳에 로프를 묶은 뒤 이를 잡아당겨 착안한다.

⑤ 해안의 높은 파도를 넘어서 착안하는 것은 상당히 곤란하므로 가능한 한 야간 착안은 피한다.

⑥ 만약 해안에 인기척이 있으면 호각이나 기타 방법을 사용 신호를 보내어

구조를 청하는 것이 좋다.

⑦ 열대 지방이라면 해안에 산호초가 있는지 주의하고 산호초에는 파도가 일지 않는 끊어진 곳이 있으므로 이를 통로로 이용한다. 만약 태양광선으로 눈이 부셔서 통로가 될 끊긴 자리를 보기 힘들면 태양이 머리 위 또는 뒤편으로 올 때까지 기다린다.

2.3 퇴선 후 생존자 및 생존정의 관리

2.3.1 개인생존장비

선박에는 긴급시 조난자들이 즉시 개인생존장비들을 이용할 수 있도록 상시 일정한 장소에 비치하고 있다. 그러나 비치장소는 각각 선박의 선형에 따라서 다소 차이가 있으므로 처음 선박에 승선한 경우에 자신은 개인생존장비의 위치를 사전에 파악해 두어야 한다. 개인생존장비는 구명부환(Life buoy), 구명동의(Life jacket), 방수복(Immersion suit)과 보온복(Thermal protective aids), 노출방지복(AES : Anti-exposure suits) 등이 있다. 이러한 개인생존장비는 조난자를 해상에서 안전하게 뜰 수 있도록 도와주고 저체온 현상으로 인한 익사를 방지하는 장비이다.

구명부환의 경우 주로 선외측에 비치되어 있으며, 선교근처에 비치된 것은 등화, 발연부신호기 및 라이프라인이 부착되어 있어서 선외 추락자가 발생한 경우 즉시 투하하여 추락자의 위치를 확인하는 경우에도 사용된다.

구명동의는 상체에 착용함으로써 해상에서 안전한 부양자세를 유지할 수 있도록 설계되어 있으며 호각 및 표시등이 부착되어 있다. 개인의 침실, 선교, 기관실, 통신실, 및 구명정 탑승장소 등의 로커(Locker)안에 보관되어 있다.

방수복 및 보온복은 저체온을 지연하는 장비로서 주로 구명정이나 구명정 탑승장소 인근의 로커상에 비치되어 있다.

2.3.2 구명부환(Life buoy)

1. 구명부환에 대한 요건

SOLAS 협약의 구명부환에 관한 규정은 다음과 같다.

그림 2-13 ◉ Life buoy

1) 1974 SOLAS 협약

① 화물선 : 적어도 여덟 개에서 열 네 개까지(8～14개)
② 여객선 : 적어도 여덟 개에서 서른 개까지(8～30개)

2) 1974 SOLAS의 1983 개정(최소 비치수, 화물선)

표 2-7 ◉ 화물선의 구명부환 최소 비치수

선박의 길이(m)	최소비치수
100 미만	8
100 이상부터 150 미만까지	10
150 이상부터 200 미만까지	12
200 이상	14

2.3.3 구명동의(Life jacket)

조난시 또는 위험이 예상될 때 상체에 착용하는 것으로 베개형과 조끼형이 있으며, 조끼형은 주로 작업용 또는 어린이용으로 사용된다.

색깔은 주로 오렌지색이며 부양성 재료로는 코르크, 발사나무(Balsa) 또는 카포크(Kapok)가 사용되며, 최근에는 팽창식 자케트도 사용되고 있다.

눈에 뛰기 쉬운 장소에 별도로 격납하여야 한다. 각 구명동의에는 호각을 끈으로 확실하게 부착하여야 한다. 그림 2-14는 구명동의 착용법을 나타낸다.

구명동의의 부착끈과 포켓이 밖으로 나오게 입는다

구명동의 가슴끈을 먼저 매고 허리끈(백색)을 묶는다

허리끈을 졸라맨 후 목끈을 꼭 묶는다

구명동의통과 호각의 사용동작

그림 2-14 ● 구명동의 착용법

2.3.4 방수복(Immersion suits)

방수복이란 찬 물속에서 사람의 체열을 감소시키지 않도록 하는 보온복을 말한다. 방수복은 1974 SOLAS의 1983개정에 의해 강제화된 것으로서 모든 선박에 적용되며, 1986년 7월 1일 이전에 건조된 선박은 1991년 7월 1일까지는 비치하여야 한다. 그림 2-15는 방수복의 착용법을, 그림 2-16은 방수복 착용 후 및 해상에 떠 있는 모습을 나타낸 것이다.

그림 2-15 ● 방수복의 착용법

그림 2-16 ● 방수복 착용 후 상태

2.3.5 보온복(Thermal protective aids)

보온복이란 저전도성을 가진 방수물질로 만들어진 포대기 또는 옷을 말한다. 1974 SOLAS의 1983개정에 따라 모든 선박에 적용되며, 1986년 7월 1일 이전에 건조된 선박도 1991년 7월 1일까지는 비치되어야 한다.

각각에 대하여 정원의 10%의 혹은 2명중 큰 수의 보온복을 비치하여야 하고, 부가하여 방수복을 제공받지 않은 승무원은 보온복을 비치하여야 한다. 그러나 적용이 제외되는 경우도 있다.

그림 2-17 ● 보온복

2.3.6 노출 방지복(AES : Anti-Exposure Suits)

① 적어도 70N의 자체부력을 가져야 한다.

② 구조, 탈출, 작업임무 과정에서 열적 부담(Heat stress)의 위험을 감소시키는 재질로 만들어야 한다.

③ 머리와 손과 발을 제외한 신체 전신을 감쌀 수 있어야 한다.

④ 2초간 화염에 휩싸여도 용해, 또는 불타지 않아야 한다.

⑤ 휴대식 VHF을 넣을 주머니가 있어야 한다.

⑥ 최소한 120도 전방시계가 확보되어야 한다.

⑦ 행동하거나 수영에 있어서 불편함이 없어야 한다.

⑧ 표시등과 호각을 부착하여야 한다.

제 II 편

기초소화

제3장 선박의 화재와 소화 개요

제3장 선박의 화재와 소화 개요

3.1 화재의 개요

3.1.1 연소이론

연소(燃燒)란 광의(廣義)로는 다량의 발열을 수반하는 발열화학반응(發熱化學反應)으로서 반응에 의해 발생하는 열에너지 및 활성화원소에 의해 자동적으로 반응이 계속되는 현상으로 정의되며, 협의(狹義)로는 가연물이 산소와 급격하게 화합하는 하나의 산화반응(酸化反應)으로 정의된다.

그러나 철이 녹스는 현상은 같은 산화반응이기는 하지만, 반응이 완만히 진행되기 때문에 발열을 수반해도 열의 발산이 발열보다 빨라서 온도상승은 거의 없고 빛도 수반하지 않으므로 단순한 산화반응이지 연소라고 말하지 않는다.

$$CH_4 + 2O_2 = CO_2 + 2H_2O + 212.8 \text{ kcal/mol}$$

위의 산화화학반응식은 메탄(LNG)의 열반응식으로 1mol의 메탄과 2mol의 산소가 결합하여 이산화탄소 1mol, 물 2mol 그리고 212.8kcal/mol의 열을 발산한다.

통상 연소와 화재(火災)는 구별되어 사용하는데, 가령 우리가 밥이나 음식을 조리하기 위하여 나무, 종이, 기름 혹은 프로판가스(LPG)나 도시가스(LNG)를 태우는 적절히 제어되어 유용하게 사용되는 과정을 연소라 말하고, 화재란 원하지 않는데도 발생하거나 확대되어 큰 재앙을 주는 것으로 소화설비(消火設備) 등을 이용하여 소화할 필요가 있는 연소현상이라고 칭한다. 화재(연소)가 일어나기 위해서는 가연물질(연료)과 산소 및 그 반응에 필요한 점화원(열)이라고 하는 화재(연소)의 3요소가 충족되어야 한다. 이 3요소 가운데 한 가지라

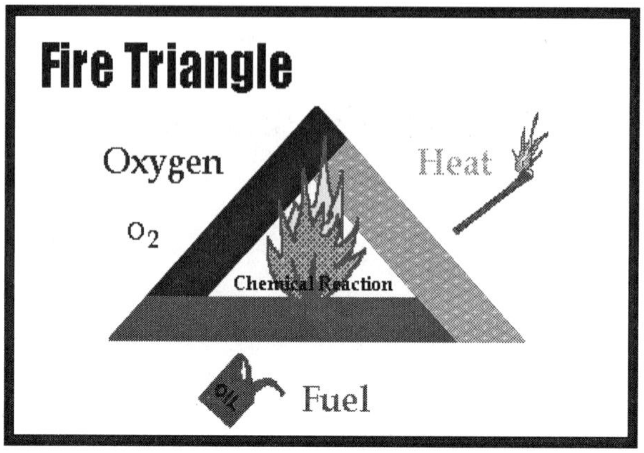

그림 3-1 • 화재(연소)의 3요소

도 충족되지 못하면 화재는 발생하지 않는데 이를테면, 종이와 공기(공기 중에는 산소가 약 21%가 함유되어 있다) 2요소가 있고 불꽃이 없든지 혹은 종이와 불꽃은 있으나 공기가 없으면 화재가 발생하지 않는 이치이다.

그림 3-1은 화재의 3요소를 이해하기 쉽게 삼각형으로 나타낸 것으로서 화재의 삼각형이라고 일컫는다.

일반적으로 연소(화재)는 화재의 3요소만으로도 성립하나 다음의 화학반응식을 통하여 어떻게 화재가 연속하여 일어나게 되는가를 알아보면, 연소과정에서 발생하는 수소분자가 에너지를 받아 활성수소원자(H^0)[1)]가 되고 이는 다시

1) 모든 원자 또는 분자는 옥테트 법칙(Octet Rule)에 의해 전자궤도에 정해진 전자의 숫자를 채워 안정하려는 성질을 가진다. 원자핵 주위를 회전하고 있는 전자의 첫째궤도에는 2개의 전자를, 두 번째 궤도부터는 각 궤도에 8개의 전자를 가지면 안정된다. 예를 들면 원자번호가 1인(수소원자의 양성자수와 전자의 수가 1개라는 의미임) 수소원자$\left(\frac{1}{1}H\right)$는 자체에 1개의 전자밖에 가지고 있지 않아 불안정(즉, 활성화되어 있다는 의미)하여 다른 수소원자와 결합하여(공유결합) 안정화되는데, 이 때문에 수소원자는 외부의 자극이 없으면 항상 H_2 상태로 존재한다. 같은 이치로 산소$\left(\frac{16}{8}O\right)$ 또한 자체로는 첫째준위에 2개의 전자가, 둘째준위에 6개의 전자만이 있어 2개의 전자를 서로 공유(公有)하기 위하여 O_2 상태로 존재해야만 안정하게 되는 것이다. 여기서 원자 혹은 분자가 활성화되었다는 말은 자체로는 불안정하기 때문에 끊임없이 다른 원자 또는 분자와 결합하려는 상태를 말한다.

그림 3-2 • 화재(연소)의 4요소

산소분자와 반응하여

$$H_2 + e(energy) = 2H^0$$
$$H^0 + O_2 = OH^0 + O^0$$
$$O^0 + H_2 = OH^0 + H^0$$
$$OH^0 + OH^0 + H^0 + O^0 + H_2 = 2H_2O + H^0 + O^0$$

활성수산기(OH^0)와 활성산소원자(O^0)를 만들어 이것이 여러 단계를 거쳐 촉매역할을 함으로써 연쇄적으로 확대해 나가는 반응을 일으키는데 이 반응을 연쇄반응(連鎖反應)이라 하고 이 연쇄반응을 화재의 3요소(산소, 점화원, 가연물질)에 추가하여 화재의 4요소(그림 3-2)라 한다.

3.1.2 화재의 요소 및 연소의 형태

위에서 살펴보았듯이 화재는 3요소의 조건적 결합에 의해 발생하게 되는데 이러한 화재의 조건과 요소들에 대하여 알아보면 다음과 같다.

1. 가연물질(연료)

가연물질(연료)은 공기 또는 산소(O_2)에서 용이하게 연소라는 산화반응을 일으켜야 하고 산화반응으로 발생한 빛이나 열에너지를 유효하게 이용할 수 있는 물질(분자, 화합물 또는 이들의 혼합물)로 열의 축적이 쉽도록 전도도(傳導度)가 작아야 하며, 산소 등과의 결합력이 강하고 연쇄반응을 일으킬 수 있어야 하는데 물리적 상태에 의하여 기체 · 액체 · 고체가연물질로 구분된다.

1) 고체가연물질

고체상태에서 사용되는 물질로 선박에서는 종이, 밧줄, 캔버스, 가구류, 합판, 걸레, 매트리스 등과 화물로서 운반되는 곡물, 석탄, 섬유, 고무, 플라스틱제품과 원목(原木) 등의 목재류를 들 수 있다. 고체연료의 연소에 있어서도 화염이 형성될 수 있는 영역은 기체상태이지만, 연료와 산화제로서 초기의 물리적 상태가 다르기 때문에 고상과 기상과의 경계면에 생기는 승화(증발), 열분해, 표면화학반응과 같은 불균일 과정이 모든 연소과정 가운데 중요한 역할을 하고 있다. 이 점이 균일 연소의 연소과정과 크게 다른 점이고 현상을 복잡하게 하고 있는 점이기도 하다. 고체연료의 경우 화재위험성은 주로 발화점으로 결정된다.

(1) 증발연소

비교적 분자구조가 간단하고, 더구나 융점이 화염온도보다도 낮은 고체연료에서 관찰되는 연소형태이다. 화염의 형성은 가열에 의해서 연료가 융해, 증발하고 그 증기가 산소와 반응에 의해서 생긴 열이 연료에 전해짐으로써 연소가 계속된다. 양초의 원료인 고급 파라핀계 탄화수소나 고급 알코올에서는 증발연소가 생긴다.

(2) 분해연소

분해온도가 비등점보다도 낮은 고분자의 고체연료가 기상 속에 화염을 수반하여 연소할 경우에 관찰되는 연소형태이다. 이 연소에서는 연료의 열분해가 증발 전에 생겨서, 발생한 분해생성가스(수소, 일산화탄소, 탄화수소 등의 불연성가스의 혼합기)가 산소와 반응하여 화염이 형성된다. 석탄, 목재, 종이, 면 등과 같이 열분해하기 쉬운 휘발분과 분해되지 않는 고정탄소분을 포함한 연료가 연소할 때에는 초기의 단계에서 분해연소가 생기고, 그 후는 탄소를 주체로 하는 나머지 부분이 연소하는, 즉 고체표면의 주위의 공기 또는 산소가 확산하여 표면에서 연소반응이 일어나는 표면연소로 이행한다. 또 화염이 형성되지 않은 상태로 표면연소가 유지될 경우에는 연기연소의 형태를 취하는 수가 있다.

(3) 표면연소

흑연, 코크스, 목탄 등과 같이 거의 탄소만으로 되어 있는 고체연료에서 관찰되는 연소형태이다. 휘발성물질을 함유하지 않는 고체가연물질은 증발 또는 열분해를 하지 않고 그 표면에서 산소와 직접반응을 하여 연소하는 현상이다.

(4) 자기연소

니트로셀룰로스(질화면), 셀룰로이드, 니트로글리세린, 질산에틸 등과 같은 제5류 위험물들은 외부로부터 산소를 공급받지 않고 분자내에서 산소공급원을 포함하고 있어 연소속도가 매우 빠르고 폭발적이다. 이러한 연소를 자기연소 또는 내부연소라 한다. 자기연소를 하는 대부분의 물질은 분해에 의한 가연성가스와 산소를 방출시켜 연소가 이루어지기 때문에 분해연소의 한 형태라 할 수 있다.

2) 액체가연물질

액체상태에서 사용되는 것으로 연료유, 윤활유, 페인트 등과 원유, 석유제품(石油製品) 등의 화물유(貨物油)가 있다.

액체연료의 화재에 대한 위험성의 정도는 인화점(표 3-1 참조)으로 결정된다. 석유, 페인트, 원유 등 연료를 증발시키고 그 증기를 공기와 혼합되게 해서 연소시키는 증발연소(Evaporative Combustion)의 형태를 나타낸다. 또 탄소성분이 많은 중질유 등의 경우에는 연소 초기에는 증발연소를 하고 그 열에 의해서 연료성분이 분해되면서 연소하는 분해연소(Cracking Combustion)로 이행한다.

표 3-1 • 액체가연물질의 인화점

가연물질의 종류	인화점(℃)	가연물질의 종류	인화점(℃)
가솔린	−21～43	디젤유	65～150
등 유	21～60	나프타	20～30
중 유	30～100	알 콜	−14～12
벙커 A	80～100	윤활유(경질)	150～180
벙커 C	120～240	윤활유(중질)	200～300

(1) 증발연소

대부분의 액체가연물질은 외부로부터 열을 받아 그 표면에서 가연성증기를 증발하여 이 증기와 공기와의 혼합기체가 연소하는데 이것을 증발연소라 한다. 액체가연물질은 온도가 상승하거나 압력이 감소하게 되면, 저장탱크나 용기로부터 증기가 발생하므로 이러한 증기의 증발을 억제시켜야 하고, 증발된 가연성기체가 공기 중에 일정량 이상이 포함되지 않도록 즉, 연소범위의 형성을 피하기 위하여 환기와 통풍을 충분히 하도록 해야 한다.

(2) 분해연소

분자내에서 탄소의 수가 많고 비중이 크며 휘발성이 적은 중질유와 같은 액체가연물질이 높은 온도에서 가열, 열분해 등의 방법으로 점도가 낮아져 그 분해 생성물질인 가스가 연소하는 것을 분해연소라 한다.

3) 기체가연물질

기체상태에서 사용되는 것으로 액화천연가스(LNG), 액화석유가스(LPG), 아세틸렌 등 액체연료에서 증발한 가연성기체 등이 있다.

기체가연물질의 연소형태는 크게 2가지로 연료의 산화제에 의한 매우 빠른 산화반응으로 연료와 산화제를 충분히 혼합한 뒤에 화염을 형성시키는 예혼합연소(Premixed Combustion)와 연료와 산화제를 분리해 놓고 양자가 혼합되는 곳에 화염을 형성시키는 확산연소(Diffusion Combustion)가 있다. 기체연료의 경우 공기와 적당히 혼합된 상태에서 발화하면 매우 빠른 속도로 연소가 진행되는 폭발(반응속도가 매우 빨리 진행되는 급격한 연소의 일종으로 급격한 온도와 압력상승을 수반함)에 주의해야 한다.

(1) 확산연소

수소, 아세틸렌, 프로판, 메탄 등의 가연성기체가 파이프 등의 출구로부터 분출하여 공기 중의 산소와 혼합하여 연소(폭발)범위 내에 있는 경우 점화원을 가해주면 연소한다. 확산연소는 불꽃 모양이 일정한 정상연소의 한 형태로 라이터와 버너가 그 예이다.

(2) 예혼합연소(폭발)

가연성가스와 공기, 즉 산소를 미리 적당한 연소범위로 혼합한 상태에서 점화원을 가하면 매우 빠른 연소속도를 나타내는 비정상적인 연소가 일어나는데 이를 예혼합연소 또는 폭발이라고 한다.

표 3-2 ● 기체가연물질의 연소한계농도

가연물질의 종류	최저~최고(Vol. %)	가연물질의 종류	최저~최고(Vol. %)
수 소	4.0~75.6	아세틸렌	1.5~81.0
암모니아	15.0~28.0	벤 젠	1.2~8.0
메 탄	5.0~15.0	톨루엔	1.2~7.0
에탄	3.0~15.5	메탄올	5.0~44.0
프로판	2.0~9.5	에탄올	3.3~19.0
I-부탄	1.8~8.5	부탄올	1.4~11.3
에틸렌	2.7~34.0	염화비닐	3.8~29.3
프로필렌	2.0~11.7	가솔린	1.4~7.6
부틸렌	1.6~.7	석 유	0.7~6.0

혼합가스에 착화할 경우 항상 폭발이 수반되는 것은 아니며 폭발가스의 농도가 연소할 수 있는 범위 즉, 폭발범위 내에 있어야 한다. 일반적으로 연소(폭발)범위는 혼합가스의 온도와 압력이 높을수록 혼합가스 중의 산소농도가 높을수록 넓어진다. 반면에 불활성가스를 혼합하거나 산소의 농도가 감소하면 그 범위가 좁아진다. (표 3-2 참조)

2. 산 소

가연물질이 연소하기 위해서는 일부 산소를 함유한 물질을 제외하고는 일정한 농도의 산소가 필요하며 산소공급원에는 공기, 산화제(산화성고체, 산화성액체), 자기연소물질 등이 있다. 선박에서는 일반적으로 공기중에 포함되어 있는 산소가 가연물질을 산화하는 직접적인 원인이 되나 그 외 케미컬 탱커에서는 산소공급원인 산화성고체(염소산염류, 질산염류 등), 산화성액체(과염소산, 황산 등) 및 자기연소물질(유기과산화물, 니트로 화합물 등)과 같은 특정 케미컬 화물이 산소공급원으로 될 수 있다. 이러한 산화제는 분자내에 다량의 산소를 함유하고 있는 위험성의 케미컬류로 단독으로 폭발하든가 가연물질과 혼합 또는 접촉에 의해서 화재의 위험을 가져온다. 정상적인 공기의 조성비는 표 3-3과 같다. 연소는 일반적으로 공기중의 산소가 16% 이상 존재해야 가능하지만, 가연물질의 종류와 연소범위에 따라 차이가 있다.

표 3-3 ◦ 공기의 조성비

성분 / 조성비	N_2	O_2	Ar	CO_2	H_2	희소가스
체적비(v%)	78.03	20.99	0.93	0.03	0.01	0.01
중량비(w%)	75.47	23.20	1.28	0.046	0.001	0.003

3. 점화원

모든 화학반응은 일정한 양 이상의 에너지를 가진 반응물질 분자 사이에 유효한 충돌을 해야 하는데 이 충돌을 일으키기 위해서는 반드시 최소한의 에너지인 활성화 에너지가 필요하다. 연료와 산소가 동시에 존재하여도 바로 연소반응이 일어나지 않고 발화 에너지, 즉 일정한 온도와 일정한 양의 열이 주어져서 발화온도에 도달하게 하는 점화원이 있어야 연소, 즉 일종의 화학반응을 하기 시작한다. 연소하기 위해서는 가연물질과 산소의 분자들이 먼저 원자나 원자군으로 분해되어야 하고, 새로운 화합물을 형성, 즉 산화반응을 일으킬 수 있는 활성화 에너지를 공급하여 주는 점화원이 필요하다. 화재의 예방과 소화는 열의 통제와 관계가 있으므로 점화원인 열적에너지가 발생하는 원리를 아는 것이 매우 중요한 일이다. 점화원은 형태적으로 열적, 화학적, 기계적, 전기적 등의 4가지로 나눌 수 있다.

1) 열적 점화원

고온표면, 적외선, 복사열, 자외선 등이 있는데 화재사례와 직접적인 관련이 있는 것은 고온표면이다. 주요인은 작업장의 화기, 기관실내의 배기관과 증기관, 가열로, 연돌, 커버 없는 작업등, 전기스토브 및 각종 전열기이다.

2) 화학적 점화원

산화반응은 일반적으로 열에너지를 생성하는 화학적 반응이며, 화학적 점화원에는 연소열, 자연 발화열, 분해열, 용해열 등이 있다.

3) 기계적 점화원

기계적 반응으로 기계적 에너지를 만들어 화재를 일으키는 점화원으로 화재발생의 원인 중에 중요한 부분을 차지하고 있는 것 중 하나가 기계의 마찰열 때문이다. 이 점화원에는 마찰열, 마찰 스파크, 압축열 등이 있다.

4) 전기적 점화원

전기적 에너지는 저항발열, 유도발열, 누전발열, 아크발열, 정전기발열, 낙뢰발열 등이 있으며 이러한 전기적 발열 에너지가 전기적 점화원이다.

3.2 화재의 분류

거대한 연소현상인 화재가 발생하는데 필요한 요소로 작용하는 연소의 3요소 중 가연성 물질의 종류와 성상에 따라 화재의 종류별 급수를 정하고 있다. 우리 나라는 일본, 미국 등과 같이 화재의 급수를 A급(일반화재), B급(유류화

표 3-4 • 화재의 분류 및 유효한 소화기

화재의 분류	가연물의 종류	유용한 소화제
A급	목재, 종이, 옷, 고무, 플라스틱 등 고체화재	물, 폼, 분말 소화기
B급	연료유, 윤활유, 페인트, 그리스 등의 유류화재 및 LPG, LNG 등 기체화재	폼, 분말, 물의 분무, CO_2 소화기
C급	전기스파크, 전기단락 등 전기화재	CO_2, 분말, 할론 소화기
D급	나트륨, 마그네슘 등 금속화재	분말 소화기

재), C급(전기화재), D급(금속화재) 및 E급(가스화재)의 5가지로 구분하고 있으나 소방법상 명시된 사항은 아니며, 선박에서는 세계적으로 통용되는 분류기준에 따라 일반적으로 사용하고 있고 관련된 교육과 훈련에도 이용하고 있다. 다음의 표 3-4는 화재를 발생시키는 가연성물질의 종류 및 성상에 따른 일반적인 화재의 분류 및 유효한 소화기를 나타낸 것이다.

3.2.1 A급 화재

A급 화재는 상온에서 고체상태로 존재하는 섬유류, 목재류, 플라스틱류 등의 가연성물질에 직접 발화하거나 전기화재, 유류화재, 금속화재 및 가스화재가 원인이 되어 발생되는 일반화재이며, 다른 화재에 비하여 발생장소도 다양하고, 가장 많은 발생빈도 및 인적, 물적 재해가 수반되므로 중요시되고 있다. 연소는 표면상에서만 끝나지 않고 고체 가연성물질의 심부까지 도달하며, 화재 후 재를 남기는 화재로서 선박의 거주구역이나 금속 이외의 고체를 적재한 화물창에서 발생하는 일반적인 화재이다.

이 화재는 분해연소와 표면연소를 동반하기 때문에 유효한 소화제는 비열이나 증발잠열이 다른 물질에 비하여 크고 냉각효과가 우수하며 풍부하게 존재하는 물이다. 분무 또는 직수로써 냉각소화를 실시하며 직수분사는 고체의 심부까지 침투하므로 유효하다. 그밖에 포말, 분말 등도 유효한 소화제로 들 수 있다. 특히, 값비싼 상품이 소화제로 인해 손상을 입을 우려가 있을 때는 이산화탄소 등과 같은 기체소화제가 유리하지만 만일 대형 A급 화재에서 질식소화(화재의 3요소 가운데 산소의 공급을 차단, 소화하는 방법)를 위해 통풍을 차단한 후 이산화탄소를 주입한다면 이 경우는 수 시간에서 수십 시간이 걸리는 수가 있으므로 끈기있게 기다려야 한다.

3.2.2 B급 화재

연소 후 재가 남지 않는 인화성 액체, 기체 및 고체 유질 등의 화재로서 일반적으로 A급 화재보다 화재의 진행속도가 빠르다. 소방법상 에테르, 이황화탄소, 콜로디온과 같은 특수 인화물류와 휘발유, 아세톤, 경유, 중유, 윤활유 등과 같은 석유류와 알콜류, 자연발화의 위험성이 있는 건성유 및 피마자나 돼지기름 등의 불건성유와 같은 동식물유 등으로 B급 화재를 분류하고 있지만, 선박에서는 연료유, 페인트, 기관실의 빌지, 식용유 등과 같은 유류화재 및 석유가스, 천연가스, 아세틸렌 등과 같은 기체화재가 모두 여기에 속한다.

B급 화재는 증발연소 또는 확산연소가 일반적이기 때문에 냉각효과와 피복효과 즉, 질식소화나 연쇄반응의 억제에 의해 소화하는 것이 효과적이다. 따라서 폼, 분말, 할로겐 화합물인 할론(Halon), 이산화탄소, 물의 분무 등과 같은 소화제가 유리하다.

• 소화방법

① 공기를 차단하는 밀폐소화가 효과적이다.
② 직사수(Jet분사)의 사용은 화재면(火災面)을 확대할 우려가 있다.
③ 분무(Spray) 분사는 냉각효과와 질식효과가 있다.
④ 탄산가스, 증기 등은 질식효과가 있다.
⑤ 포말 소화가 효과적이며 많이 쓰인다.

3.2.3 C급 화재

전기가 통하고 있는 전기설비나 전기기기 등의 스파크, 과열, 누전, 단락, 정전기 등에 의한 전기화재로서, 전원차단을 가장 먼저 하여야 한다. 전기로 인한 화재는 육상의 전체 화재발생 숫자 가운데 가장 많은 비중을 차지하고 있으며, A급 화재 또는 B급 화재로 확대되는 경우가 많다. 그러나 전기 자체가 화재발생의 직접적인 원인이 아니고 사용자의 전기 취급부주의와 관리소홀, 안전수칙의 준수소홀, 그리고 각종 전기설비나 기기의 설계나 구조적인 결함 및 설치의 부적합성 등의 간접적인 원인으로 전기화재가 발생하는 경우가 많다.

소화제로서는 전기적인 부도체인 것이 바람직하며 이산화탄소, 할론 및 분말 소화제가 유리하다. 특히, 기체소화약제인 이산화탄소나 할론은 소화 후 뒤처리가 간단하기 때문에 분말보다 우선적으로 이용되고 있다.

- 소화방법

① 직사수, 포말소화제의 사용은 전기충격의 위험이 있어 주의를 요한다.
② 탄산가스, 분말소화제를 사용하여 소화한다.
③ 증기도 사용할 수 있다.
④ 탄산가스는 화재의 근원을 향하여 분사하여 소화한다.

3.2.4 D급 화재

철분, 칼륨, 나트륨, 마그네슘 및 알루미늄 등과 자연발화성 금속에 의한 화재로서, 대부분 물과 반응하여 가연성가스를 발생시키거나 또는 다른 화학물질과 잘 반응하는 활성금속이다. 소화는 일반적으로 반응온도 이하로 냉각하여 반응을 멈추게 하는 방법인 냉각소화법(화재의 4요소 가운데 연쇄반응을 차단하여 더 이상 화재가 진행되지 못하고 연료가 다 연소하면 소화되는 방법)을 주로 사용한다.

따라서 흡열소화제를 쓰되 자연발화성 금속과 반응을 일으키지 않는 것이 요구되므로 물과 같은 소화제는 부적당하며, 마른 모래, 팽창질석(Expanded Vermiculite), 팽창진주암(Extended Pearlite) 등과 같은 D급 화재 전용 소화제를 사용해야 한다.

3.2.5 E급 화재

국내에서는 유류화재와 함께 B급 화재로 분류되며, 액화천연가스(LNG: Liquefied Natural Gas), 액화석유가스(LPG: Liquefied Petroleum Gas)의 화재가 가스화재에 속한다. 화재가 발생하였을 경우 배관이나 저장탱크에서 가스의 유출을 차단하는 방법이 아니면 이것을 소화하는 일은 미연소 가스를 체류시키는 결과를 초래하므로 오히려 더욱 위험하게 된다.

가스화재의 소화방법으로는 제거소화방법(화재의 3요소 가운데 한 가지 요소 이상을 제거하여 소화하는 방법)이 가장 적당하다.

3.3 선박 화재의 특성

선박에서 발생하는 화재의 특징 가운데 하나는 선박이 부두에 접안하고 있거나 항구의 투묘지(投錨地)에 정박하고 있는 특수한 경우를 제외하고는 대개의 경우 외부 소방기관의 조언이나 협조를 받을 수 없고 선박 자체에 설비되어 있는 소화설비로써 선박승무원이 소방관이 되어 스스로 화재를 진압해야 하는 점이다.

이러한 선박의 화재, 충돌 및 좌초 등 선박고유의 위험에 대하여 선박자체의 인원과 설비로써 독자해결성(獨自解決性)으로 인해 SOLAS(International Convention for the Safety of Life at Sea, 1974) 등의 국제규칙에서는 선박에 탑재해야 할 소화설비의 수, 종류 및 성능 등의 제규정을 정하여 선박건조시 이를 확인하고 작동여부를 검사하고 있으며, 선박이 건조되고 운항중에도 정기적으로 설비의 정상작동 여부를 확인하도록 하고 있다. 또한 선박승무원은 화재발생시 각자의 임무가 주어져 있으며 이들의 임무를 잘 숙지하고 친숙화(親熟化)시키기 위하여 매월 화재발생을 가정하고 소화하는 훈련을 실시하고 있으며, 소화설비의 관리 및 올바른 사용법 등을 교육받는다.

그림 3-3 ◦ 침대에서의 흡연은 매우 위험하다.

3.3.1 선박의 화재원

1. 담뱃불

선박화재의 상당수가 담뱃불에 의한 것으로 때와 장소를 가리지 않고 무심코 피우거나 버린 꽁초에 의해 화재가 발생하게 된다. 특히, 정신없이 작업을 하거나 업무에 몰두해 있을 경우 또는 술을 마셨거나 심신이 매우 피곤한 경우 등의 비정상적인 상태에서 흡연을 할 경우 화재의 발생 위험이 매우 높다.

담뱃불에 의한 화재를 예방하기 위해서는 ① 흡연구역을 정하고 이를 엄격히 통제해야 한다, ② 불연성 재떨이를 사용하고 물을 부어서 사용할 것, ③ 침대에서 흡연을 하지 말 것, ④ 외부인의 흡연은 흡연규정에 따라 교육을 시행하여 정하여진 장소에서 흡연하도록 할 것이다.

2. 전 기

일정한 구역 내에서 발생하기 쉬운 화재 중 대표적인 예이다. 규격이상의 퓨즈를 사용하여 과전류가 흐르는 전선 및 노출된 전구 등은 사용 중 과열되어 주위에 열을 쉽게 발산한다. 이러한 열에 의해 인접한 가연물질이나 또는 절연물질에 쉽게 노출되어 화재가 일어나게 된다. 또한 불량한 전기설비로부터 발생된 스파크에 의해 주위의 가연성가스, 폭발성분진 및 퇴적한 섬유가루 등이

그림 3-4 ● 용접 작업 중 격벽 반대편의 발화물질을 제거하는 것이 중요하다.

폭발 또는 착화하게 된다.

따라서 위험물을 보관하는 장소 내에서 전기기구를 사용할 경우에는 반드시 화재에 특별한 방폭형(防爆型) 전기기기를 사용해야 한다. 이러한 전기에 의한 화재를 예방하기 위해서는 ①전기설비는 유자격자가 설치, 유지 및 보수할 것, ② 전선이나 접점은 항상 단단히 고정하여 스파크가 발생하지 않도록 할 것, ③ 모든 전기 장치는 규정용량 이상으로 부하를 걸지 말 것, ④ 모든 전기장치는 반드시 요구되는 절연 저항값을 유지하도록 보수할 것, ⑤ 방폭형 전기장치는 특히 주의깊게 관찰할 것, ⑥ 개인용 전기기기는 허가된 제품만 사용할 것, ⑦ 개인침실 전기선 제작시 유자격자에게 의뢰할 것, ⑧ 고장 또는 결함이 있는 기기, 설비, 전선을 발견시 안전관리자에게 통보한다, ⑨ 모든 전기기기는 확실하게 고박하며, 고정된 receptacle을 연결하여 사용한다. ⑩ flexible lead는 가능한 짧게 사용하여야 하며, 사용 중 절단되지 않도록 잘 배열하여야 한다. ⑪ 모든 휴대용 전기기기, 전등은 사용 후 전원을 차단하여야 한다.

3. 열작업

가스토치에 의한 용접 및 절단작업과 전기용접 등에 의하여 발생하는 화재사고도 상당수에 이르고 있다. 절단작업에 있어서는 금속의 불똥이 튀어나가거나 절단부위에서의 열의 전도로 인해 화재의 위험성이 높으며, 전기용접의 경우에는 높은 아크열과 스패터링(Spattering)에 의해 화재의 위험성이 매우 높다. 이상과 같이 열작업에서 튀어나가는 불똥이 주위의 빌지나 기름에 착화하는 경우와 특히 혼합가스에 인화함으로써 폭발사고를 유발하게 된다. 그리고 전도열에 의하여 주위의 가연물질이 발화하는 경우 등이 있다. 이러한 열작업에 의한 화재사고를 예방하기 위해서는 다음과 같은 주의사항을 준수해야 한다.

① 작업장 부근의 가연물질은 반드시 옮겨야 하며 만약 옮길 수 없을 경우에는 충분한 보호조치를 취해야 한다.
② 작업하는 격실과 반대편 격실에 각각 유능한 감시원을 세워야 한다. 그리고 작업완료 후 주위가 충분히 냉각될 때까지 적어도 30분 동안 계속 감시해야 한다.
③ 작업지역은 통풍이 잘 되도록 해야 한다.
④ 기름이나 먼지 등은 미리 소제할 것이다.

⑤ 적당한 휴대식소화기와 즉시 물을 뿌릴 수 있는 호스 및 노즐 등을 준비한다.
⑥ 가스토치용 가스봄베는 항상 수직으로 유지하고 압력조정기 부근에는 절대로 기름이나 그리스(Grease)가 묻지 않도록 해야 한다.
⑦ 열작업은 감시원을 배치하고 어떤 상황에서도 혼자서는 작업을 하지 않도록 한다.
⑧ 열작업을 하기 전·후 담당사관은 작업준비상태 및 정리·정돈 상태를 check list에 의해 점검하고 허가를 받아야 하며, 작업 중에도 계속 주의깊게 감시해야 한다.

4. 정전기 화재

탱커의 작업과 더불어 발생하는 정전기는 지면이나 다른 물질로부터 절연되어 1MΩ 이상이면 축적되므로 유류 자체의 고유저항값이 1013 내지 1014mΩ 이상 정도이면 대전을 해야 안전하다. 즉, 석유 정제품에 생성된 10,000(10~12S/m) 이하이면 정전기가 축적되는 것으로 나타나 있다. 따라서 석유 정제품을 취급하는 비교적 소형 유조선에서는 중대한 문제라고 할 수 있다. 정전기에 화재를 예방하기 위해서는 ① 고순도 정제유의 정전기 대책으로는 호스의 금속부분의 접지, 하역초기의 저속도 송유, 낙하에 의한 화물의 적화 및 물의 주입금지, 적하중 시료 채취시 주의, ② 탱크안의 증기와 금속기구의 대전을 주의(측심, 탱크 세정기기와 호스, 시료 채취시 정전기 발생치 않도록 주의), ③ 정전기용 작업복과 정전 구두의 사용, ④ 접지 시설의 시공이다.

5. 자연발화

앞서 언급한 바와 같이 자연발화에 영향을 주는 인자를 알고 이에 대처함으로써 산화열과 반응열 등에 의한 자연발화화재를 예방하여야 한다. 자연발화를 예방하기 위해서는 ① 증기관이나 고온부 등의 가연성 물질을 제거할 것, ② 화물창고와 펌프실 등에서 작업도중 또는 종료 후에 자리를 이탈시에는 반드시 걸레 등을 치울 것, ③ 서로 화학 반응을 일으키는 물질을 적재시에는 완전 격리할 것, ④ 수분과 반응하여 열을 발생하는 물질은 충분히 건조 할 것, ⑤ 단열재는 완전하게 부착 설치하고 수시로 점검할 것, ⑥ 기름 걸레, 페인트 등은 뚜껑이 있는 금속제 통에 버리고 수시로 비울 것, ⑦ 항해 중 화물이 움직이지 않도록 적재할 것이다.

3.3.2 선박의 화재유형 및 소화요령

1. 거주구역 화재

거주구역에서 발생하는 화재의 대부분은 선박승무원의 흡연, 전열기의 과부하에 의한 과실로 발생하는데 화재를 예방하기 위해서는 침실에서의 흡연과 전열기의 적절한 사용규제가 필요하다.

1) 흡 연

① 화재는 타고 있는 담배꽁초와 성냥을 부주의하게 버림으로써 종종 발생된다.
② 흡연이 허가된 장소에는 재떨이나 기타 적합한 용기를 비치해야 한다.
③ 성냥이나 담배꽁초는 불이 완전히 꺼진 것을 확인해야 한다.
④ 담배꽁초와 성냥은 바람에 의해 다시 선박에 되돌아올 수 있는 위험이 있으므로 선외에 버려서는 안된다.
⑤ 흡연이 금지된 장소에는 인식하기 쉬운 경고표지(영구적 또는 임시적)를 게시해야 한다.
⑥ 이들 장소에서는 어떠한 상황이라도 흡연해서는 안된다는 점을 주지시키며 침대에서는 절대 흡연하지 말도록 할 것이다.

그림 3-5 ◉ 타고 있는 담배꽁초의 부주의한 투기는 매우 위험하다.

2) 전열기 사용

① 허가받지 않은 자는 전기설비를 취급해서는 안된다. 개인용 전기기기는 책임사관의 허락하에 선박전원에 연결하여 사용해야 한다.

② 고장 또는 결함이 있는 기기, 설비 또는 전선은 발견 즉시 책임사관에게 통보해야 한다.

③ 모든 전기기기는 확실히 고박해야 하며 가능한 고정된 Receptacle에 연결하여 사용해야 한다.

④ 부적합한 소켓 및 퓨즈는 사용해서는 안된다.

⑤ 선박설비로 사용되는 휴대용 전열기는 지정된 용도 외에 사용해서는 안된다.

⑥ 개인용 전열기구는 어떠한 상황에서도 사용해서는 안된다.

⑦ 특별히 허가되고 안전이 확인된 경우를 제외하고 모든 휴대용 전기기구는 사용하지 않을 때는 전원과 분리되어야 한다.

⑧ 특별히 허가되고 안전이 확인된 경우를 제외하고 거주구역내의 모든 개인용 전기기구는 설치된 소켓과 표준 플러그에만 연결되어야 한다.

⑨ 특별히 허가되고 안전이 확인된 경우를 제외하고 거주구역 내에서 플러그나 소켓 하나에 여러 개의 전기기구를 연결하기 위해서 다중 소켓 플러그와 연장선을 사용하는 것을 금한다.

⑩ 휴대용 전기기구나 램프 사용시, 전선이 해치나 맨홀을 통과하는 경우 문, 커버나 뚜껑이 닫혀서 절연상태가 손상되지 않도록 보호해야 한다.

⑪ 선박 안테나의 주위에 개인용 안테나를 설치해서는 안된다.

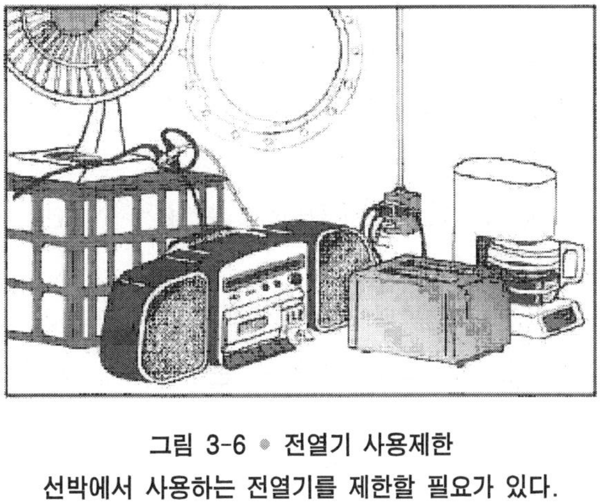

그림 3-6 ● 전열기 사용제한
선박에서 사용하는 전열기를 제한할 필요가 있다.

3) 세탁물 건조

세탁과 젖은 세탁물을 말릴 때는 주의를 다해야 한다. 옷을 히터에 직접 걸어 놓거나 가까이 두어서는 안되며, 기관실에서 말려서는 안된다.

4) 진압요령

① 화재가 발생하면 즉시 경보를 울려 전 선원에게 알린다. 가능한 초기진화를 실시한다.

② 수동경보나 자동경보가 울리면 즉시 비상 소화부서 배치표에서 정한 집결소에 집결한다. 특히 거주구역 화재시 인원확인을 철저히 해야 한다.

③ 집결이 확인된 인원은 소화부서 배치표에 따라 신속히 임무수행지로 가도록 한다.

④ 비상정지버튼(ES-B)을 눌러 거주구역내의 통풍장치를 즉시 차단하고 외부로 통하는 문을 소화에 필요한 곳을 제외하고는 전부 닫는다.

⑤ 휴대식 및 이동식 소화기를 이용하여 화재의 초기진화에 주력한다. 동시에 소화펌프를 가동하고 소화전에 소화호스와 노즐을 연결하여 즉시 물분무를 시작한다. 소화호스나 소화기가 준비되지 않은 상태에서는 절대 화재구역으로 통하는 도어(Door)를 열어서는 안된다.

⑥ 인근에 화재가 발생하더라도 그 문을 열지 말고 문의 하부에 설치된 패널(Panel)을 통해서 소화수를 천정부로 향하게 하여 열기를 냉각시킨다.

⑦ 화재구역에 진입할 때는 낮게 구부린 자세나 바닥을 기는 형태로 진입하여 열과 연기에 직접 노출되지 않도록 하고 소화수를 천정을 향하여 사출한다.

⑧ 화재 진압시 한쪽에서만 공격하지 말고 화재를 완전히 에워싼 후 가능한 모든 방위로 소화수를 분무하여 화재를 진화한다.

⑨ 화재가 진압된 후, 소방원 장구를 착용한 소방원이 소화호스를 들고 가장 낮은 곳에 위치한 출입구를 통해 화재구역에 진입한다. 잔류 불씨나 연기가 발견되면 즉시 진화한다.

⑩ 최종적으로 화재가 완전히 진압되면 거주구역을 개방하고 환기시켜 화재로 인한 가스를 제거하고 각부 손상정도를 점검한다.

5) 소화작업 Flow Chart

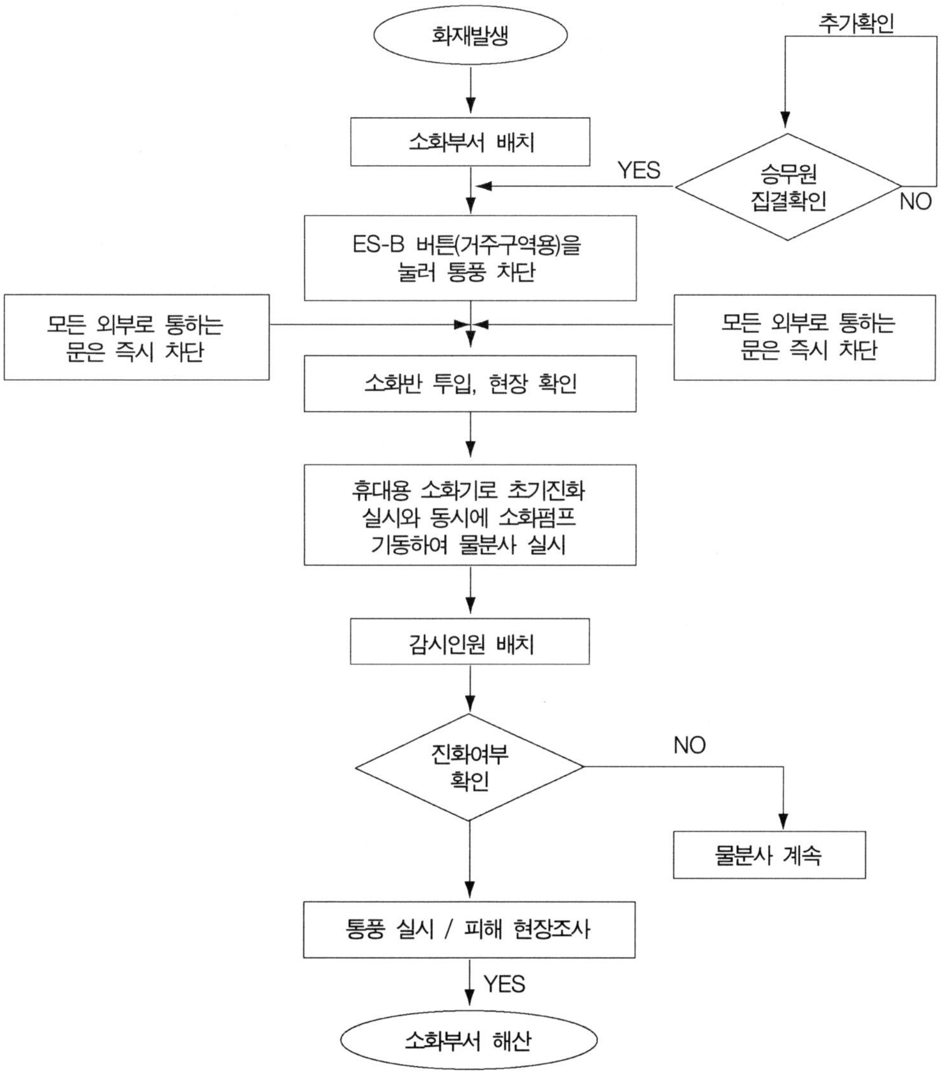

2. 주방(Galley)구역 화재

① 주방에는 특유한 화재위험이 항상 존재한다. 요리용 기름의 과열이나 누유를 방지하기 위한 주의가 요구되며, 요리 후 Hot Plate의 전원은 차단해야 한다.

② 악천후시에는 Hot Plate에 Guard Rail을 설치해야 하며 Frying은 가급적 삼간다.

③ 요리용 기름에 의한 화재를 진화하기 위하여 방화 담요(Fire Blanket)를 Hot Plate부근에 비치하고 즉시 사용 가능해야 한다.

3. 기관구역 화재

선박화재 가운데 가장 발생빈도가 높고 그 피해가 큰 화재가 기관실 화재이다. NK(일본해사협회)에서 73척의 기관실 화재를 분석하여 제시된 원인과 예방대책을 중심으로 기술하고자 한다.

1) 개 요

기관실 화재의 원인 중 대부분이 주기나 발전기의 연료유, 윤활유의 배관이 기관의 진동으로 인해 느슨해지고, 금이 가고, 풀리게 되어 배기가스 Pipe와 과급기 등의 고온 표면에 누유가 비산되어 결과적으로 인화가 되는 것으로 밝혀졌다. 이러한 요인에 의한 기관실 화재는 통계에 의하면 전체의 60%에 달한다.

가연성 유류의 누유나 비산을 막기 위하여 각 선박에서는 연료유 Pipe Flange 부위에 설치되어 있는 Insulation Cover는 항상 부착시킨 상태로 유지해야 한다. 또한 일부선박에서는 Insulation Cover대신 비산방지용 Tape를 설치한 경우가 있으니 부착상태를 항상 확인해야 한다. 다시 말해서 기관실 화재 방지에 가장 중요한 핵심은 인화의 원인이 되는 기관실의 고온부를 보호 차단하고 가연성유류의 누유나 비산을 차단하는 것이다.

2) 기관실 화재발생 구역(73척 분석 결과)

기관실 화재발생 장소는 기관구역하에 균등하게 산재하여 있는 것은 아니고 특정 고위험 지역에 집중되어 있다. 특히 주기관이나 발전기에 연결된 연료유 배관, 배기가스관, 과급기와 주배전반 등이 조합되는 구역이 위험구역이라고 여겨진다. 따라서 고위험 지역에 집중적인 화재방지대책을 세우는 것이 중요하다. 기관실에서 화재가 가장 많이 발생한 장소는 발전기부근으로 12건이 발생하였고 그 다음으로 메인스위치보드(Main Switch Board)에서의 전기화재가 9건이었으며 터보차져(과급기, Turbo Charger), Boiler가 각각 5건, 4건 순으로 발생빈도가 높았다. 기관실 화재사고 사례 유형을 살펴보면,

① 어떤 경우에는 연료밸브 냉각유 배관의 연료유가 비산되어 기관실 화재의 요인이 된다. 안전을 위해서 연료밸브의 냉각으로 유냉각 대신에 청수냉각이 고려될 수 있다.

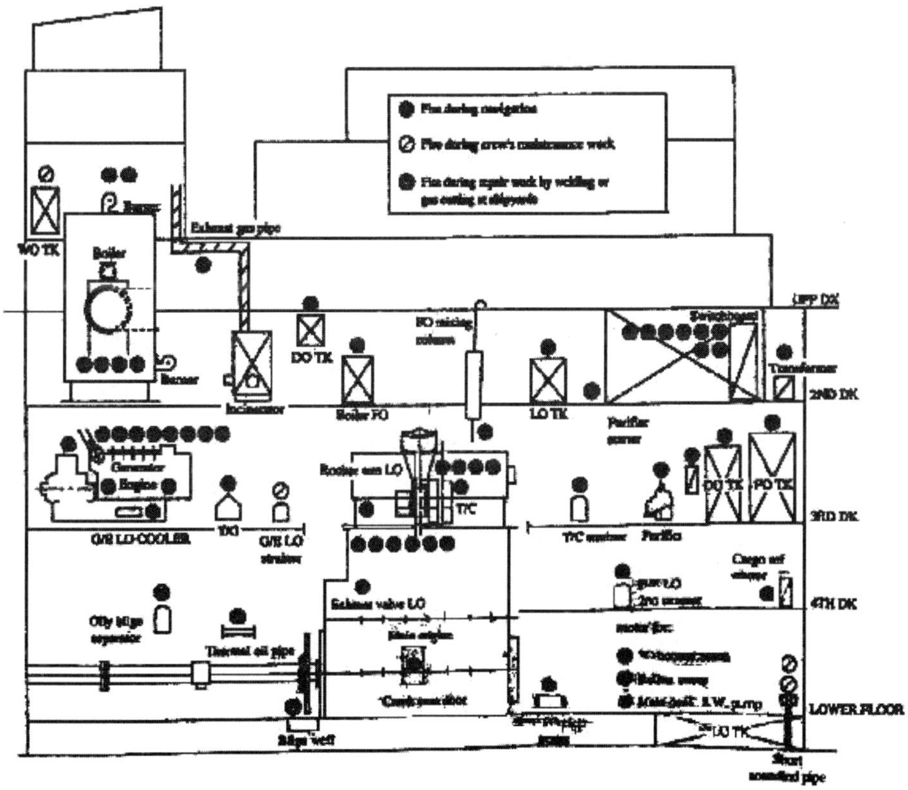

그림 3-7 ◦ 기관실 화재발생 장소

② 기관실내 인화의 최대요인은 배기가스 배관과 과급기이다. 이들 고온 표면들은 안전하게 피복하는 것이 필요하다. 검사나 정비작업을 위하여 벗겨낸 모든 절연 피복재는 가능한 조속히 원상태로 복구해야 한다.

③ 가연성유류 배관용으로 비금속관 등의 승인되지 않은 것은 사용해서는 안된다.

④ 어떤 경우에는 가압상태에서 수동 복식 윤활유 스트레이너(Strainer)의 필터 전환 작동중 윤활유의 비산이나 누유로 인명손상이 발생한 화재도 있다. 가연성 유류의 스트레이너 소제를 위해서 항해중에 개방하는 것을 가능한 피해야 한다. 부득이한 경우에도 압력이 제거된 것이 확실히 확인된 상태에서 정비 보수를 해야 한다. 또한 안전을 위하여 2차 스트레이너로써 내부압력이 높고 자주 개방하지 않는 자동 소제식(Self-Cleaning Type) 가연성유 스트레이너가 사용되어지는 것이 추천되어진다.

⑤ 배전반과 발전기 등과 같은 전기기기의 화재 대부분은 접촉부와 도체의 연결 불량으로 인한 과열로 소손이 발생한다. 선박에서 전기화재를 줄일 수 있는 실행 가능한 방법은 추가로 나사를 조이는 것이며 전기기기의 접촉부위를 주기적으로 점검하는 것이 고려되어야 한다.

⑥ 기관실 화재가 발생한 선박 중에 75%가 항해중에 발생했고 52%가 항해불능상태가 되었다. 화재발생 후 항해능력을 상실하는 가장 큰 원인은 추진기관의 소손과 해수에 의해 침수된 전기 케이블의 기능 상실에서 온다. 또한 케이블의 소손 가능성을 줄임으로써 케이블의 절연 물질이 탈 때 발생하는 다량의 독성가스에 의한 승무원의 질식 가능성을 줄일 수 있을 것이다.

⑦ 연료유 탱크의 Sounding Pipe로부터 기름이 넘치는 것에 의한 화재를 방지하기 위해서 측심 중일지라도 밀폐상태를 유지하고 효과적인 측심이 가능한 측심장치를 사용하는 것이다.

⑧ 기관구역의 Lower Floor가 항해중 화재위험이 가장 작은 것으로 나타났다. 그러나 선박이 정박중 혹은 Dock중에 있을 때 용접이나 가스절단 작업 동안 실수에 기인한 화재가 발생할 수 있다. 이와 관련하여 정비나 수리를 시작하기 전 그 구역의 현상태를 검사하는 것은 기관실 화재방지에 효과적이다.

⑨ 어떤 경우에는 폐유 소각기의 Soot Fire에 의해 화재나 인명사고가 발생

한다. Soot나 Sludge가 축적되기 쉬운 연돌에 소제 구멍을 설치하고 규칙적인 소제를 하는 것이 좋다.

3) 기관실 화재발생 시간대

기관실 화재가 발생한 시점을 조사한 결과 많은 수가 승무원이 정비작업을 행하는 주간에 발생하였다. 화재를 예방하기 위해 다음을 주의해야 한다.

① 가연성 유류 사용 장비의 정비시
- 오(잘못)조작을 배제
- 개방정비나 복구작업의 실수를 배제
- 정비작업중 화재 예방대책 수립

② 작업일반
- 웨이스, 청소용 걸레 또는 이와 유사한 폐기물질은 사용 후 보관할 수 있도록 적합하게 제작된 뚜껑이 있는 불연성 용기에 보관되어야 한다. 이 불연성 용기는 주기적으로 비우고 내용물은 안전하게 처리해야 한다.
- 페인트, 휘발유 또는 기타 휘발성물질은 기관실내에 보관해서는 안된다. 사용후 남은 것은 Paint Store에 보관해야 한다.
- 모든 전선은 잘 관리되고 청결 및 건조한 상태를 유지해야 한다. 전선과 퓨즈는 정격용량을 초과하여 사용해서는 안된다.
- 기관실 문은 항상 닫아두어야 한다.
- 기관실 바닥은 물론 기기의 Coaming내에도 기름기를 제거하여 청결한 상태를 유지해야 한다.

4) 소화기 사용 현황(NK 분석 자료)

기관실 화재시 소화기의 사용상 특히 주의할 점은 해수사용의 엄격한 제한을 들 수 있다. 앞에서 언급하였지만 기관실 화재시 1차로 휴대용 소화기를 사용하고 해수의 사용은 모든 수단을 동원하여도 소화가 불가능할 때 사용해야 한다. 다음은 기관실 화재시 소화방법에 대하여 NK Data를 분석한 자료이다.

① 화재의 40%는 휴대용 소화기, 18%는 고정식 CO_2소화기로 진화되었다.
② 20%의 화재는 해수로 진화되었는데 전기설비에 손상을 증가시켰다.
③ 20%의 화재는 소방선에 의하거나 완전 연소 후 진화되었다.

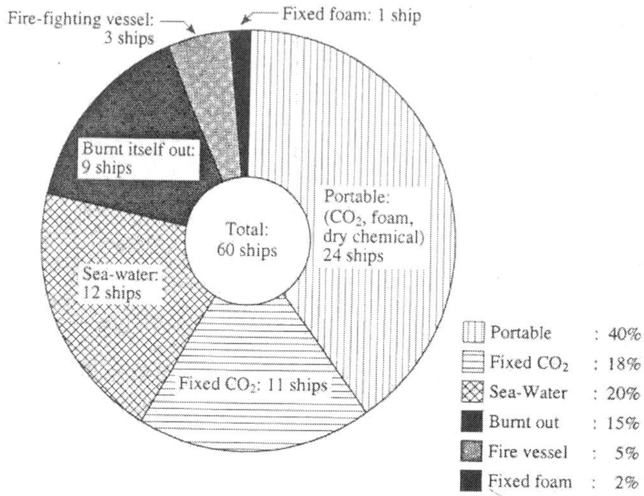

그림 3-8 • 사용된 소화기 종류

5) 소화 소요 시간(NK 분석 자료)

① 44척 중 19척의 화재가 30분 이내에, 24척(55%)의 화재가 1시간 이내에 소화되었고 대부분의 화재가 휴대용 소화기로 15분 이내에 소화되었다.

② 그림 3-9는 소화시간과 소화방법과의 관계를 나타낸다. 시간이 지남에 따라 휴대용 소화기→고정식소화기→해수의 순으로 소화방법을 바꾸고 최종적으로 소방선의 지원을 받거나 자연 연소한다.

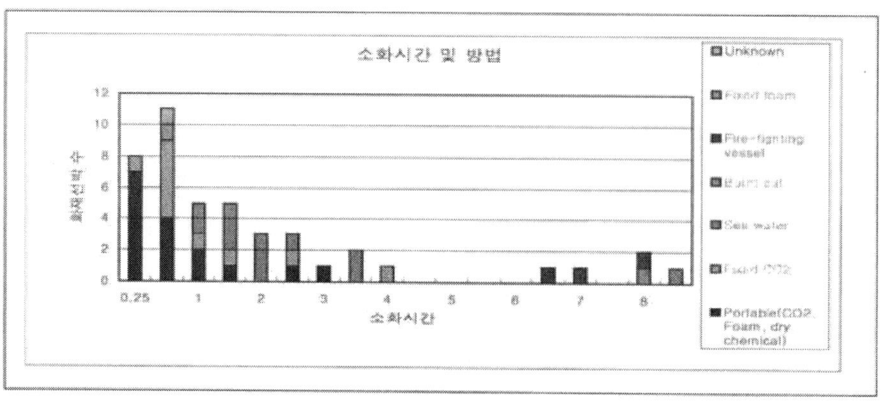

그림 3-9 • 소화 시간

③ 해수를 사용하여 소화시 전기 Cable의 침수에 의해 항해불능 상태가 될 수 있다는 것을 충분히 고려해야 한다.

6) 진압요령 개요

① 기관실 소규모 화재는 휴대용 소화기를 이용하여 신속히 진화해야 한다. 기관실 화재진화 후 항해불능상태가 되는 가장 큰 원인은 추진기관의 소손과 해수가 침수된 전기 케이블의 기능상실에서 온다. 따라서 휴대용 소화기로 진화하다가 실패시 지체없이 고정식 소화기를 사용해야 한다. 기관실의 경우는 해수는 고정식 소화기마저 실패했을 최악의 경우에만 사용을 고려해야 한다.

② 기기 정지 및 연료의 차단진화에 실패하고 열기와 연기 때문에 화재장소를 퇴각할 경우 Emergency-A Button을 눌러 운전중인 연료이송펌프, 연료순환펌프 및 청정기(淸淨機)를 포함한 연료이송계통의 운전을 중지시켜야 한다. 또한 Quick Closing Valve를 작동시켜 각 Tank의 연료가 Line에 들어가지 않도록 차단한다.

③ 모든 Fan을 정지하는 동시에 모든 개구부를 폐쇄하고 CO_2 경보를 발령한다. 기관실 화재는 표면화재(Surface Fire)로 불의 전파속도가 빠르므로 고정식 소화기 분출시 신속히 시행해야 한다. SOLAS 규정상 고정식 CO_2 장치는 2분 이내에 기관실에 필요한 용량의 85%를 방출할 수 있어야 하므로 자동방출이 여의치 않으면 전 승무원을 배치시켜 동시에 CO_2 Bottle을 Open시켜야 한다. 대부분의 경우 기관실에 필요한 CO_2가 2분 21초 동안 전량 방출되도록 설비가 갖추어져 있다.

④ CO_2 방출과 동시에 비상소화펌프를 이용하여 기관실 부위 외판에 계속 물을 뿌려 냉각을 돕도록 한다. 물을 뿌리는 것은 외판에 온도 상승이 없고 감소될 때까지 계속한다.

⑤ 기관실에 인접한 모든 공간을 화재중이나 후에 격벽의 과열로 인한 화재 확산을 방지하기 위해 계속적으로 순찰을 실시한다.

⑥ 화재구역의 밀폐시간은 화재의 크기, 화재구역의 크기, 연소된 물질(유류, 케이블 등)의 종류 및 진화의 잔열 정도 등 여러 요인에 따라 달라 일률적으로 시간을 결정하기 어려우므로 수 시간 또는 수일이 필요할 수 있다.

⑦ 진화여부를 확인하기 위한 최초 진입은 진입구에 소화호스 또는 이동식

소화장비를 준비하여 만약에 대비하고 자장식 호흡구와 구명줄을 사용해야 한다.

⑧ CO_2의 특성상 화재구역에 진입시 CO_2의 농도를 3~4%로 낮추어 놓지 않으면 위험하다. 만약 진입했던 사람이 화재나 CO_2 질식에 의해 위험할 경우 구조반이 즉시 구조해야 한다. 구조반은 의료 요원과 자장식 호흡구(방연 마스크가 아님)를 준비해야 한다. 의식이 없을 경우 옮겨오는 즉시 인공호흡을 실시해야 한다.

⑨ 충분한 통풍 후 각 위치별 당직자를 배치하여 2차 화재 발생을 경계해야 하며 이때 휴대용 소화기를 지참토록 해야 한다.

⑩ 기관실 화재는 선체와 승무원에게 항상 많은 위험을 포함하고 있다. 그러므로 이상의 절차를 신속히 준수하여 화재를 적절히 진화하는 것이 필수적이다.

⑪ 연기와 증기가 해소될 수 있도록 연돌 flap을 열면 시야가 아주 빨리 향상된다. (그림 3-10 참조)

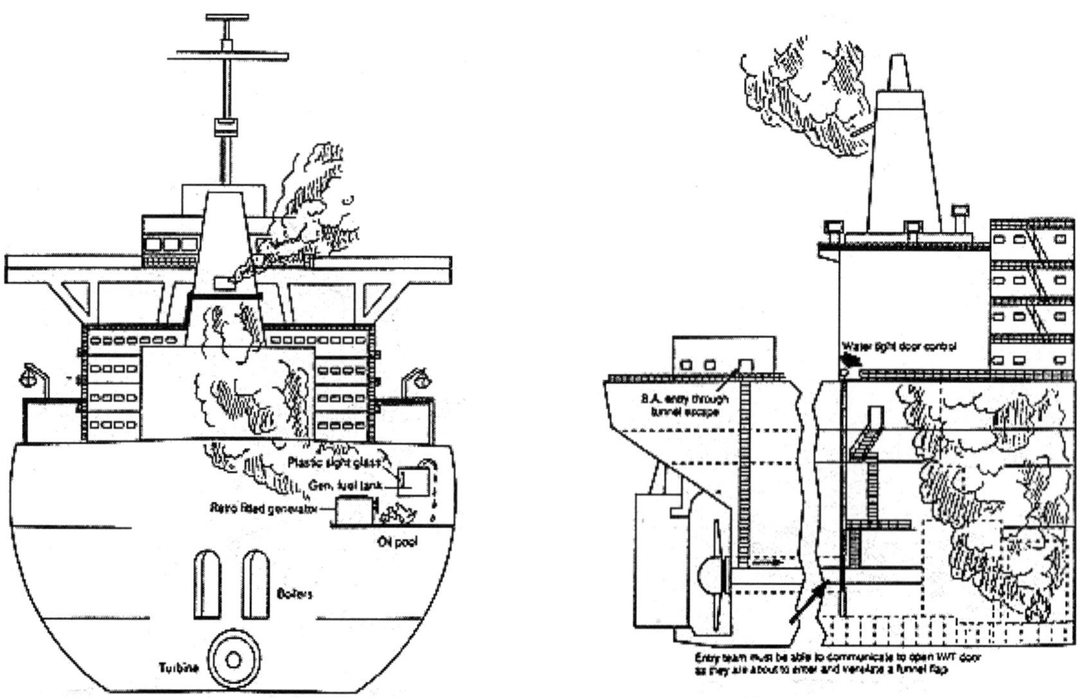

그림 3-10 ● 기관실 연돌 Flap 개방

7) 소화작업 Flow Chart

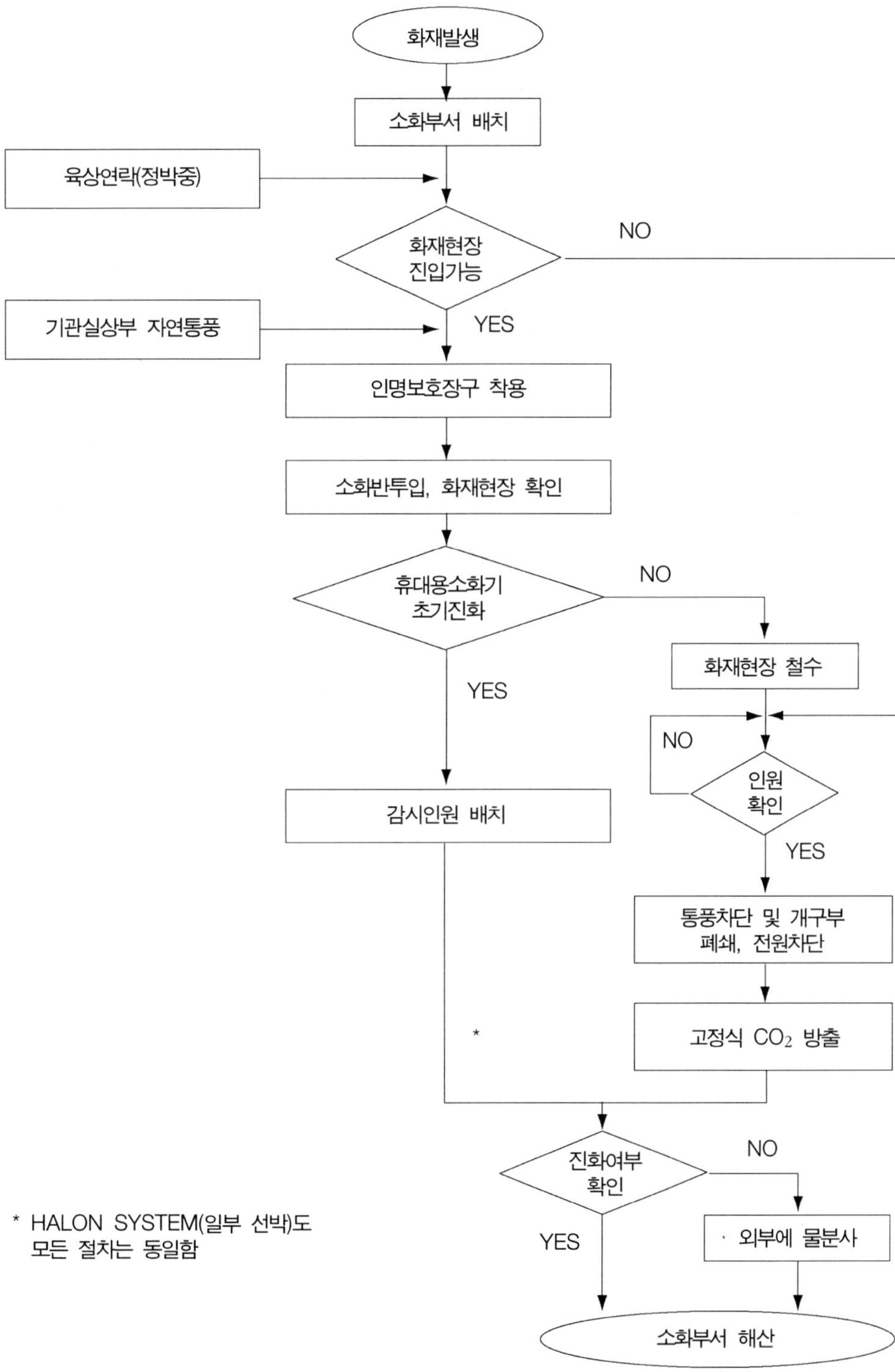

* HALON SYSTEM(일부 선박)도 모든 절차는 동일함

4. 화물구역 화재진압

1) 개요

고정식 소화기의 방출기준은 SOLAS에 특별한 규정이 없다. Bulk선의 Hold 내 화재는 통상적으로 심층화재(Deep Seated Fire)이므로 조기에 소화되지 않는다. CO_2는 표면연소에 잘 작용하나 심층화재의 경우는 물체 덩어리가 냉각되도록 장시간 이너트(Inert, 不活性狀態) 대기상태를 유지해야 한다. 선박의 CO_2 보유량은 한정되어 있어 사용시 효율적이어야 한다. 따라서 화물구역을 가능한 한 밀폐시켜 CO_2의 누설과 새로운 공기의 유입을 방지해야 한다.

2) 진압요령

CO_2 소화시스템은 보통 CO_2 Room에 있는 CO_2 실린더들을 이용한다. 해당 Cargo Hold의 부피에 따라 필요한 CO_2 실린더 숫자가 결정된다. 해당구역에 관련된 차단밸브와 실린더 밸브에 연결된 밸브를 열어 소화제를 방출시킨다.

① 시스템 작동 전 화재구역과 그 구역내에 사람이 존재하지 않는 것을 정확히 파악해야 한다. 소화효과를 높이기 위해 모든 개구부, 환기구, 측심구, 해당구역과 연결된 구멍들을 차단한다.

② 해당된 구역의 분기관(分岐管) 밸브로 가서 Control 밸브를 연다.

③ 화재구역의 체적에 해당하는 지정된 숫자의 실린더를 작동, 방출시킨다.

④ CO_2 Cylinder Room으로 가서 지정된 숫자의 실린더를 방출시킨다. Cylinder로부터 CO_2를 방출시키기 위해 밸브를 반시계 방향으로 돌린다.

⑤ 30분 간격으로 방출해당구역으로 순서에 따라 지정된 실린더를 순차적으로 방출한다. 이 순서로 계속해서 CO_2가 모두 소모되거나, 완전히 진화될 때까지 방출한다.

⑥ 상기 작업중 또는 항구 도착시까지 해당구역의 모든 개구부는 폐쇄되어야 하고 실린더 조작밸브는 열려 있어야 한다. 즉 항구 도착시까지 CO_2가 방출된 구역의 Hatch 또는 Opening은 열지 않아야 한다. 이것은 연소된 Cargo를 냉각시키고 화재의 재발을 방지하기 위한 것이다.

3) 소화작업 Chart Flow

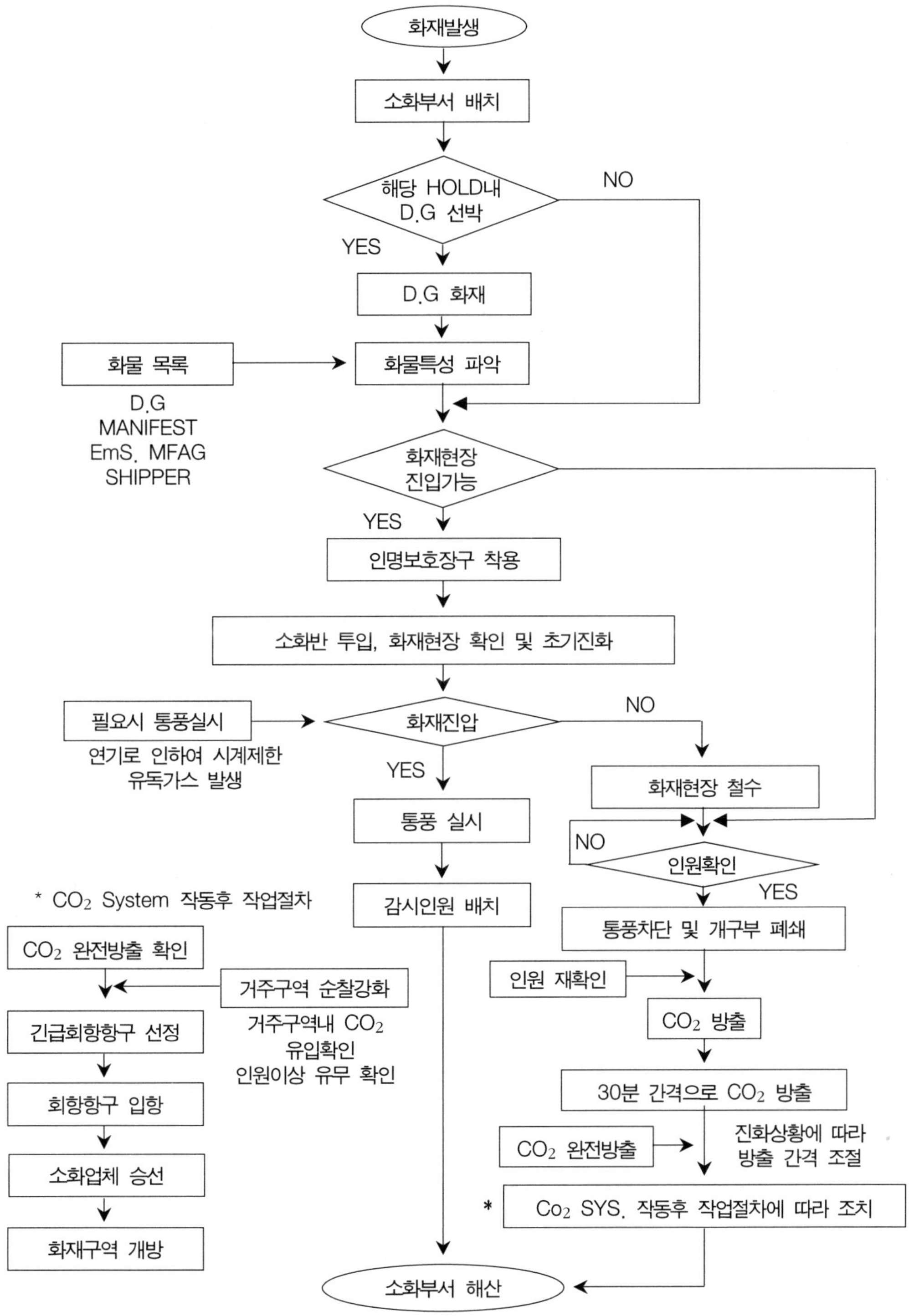

3.4 선박의 화재시 조선법

선박이 항해중 화재가 발생할 경우 선장은 즉시 선속을 감소시키고 선박내의 통풍 장치를 폐쇄하도록 지시한 후 화재발생의 위치와 주변 상황을 파악하여 진화계획을 수립해야 한다.

항해중 가장 큰 변수는 선박의 진행방향과 풍력 및 풍향에 따라 화재의 필수 조건인 공기의 공급량과 압력이 증가될 수 있다는 점이다.

양호한 기상조건일 경우 기압을 하강시키기 위하여 선박을 정지시키거나 풍하측으로 저속운전을 하여야 한다.

또한 바람이 강할 때에는 효과적으로 진화 작업을 할 수 있도록 가장 유리한 방향인 화재가 선외로 배출할 수 있는 방향으로 선박을 조선하여야 한다.

예를 들어 선수에 화재가 발생한 경우는 뒷바람을 받도록 하고, 선미일 경우에는 맞바람을 받도록, 화재가 중앙지점에 발생할 경우 좌현, 우현으로 바람을 받도록 조선하는 것이 바람직하다.

여러 가지 화재의 위협에 대한 방어조치가 마련되어 있다.

① 주기적이고 철저한 화재예방에 대한 교육
② 기관실용 고정식 소화장치의 설치
③ 진화훈련이 잘 되어 있는 선원과 숙련된 지휘자 (선장)
④ 진화속도

이 중 핵심적인 요소는 적합하게 훈련되어 있는 선박의 선원이다. 해상에서 발생한 화재인 만큼 진화에 어려움을 가지겠지만 화재의 지휘자가 적절한 통솔, 지휘를 한다면 적절한 진화가 가능할 것이다.

3.5 선박의 소화조직

3.5.1 비상부서 배치표

비상부서 배치표(Emergency Station Bill)란 선내 비상사태 발생시 각 승무원의 임무 수행위치와 임무 수행내용을 나타낸 것으로 선내의 잘 보이는 곳에 게시하여야 한다. 일반적으로 모든 층과 BRIDGE, 기관실 등 선박내 작업구역에도 부착이 되어 있어야 한다. 국내의 선원법 및 동 시행규칙에는 선장으로 하여금 비상부서 배치표를 작성하여 비치하도록 의무화하고 있다(표 3-5 참조).

표 3-5 ● 소화부서 배치표 예

소화부서 배치표 (승무원 20 명 모델)

화재신호	:	1)화재발생신호 ----------- (연속음:1994. 9.30 까지 KEEL LAID 된 선박) ______________ (지속음:1994.10.1 부터 KEEL LAID 된 선박) <연속음, 지속음 : 화재경보장치음> 2)외부알림신호 —— —— —— —— —— / 반복 <장음(4~6 초) 5 회 : Whistle(항행 또는 정박중 포함)> 3)고정식소화장치음 ______________________ (지속음) <지속음 : Siren 또는 Horn>
LIFELINE 신호:		- 전진, – 정지, — 후진, —– 비상시 1 번당김 2 번당김 3 번당김 4 번이상 당김
집결소	:	1 차 : DECK OFFICE 2 차 :
임무변경	:	핵심요원의 임무수행 불가시 다음의 하위자가 그 임무를 대신한다. 선장 ⟶ C/O ⟶(1 항사) ⟶ 2 항사, 기관장 ⟶ 1 기사 ⟶ 2 기사
소화반 구분	:	발화구역에 따라 주소화반, 부소화반으로 지정하여 운영할 것
선내통신	:	TRANSCEIVER(TR) 사용채널 : CH
구명 · 소화설비관리자	:	C / O

조직		직 책	임 무	휴 대 품
지휘 및 당직반	선교 · 기관실	선 장	총지휘	TR
		3 항 사	선교당직, 현장상황 기록, 비상소화 Pump 담당 (선교 작동)	TR
		갑판수 B	선교당직, 조타업무, 3 항사 보좌, 소화 1 반 지원	
		통 신 장	통신실 또는 선교 위치, 선장지시 대기	
		기 관 장	기관실 지휘	TR
		3 기사 A	기관당직, 기관장보좌	TR
		기관수 B	기관당직, 3 기사 A 보좌	
현장반	소화 1 반	1 항 사	소화 1 반장, 고정식 소화장치 담당	TR, 소화도끼
		갑 판 장	현장 통풍차단, 소화작업	
		갑판수 A	소방원장구착용, 소화작업	
		갑판수 C	소방원 보조, 소화작업	휴대용안전등,Lifeline
		기관수 A	소화호스 연결, 소화작업	휴대용소화기
	소화 2 반	1 기 사	소화 2 반장	TR, 소화도끼
		2 기 사	현장 전원차단, 비상소화 Pump 담당	TR
		3 기사 B	소방원, 장구착용, 소화작업	
		조 기 장	현장 통풍차단, 소방원 보조	휴대용안전등, Lifeline
		기관수 C	소화작업, 소화호스 연결	휴대용소화기
	지원반	2 항 사	지원반장	TR
		조 리 장 조 리 수	부상자운반 및 응급처치, 통풍차단, 개구부 폐쇄	모포,들것,비상의약품

● 주의사항
1. 실제 배치 및 임무는 승선 인원 및 당시 상황을 고려하여 선장이 조정할 수 있다.
2. 직책에 대한 해당자의 성명은 별도의 선내비상배치표에 의한다.
3. 휴대품중 TR(TRANSCEIVER)은 선박보유량에 따라 적의 조정할 수 있다.

비상시의 각 승무원의 임무는 가능한 한 평소의 직무와 연관이 많을수록 좋다. 예를 들면 갑판부원은 구명정을 내린다든지 갑판 소화전을 연결하는 일을 담당하며 기관부원은 기관실에서의 소화작업을 담당하는 것 등이다. 비상부서 배치표의 종류는 발생상황에 따라 다음과 같다.

① 소화부서
② 퇴선(구명정)부서
③ 유출유 방제부서
④ 구조정부서
⑤ 비상조타부서
⑥ 침수, 그 밖의 비상사태에 대처하기 위한 일반 비상배치

3.5.2 선내 소화조직의 구성

선박에서 소화부서 배치표 작성은 승선하는 선박의 승무원수에 따라서 조금씩 차이를 보이고 있으나 일반적인 구성원칙은 동일하다. 즉 소화조직을 지휘 및 당직반, 현장반으로 크게 나누고 있으며 현장반은 기관실 이외에서 화재발생시 소화를 담당하는 소화1반(통상 1등항해사가 반장), 기관실 소화작업을 실시하는 소화2반(통상 1등기관사가 반장) 및 지원반(통상 2등항해사가 반장)으로 조직하게 된다. 소화조직의 임무를 간단히 살펴보면 다음과 같다.

1. 선교(Bridge) 및 기관실

선장은 통상 지휘소인 선교에 위치하여 소화현장에 배치된 반장들과 긴밀한 통신을 유지하고 선박의 조선 및 소화작업을 총지휘하며 기관장은 기관실을 총지휘하게 된다. 기타 지휘반에 속한 인원은 각자에게 미리 부여된 당직임무에 전념한다.

2. 현장반(소화1반, 소화2반, 지원반)

현장반장(1항사, 1기사 및 2항사)은 화재상황에 따른 해당 반원의 임무에 대하여 숙지여부를 확인하며 지휘반의 명령에 대한 임무수행 태세를 갖추고 있어야 한다.

1) 소화1반

소화1반은 선박소화조직의 핵심으로 기관실화재를 제외한 선박에서 발생한 모든 소화작업(消火作業)을 현장에서 지휘하여 소화를 실시하며 반장은(1항사) 반원들의 복장상태, 임무 및 휴대품들을 확인하고 선교에 보고해야 하며, 필요시 인원 지원요청, 화재상황 및 소화작업 현황 등을 선교에 적절하게 보고하여 선교에서 정확한 조치를 취할 수 있도록 조언하여야 한다.

2) 소화2반

소화2반은 기관실화재를 소화하여야 하므로 반장인 1등기관사는 평소 기관실의 구조 및 소화설비의 위치에 대하여 주의깊게 관찰해 두어야 한다.

3. 지원반(Support Team)

기관장과 3기사로 구성이 되어 있으며, 화재 시 화재위치에 따른 기관실내 소화펌프 작동 및 비상소화펌프 작동, Quick Closing Valve 차단, Fan Stop, 화재현장 전원 차단, 각종 Damper 차단의 임무를 가지고 있다.

4. 응급구조반(First Aid Team)

2항사, 조리장 및 조리원으로 구성되어 있으며, 부상자 치료를 주목적으로 하고 있다.

환자에 따른 응급치료 방법을 숙지하고 있어야 하며, 평균적으로 화상환자가 많이 발생하므로 그에 따른 응급치료를 숙지해야 한다.

3.5.3 소화훈련

1974 SOLAS 협약 제III장 제26규칙에 의하여 여객선에서는 가능한 한 소화훈련을 위하여 1주일에 한 번씩 전 선원을 소집하도록 규정하고 있으며, 국제항해에서는 최후로 출항하는 항구를 떠날 때 행하도록 되어 있다. 화물선에서는 1개월을 넘지 않는 간격으로 훈련을 실시하도록 하고, 25%이상의 선원이 교체되었을 때는 그 항구를 출항한 후 24시간 이내에 훈련을 실시하도록 규정하고 있다. 또한 훈련실시 후 그에 관한 내용을 항해일지에 기록하여 보관해야 한다.

1. 선내 훈련 및 교육

모든 승무원은 선박의 화재경보 시스템, 선내 전화를 통한 화재발생 보고, 항내 정박중 육상소방 당국에 알리는 방법 등을 알고 있어야 하며 각종 소화장비를 작동시키는 방법, 원리, 설치장소 등을 숙지하고 있어야 한다. 선내에서의 훈련은 선장을 총책임자로 하고 실무교육은 일등항해사가 맡아서 하게 되며 일등항해사는 선장의 결제하에 훈련방법, 기간 등에 관한 계획을 수립하여 체계적으로 전 승무원을 교육시켜야 한다.

2. 기 록

비상소집이 이루어진 날짜, 소화 연습의 상세 및 기타 선내 훈련은 주관청이 규정하는 항해일지(Log book)등에 기록해야 한다. 일정한 시기마다 실시된 연습 또는 훈련이 실시되지 않은 경우에도 그 상황과 실시된 범위의 소집, 연습 또는 훈련에 관하여 항해일지에 기록하여야 한다.

3.5.4 소화작업

화재진압을 위해서 몇 가지 알아두어야 할 내용이 있다.

- 화재발견시 경보를 울리며 초기소화에 전력을 다해야 한다. 화재발생지점 주위에는 반드시 휴대용 소화기가 배치되어 있다.
- 소화부서 배치시, 가까이에 있는 창을 닫고, 복장을 갖추고 부서배치를 한다.
- 복장은 노출을 최소화하며 신발, 장갑, 모자를 착용하고 방연을 위한 수건 등을 지참한다.
- 소화장치의 조작은 책임자의 명령에 복종한다.
- 각 반의 지휘자는 선교의 총지휘자의 지시를 잘 이행한다.

3.6 선박 화재사고의 사례와 대책

3.6.1 용접에 의한 화재·폭발사고

사고원인 : 평소 화기사용이 금지된 유조선의 상갑판상에서 용접 보수작업이

시행되어 선원의 안전의식이 저하된 것과 안전의식이 저하된 선원이 가연성 가스가 나오고 있는 화물창에 전기 아크용접을 실시함으로써 발생한 사고이며, 대책은 다음과 같다.

① 유조선 및 특수화물 선박에서는 갑판에서 마찰과 충격에 의한 불꽃의 발생방지 및 전기불꽃발생 등 화기취급에 대한 승무원의 안전의식 교육을 주기적으로 실시하여야 한다.
② 위험 작업시 반드시 보고한 후 작업이 시작되도록 평소 보고체제를 확립해야 한다.
③ 위험예지훈련, 즉 작업 중에 잠재하고 있는 위험요인을 소집단에서 토의하고 생각하며 위험예지교육 능력을 키워 행동하여 앞서 문제해결을 습관화하는 훈련을 가진다.

3.6.2 전기 스파크에 의한 화물창 화재 · 폭발사고

사고원인은 폭발성 잔류화물과 가스가 남아 있는 화물창내에서 이를 제거하기 위하여 이동식 수중 전기펌프를 작동함으로서 누전으로 인한 전기 스파크에 의하여 가스에 인화 폭발한 것으로 추정되며, 대책은 다음과 같다.

① 위험화물의 하역기기는 항상 정상 작동될 수 있도록 보수유지 관리를 지속적으로 하며, 본선자체 수리가 불가능하다고 판단한 경우 즉시 육상지원을 요청하고 육상의 관련부서에서는 선박의 안전운항을 위하여 모든 것들에 대한 충분한 지원을 해야 한다.
② 모든 작업시에는 위험요소에 대한 Check List를 작성하여 사소한 부분이라도 Check를 하는 작업습관이 필요하다.
③ 선박에 적화하는 위험화물에 대한 기초적인 정보를 사관뿐만 아니라 모든 승무원들이 숙지할 필요가 있다.
④ 작업요령과 작업순서 그리고 탱크 세정작업을 하기 전에 TBM(Tool Box Meeting)을 가져 작업 전 안전점검을 체크하며 주기적인 교육 · 훈련이 필요하다.

3.6.3 CNTR내 화물 화재사고

1. 사고개요(Hanjin Bremen)

2000. 5. 20, Singapore를 출항, Hamburg를 향해 항해중 상기 일시 및 장소에서 No.4 Hold에 선적된 CNTR에서 화재가 발생함

2. 손상정도

화재 및 Hold Bilge(1.8M)로 인해 34개 CNTR 침수 및 열화 손상됨

유해물질 유출로 인한 RTM/FXT 화물 양하 및 선창소제로 3.5일 운항지연 발생함

3. 화재원인

Expert 및 P&I Surveyor 조사결과 D/G CNTR로 Declare되지 않은 화물(Position : 21-07-02, Commodity : Calcium Hypochlorite, IMO Class : 5.1, Un No. 2880)이 Bunker Tank 상부에 선적되어 운송중 온도상승으로 인해 자연발화된 것으로 추정됨(상기 화물은 화재 다발 품목으로 당사에서 선적 금지로 분류한 위험화물임)

4. 발견 및 진압 경위

① 5/24일 NO.4 HOLD에서 연기 발생 및 화학물질 타는 냄새가 나는 것을 당직자가 발견

② 현장접근 불가로 동 선창에 고정식 CO_2를 분사하여 초기진압 실시

③ CO_2 분사 후 선창의 연기와 온도가 저하되어 3시간 지난 후 사고지점에 본선 승조원들이 진입하여 화재진압 여부 및 발화원 점검

④ 점검결과 23-07-14 위치에 선적된 CNTR(Commodity : Summer Hat)에서 화재발생한 것으로 판단하고 화재진압을 위해 동 컨테이너내에 해수 주입

⑤ 갑판선적 위험화물 및 주변 컨테이너 화물들에 발생할 수 있는 열손상 예방을 위해 발화지점 주위로 지속적인 살수 시행

⑥ 살수와 동시에 빌지 배출을 실시하였으나 Hold Bilge가 Tank Top으로부터 1.8M까지 고임

5. 재발 방지대책

1) 육상 조치사항

① 사고의 재발방지를 위해 사고조사를 통한 확실한 원인규명 전까지 Summer Hat 화물선적 금지 지침 시달

② 동종 또는 유사 명세의 화물 Booking 또는 선적예정 화물이 있는 경우 운항 및 관련팀과 사전 협의토록 지시함

2) 본선 조치사항

① 화재확산 방지를 위해 살수를 지속하는 과정에서 Bilge 배출을 소홀히 하여 Hold Bilge로 인한 다량의 추가 화물손상이 발생된 바, Bilge Pumping System 최적 상태 유지 및 Hold 내에 수분사를 해야 할 경우 Bilge로 인한 화물손상을 고려하여 분사량을 조정할 것

② 고정식 CO_2 분사로 화재를 완전히 진압하지 못한 것은 Center Passage에 있는 Water Tight Door가 열려 있었던 것으로 추정되므로 Passage에 있는 Water Tight Door는 항상 Close 상태로 유지할 것

3.7 선박 소화설비의 종류

선박에 설치되는 소화설비는 "SOLAS 2-2장 방화, 화재방지 및 소화규정"을 충족하도록 설치되거나 비치해야 하며 이들 소화설비는 크게 고정식(Fixed) 소화설비와 이동식(Movable) 또는 휴대식(Portable) 소화설비로 나눌 수 있다.

3.7.1 고정식 소화설비

고정식 소화설비는 선박에 고정되어 설치된 소화설비로써 선박건조 당시에 규정을 만족하도록 계획에 의거하여 설치되는데 대개 대용량인 경우가 많으며, 선종 및 선박의 화물 종류에 따라 적절하게 설비된다.

종류를 살펴보면 대표적으로 물 소화설비, 고정식 CO_2 소화설비, 고정식 Foam 소화설비 및 고정식 Dry Powder 소화설비를 들 수 있다.

이외에 특정지역에 국부적 소화장치로 불활성 가스(Inert gas)를 이용할 수

있도록 설비가 된 경우와 mist를 이용한 소화장치 및 화학약품(chemical)을 이용한 소화장치도 설비되어 있는 경우가 있다.

1. 물 소화설비

물 소화장치는 선박에 탑재된 선박소화설비 가운데 가장 중요하고 기본적인 소화설비로써 PSC(Port State Control)나 선급(Class)검사시 최우선적으로 이 설비의 정상작동 여부를 확인한다. 물 소화설비의 종류를 살펴보면

1) 펌프(Pump)

물 소화설비의 핵심장비로 주 소화펌프(Main Fire Pump or General Service Pump)와 비상소화펌프(Primary Fire Pump or Emergency Fire Pump)의 2종류를 탑재해야 하고 특히 비상소화펌프의 경우 매주 1회 작동 테스트를 실시하고, 정상여부를 항해일지에 기록하며 또한 펌프의 토출압력은 7kg/cm^{2}이상을 유지해야 하고 항상 사용할 수 있어야 한다.

① 주 소화펌프(Main Fire Pump or General Service Pump)
② 비상소화펌프(Emergency Fire Pump or Secondary Fire Pump)

그림 3-11 • Main fire pump

그림 3-12 • Emergency fire pump

2) 소화전, 노즐(Hydrant, Nozzle)

그림 3-13 • 소화전

그림 3-14 • 만능노즐

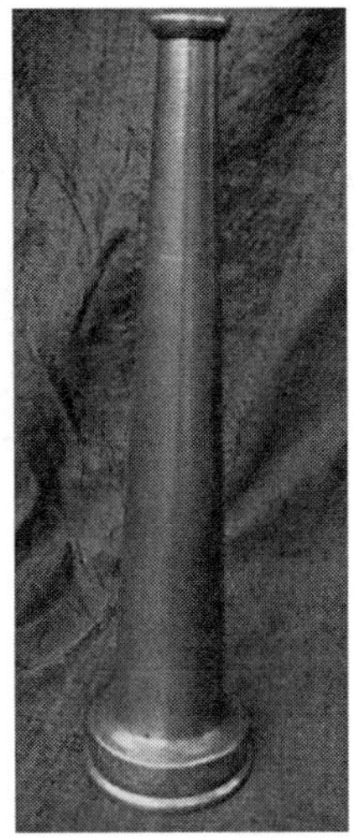

그림 3-15 • 제트노즐

3) 소화호스(Fire hose)

그림 3-16 • Fire hose

그림 3-17 • Fire hose reel

4) 국제 육상 연결 기구(International Shore Connection)

그림 3-18 • 국제 육상 연결 기구-1

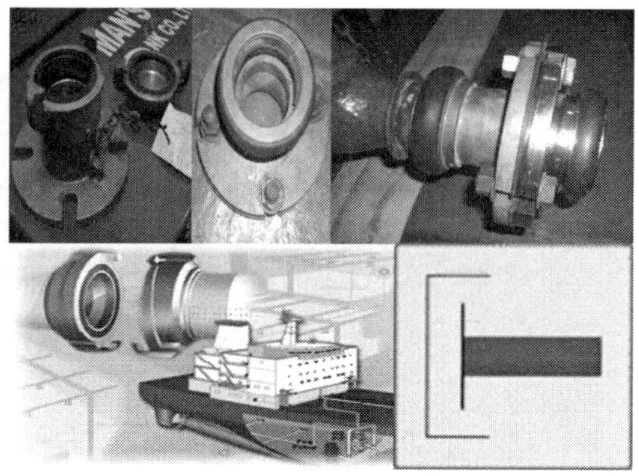

그림 3-19 • 국제 육상 연결 기구-2

2. 고정식 이산화탄소(CO_2) 소화장치

고정식 CO_2 소화설비는 고압식과 저압식으로 크게 구분되는데 통상 선박용으로는 고압식이 채용되며 이 고압식(高壓式)설치에는 탄산가스 실린더 실(CO_2 Cylinder Room)이 있어야 한다. 초기 진화에 실패하였을 때 사용하며 질식효과와 냉각효과를 동시에 얻을 수 있는 효과적인 소화장치이며 설치구역은 기관실과 화물창 등이다. 고정식 CO_2 소화장치에 비치해야 할 CO_2양은 기관실의 체적을 기준으로 설치되는데 이러한 규정은 SOLAS에 자세하게 설명되어 있으며, 보통 기관실 전체 체적의 35% 이상(이 경우 CO_2의 양은 kg당 0.56m^3로 계산)으로 설계되어 있고 이를 전부 방출하면 기관실내의 산소농도는 13.6% 이하로 희석된다. 방출 요건은 2분 이내에 전 CO_2 용량의 85%를 방사할 수 있어야 한다. 방출에 소요되는 시간은 10분 내지 12분 정도 이내로 하여야 화재의 재발을 막을 수 있다.

1) 구 성

① 이산화탄소 저장용기
② 제어함
③ 배관 및 분사노즐
④ 음향경보장치
⑤ 비상차단장치

그림 3-20 ● CO_2 저장용기

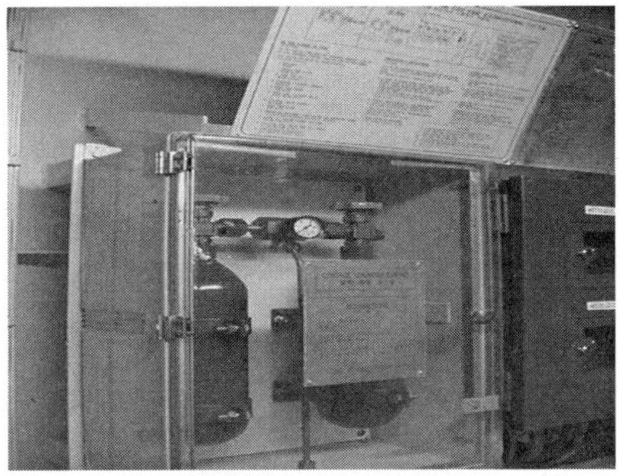

그림 3-21 ● 제어함

그림 3-22 ● 배관 및 노즐

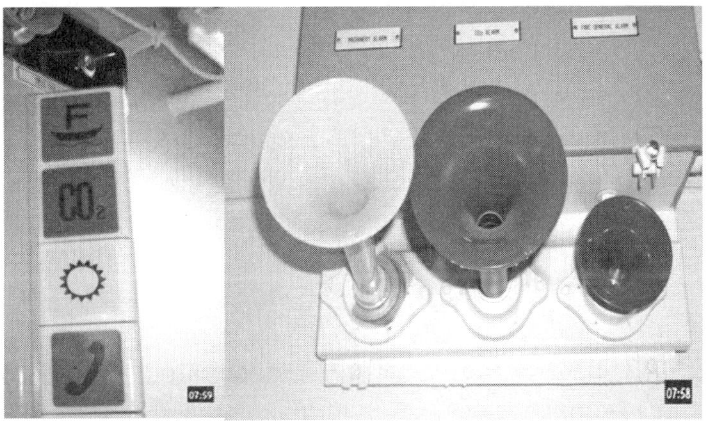

그림 3-23 ● 음향경보장치

2) 작동순서

① 작동순서(자동)

- Fire Control Station으로 간다.
- 해당 구역의 Control Cylinder Cabinet을 Open한다.
- Control Cylinder(통상 2개가 있어 1개는 예비용임)의 Valve를 Open 한다.
- 전 승무원이 방출지역에서 탈출하였는지 확인한다.
- 방출하려는 구역의 Ball Valve를 Open한다.
- 압력계를 확인하고 정상적으로 실린더압력이 하강하는지 여부를 확인 한다.

- 자동방출이 실패하면 수동방출 준비를 한다.

② 작동순서(수동)

- 방출하려는 구역의 Main Delivery Valve를 수동으로 Open한다.
- 비상배치표에 의해 전 승무원을 CO_2 Room에 배치한다.
- 선장의 지시에 의해 해당 실린더의 안전핀을 뽑는다.
- 수동으로 실린더의 작동핀을 완전히 당긴다.
- 완전히 방출이 되었는지 여부를 확인한다.

③ 방출 후 주의사항

- CO_2가 화재를 충분히 진화할 때까지 기다린다.
- 화재가 완전히 진압되었음을 확인하기 전까지는 절대로 개구부를 열지 말 것(실제 상선에서 방출 후 기다리지 않고 성급하게 진입하여 대규모의 2차 화재로 발전한 예가 있다).
- 화재가 완전히 진압되었는지 여부는 Fire Man's Outfit를 착용하고 화재구역에 진입하여 화재진압여부를 확인한다.
- 화재가 진압되었으면 충분히 환기(산소농도 20%이상) 후 화재구역에 진입한다.

3. 고정식 할론 소화장치(Halogenated Hydrocarbon System)

할론 소화장치에 사용하는 할론(Halon)은 무색, 무취의 기체이며 그 잔여물이 전기의 흐름 및 전기회로에 아무런 영향을 주지 않을 뿐 아니라, 화학적으로 연소 억제작용(연쇄반응차단)이 크고 소화능력이 우수한 소화제이다. 그러나 이 소화제는 유독가스를 발생시키는 결점이 있으며 그 발생비율은 소화시간에 따라 차이가 있는데, 빨리 소화되면 아주 적은 양이 발생하지만 늦게 소화되면 많은 양이 발생하므로 주의를 요한다. 그 밖에 오존층을 파괴하는 물질로도 분류되어 사용이 제한적이며 신조선박에는 탑재하지 않고 있다.

4. 고정식 폼(Foam) 소화장치

고정식 폼 소화장치는 폼 원액과 물을 일정비율로 혼합하여 그 혼합액을 기계적으로 섞어서 공기를 핵으로 하는 포를 발생시키며, 이 발생포가 연소면을 덮어씌워 질식 및 냉각효과를 이용하며 주로 유류화재를 대상으로 한다. 설치대상구획은 기관실, 탱커의 펌프실, 상갑판 등이며 포는 성질상으로 분류하면 기계포(또는 공기포) 및 화학포의 두 종류인데 화학포는 이동용 소화기에서 주로 사용된다.

기계포는 발생하는 포의 배율에 따라 저팽창식(Low Expansion System)과 고팽창식(High Expansion System)으로 분류되며, 일반적으로 선박에서는 장치가 간단한 저팽창식의 압력비례방식(Pressure Proportioning System)이 많이 장비된다. 또 구동원은 상갑판상인 경우는 기관실의 소화펌프, 기관실인 경우는 비상용 소화펌프가 이용된다. 작동원리는 해수와 포 원액을 Proportioner에 의하여 일정비율로 혼합하여 이 혼합액이 발포기를 통과할 때 공기가 흡입 섞여서 공기를 핵으로 하는 다량의 포가 발생된다.

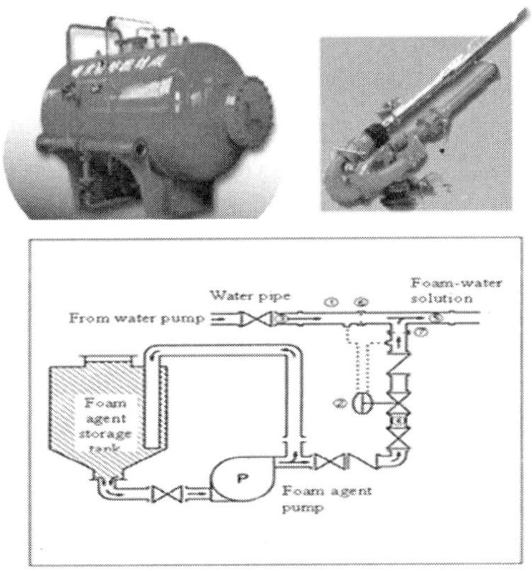

그림 3-24 ◦ 고정식 폼 소화장치

그림 3-25 ◦ 탱커선의 설치 예

5. 고정식 분말(Dry Chemical Powder) 소화장치

LPG 및 LNG 탱커에서 매니폴드(Manifold), 카고라인(Carg Line) 등의 가스 화재 발생시 소화용으로 설치된다.

그림 3-26 ◦ 고정식 분말 소화장치

6. Mist 소화장치

Mist를 발생시켜 화재를 진압할 수 있는 장치로 소화효과 및 편리성으로 인하여 기관실의 국부적 소화장치로 최근에 많이 채택되어 설비되고 있다.

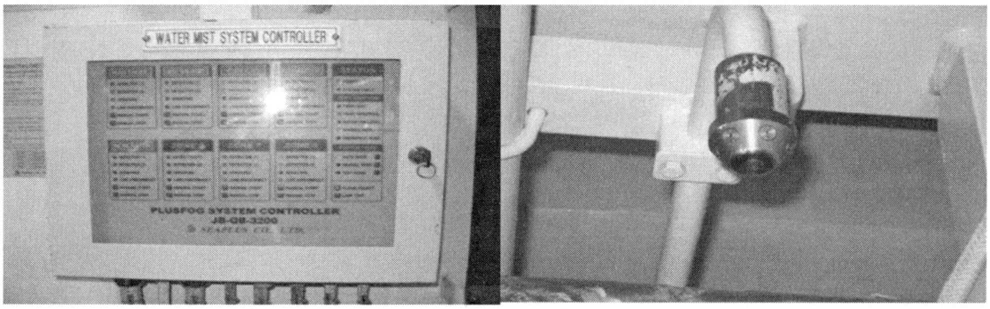

그림 3-27 ● Mist 소화장치

7. 화학약품(Chemical) 소화장치

화약약품을 이용하여 국부적인 화재를 진압할 수 있도록 설비된 장치로써 주로 선박의 주방(Galley)에 설치된다.

그림 3-28 ● 화약약품 소화장치

3.7.2 휴대용 소화기

화재는 2분 후면 400배로 확산된다. 따라서 화재가 발생하면 초기에 발견해서 초기에 진압하는 것이 매우 중요하다. 휴대식 소화기(Portable Fire Extinguisher)는 화재지역에 쉽게 접근하여 재빨리 소화할 수 있기 때문에 화재의 초기 진화에 유효하다. 그러나 소화약제의 용량이 한정되어 있으므로 다른 소화 장치를 추가로 동원하여 소화를 하는 것이 대단히 중요하다.

이동식 소화설비에는 폼 소화기, 탄산가스 소화기, 분말 소화기 및 모래 등이 선박에 탑재되어 사용되고 있는데 이들 소화기의 특징 사용법을 간단히 살피면

1. 폼 소화기(Foam Extinguisher)

폼 소화기는 일반화재(A급)와 유류화재(B급)에 사용할 수 있으나 주로 유류화재를 소화하는데 사용하며 유류화재의 경우 폼이 기름보다 가벼워서 유류의 표면을 계속 감싸고 있어 화재의 재발을 막는데 효과가 있다. 폼을 발생시키는 구조 및 원리에 따라 화학식 폼 소화기와 기계식 폼 소화기로 분류된다.

1) 화학식 폼 소화기

(1) 소화원리

두 가지 약제를 내통과 외통에 격리한 채 용기에 충전하여 이 두 수용액의 화학반응에 의해 발생하는 이산화탄소(CO_2)의 질식효과와 냉각효과로써 소화한다. 주로 초기진화용으로 사용되며 정확한 사용법과 격납 위치를 파악해 두어야 한다.

① 외통용액 : $NaHCO_3$ 수용액

② 내통용액 : $Al_2(SO_4)_3$ 수용액

③ 화학반응식 : $6NaHCO_3 + Al_2(SO4)_3 \rightarrow 6CO_2 + 2Al(OH)_3 + 3Na_2SO_4$

(2) 사용방법

소화기를 똑바로 세운 상태를 유지하면서 화재지점까지 운반한 다음 누름핀을 2번 내지 3번 누르고 부착되어 있는 노즐을 소화기 위 뚜껑과 함께 잡고 용기를 뒤집어 밑부분의 손잡이를 잡고 흔들면 용기내 A, B 약제가 혼합되어

폼을 생성하고 동시에 압력이 생겨 즉시 호스와 노즐을 통하여 폼이 사출된다. 폼은 소화기 용액의 약 8배로 팽창된다. A급화재는 화재의 심부를 향해 사출하고 B급화재는 화재의 뒷면이나 구조물에 사출하여 포말이 흘러 유면을 덮어씌우도록 방사한다.

(3) 성 능

전도식(顚倒式) 또는 파개전도식(破開顚倒式) 모두 9~13.5l의 용량으로 사출거리는 6m 정도이며 사출시간은 60초 남짓 된다. 차가운 날씨에는 성능이 약화되므로 주의를 요한다.

(4) 정비사항

5℃ 이하의 기온에서는 효력이 현저하게 감소하므로 그 이상의 온도에서 보관해야 한다. 약제는 1년마다 재충전해야 하며, 충전시 호스, 용기, Strainer의 부식상태를 점검하고 보수한다.

2) 기계식 폼 소화기(AFFF)

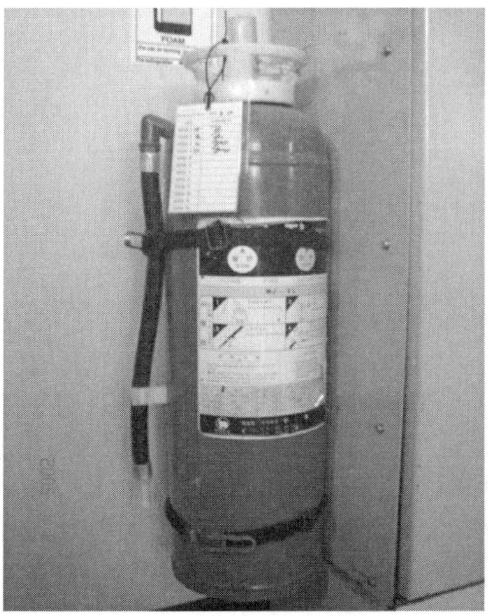

그림 3-29 ● 화학식 폼 소화기

그림 3-30 ● 기계식 폼 소화기

(1) 소화원리

수막형성 폼 6% 원액과 물을 혼합한 수용액을 용기에 충전하여 노즐 흡입구로부터 유입된 공기에 의해서 폼을 형성하여 피연소물질을 덮어 산소공급을 차단하는 질식효과와 물의 냉각효과에 의해서 소화한다.

(2) 사용방법

핸들과 레버사이에 있는 안전핀을 뽑고 노즐을 잡고 핸들과 레버를 움켜쥐면 압력봄베(CO_2)가 개방되고 이산화탄소의 팽창(약 500배) 압력에 의해 폼 수용액이 방사되며 호스 중간부에서 공기가 흡입되어 폼이 방사된다.

2. 이산화탄소(CO_2) 소화기

1) 소화원리

액체상태의 탄산가스를 압력용기에 60kg/cm^2/21℃ 압력으로 봉입하여 사용시 액체에서 기화된 탄산가스가 피연소물질에 산소공급을 차단하는 질식효과와 열을 뺏는 냉각효과로 소화하는 것이다. 따라서 이산화탄소소화기는 B, C급 초기화재의 진화에 효과적이다. 액체에서 기화할 때 팽창율(560배)이 커서 적은 양으로 큰 효과를 낼 수 있다.

2) 이산화탄소의 성질

① 무색, 무미, 무취로서 등온 등압의 공기보다 약 1.5배 무겁다. (분자량 : 44)
② 비점(Boiling Point) : −78.5℃
③ 증발압력(Vapour Pressure) : 72.9kg/cm^2/31℃
④ 전기절연이 좋으므로 C급화재에 사용한다.

3) 사용방법

이산화탄소소화기의 종류로는 파악식, 피스톨식, 회전식 등이 있으나, 파악식, 즉 손으로 눌러서 작동하는 방식이 가장 많이 쓰이고 있다. 화재 구역의 풍상측에서 유효방사거리 내로 접근하여 안전핀을 뽑고 손잡이를 움켜쥐면 이산화탄소가 급팽창되면서 금속제 혼(Horn)부분에 서리가 형성되며 접촉하면 동상의 우려가 있기 때문에 반드시 손잡이 부분을 잡도록 한다.

① 소화기를 풍상측으로 옮겨 가능한 한 화재장소에 접근한다.
② 안전핀을 뽑고 호스의 손잡이를 잡고 화재원으로 향하게 한다.
③ 나머지 한손으로 레버를 핸들에 거의 접근하도록 강하게 움켜쥐면 방사밸브가 열려 가스가 분출한다. 움켜쥔 레버를 놓으면 가스의 분출이 멎으므로 상황에 따라 가스의 방사를 단속할 수 있다.
④ 밀폐소화 등 가스를 연속하여 분사시킬 필요가 있을 때는 핸들에 붙어 있는 "D"형 링에 레버를 걸어둔다.

4) 사용상 주의사항

① 각종 화재의 초기소화에 유효하다.
② 가스를 직접 화재원에 분사시킬 때의 최대 유효거리는 1.5~2m이다.
③ 가스방사시 혼의 하부 금속부는 대단히 저온이므로 접촉하거나, 가까운 거리에서 인체에 가스를 방사해도 동상우려가 있으며 위험하다.
④ 고정식 CO_2장치를 작동시킬 때는 구획 내에 사람이 없는 것을 확인해야 한다. 이산화탄소를 이용한 밀폐소화는 산소농도 14% 이하가 되도록 할 필요가 있으며, 이 산소농도에서는 사람은 의식 혼돈 또는 호흡곤란이 된다.

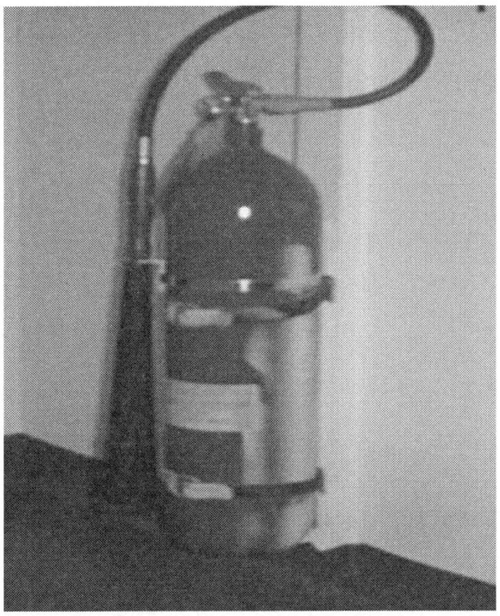

그림 3-31 ● CO_2 소화기

⑤ 밀폐소화로 소화한 구획은 이산화탄소 충만 후 적어도 15분간은 개방해서는 안된다. 통풍기 등을 작동하기 전에 화재의 재발 우려가 없음을 확인해야 한다.

⑥ 직사일광 또는 고온의 장소에 격납해서는 안된다. 부득이한 경우 55℃ 이상 되는 장소에 놓아두는 경우는 내용량(內容量)을 90% 정도로 감량하여 두어야 한다. 규정량이 충전된 용기는 60℃ (가스압력 185kg/cm^2)가 되면 안전밸브가 작동한다.

⑦ 용기 증명서가 없는 용기는 사용해서는 안된다.

⑧ 정기적으로 내용량을 점검하여 가스누설 유무조사, 혼의 파손, 호스의 노화를 점검한다.

⑨ 내용량이 10% 이상 부족하면 재충전하고 5년 이상 경과한 약제는 교환한다.

3. 분말(Dry Chemical Powder) 소화기

분말을 주성분으로 하는 소화기인데 주로 쓰이는 약제는 중탄산나트륨, 중탄산칼륨 또는 인산암모늄이 쓰인다. 구조로는 용기 내에 액화탄산가스 카트리지(Cartridge)를 터뜨려 분말을 방사하는 가압식과 용기 자체내에 질소가스 압력을 저장해 둔 축압식(畜壓式)이 있는데 가압식이 많이 이용되고 있다. 분말소화기는 B, C급 화재에 효과적이며, 인산암모늄($NH_4H_2PO_4$) 약제로 된 것은 A, B, C급 화재에 전부 적용되어 현재 가장 널리 사용되나 주로 인화성 액체화재에 사용된다.

1) 소화원리

용기내부에 충전된 분말에 가스(이산화탄소 또는 질소)를 배합해서 유동화하여 그 압력에 의해 분말을 방출하는 것으로, B급 및 C급 화재에 효과적이다. 소화원리는 약제의 종류에 따라 다소의 차이는 있으나 일반적으로 각종 분말소화약제의 열분해과정을 이용한 질식효과와 냉각효과를 이용한다.

① 중탄산나트륨의 분해

$2NaHCO_3 + 180kcal/kg = Na_2CO_3 + H_2O + CO_2$(흡열반응)

② 중탄산칼륨의 분해

$$2KHCO_3 + 180kcal/kg = K_2CO_3 + H_2O + CO_2(\text{흡열 반응})$$

2) 사용방법

소화기를 풍상측에 운반하고 화재원(火災原)으로부터 소형화재일 경우에는 2~3m의 복사열이, 강한 화재일 경우에는 약 5m정도 위치한다. 그 다음 호스를 뽑아내어 화재원을 향하게 하고 반대편 손으로 안전핀을 뽑고 레버와 핸들을 움켜쥔다. 분말이 화재원을 덮는 식으로 살포한다.

3) 사용상의 주의사항

① 열 및 수분은 분말의 성능을 약화시키며 용기가 한냉(寒冷)하게 되면 방사능력이 약하게 되므로 고온, 고습, 한냉한 장소는 피하여 격납한다.
② 인체 특히 안면을 향하여 분말을 방사하지 않도록 한다.
③ 정기적으로 외관검사 및 5년 이상 경과된 분말은 새 것과 교환한다.

분말 소화기

축압식과 가스압식이 있으며 분말약제가 연소면에 살포되면 화재의 열을 흡수하여 열분해시 생성된 탄산가스(CO_2), 수분(H_2O) 및 메타인산(HP_3)을 이용하여 질식 및 냉각을 하는 소화기로써 주로 B급 (유류화재) 및 C급(전기화재)에 사용된다. 3.3kg, 4.5kg, 20kg이다.

그림 3-32 ● 분말 소화기

3.7.3 이동식 소화기

1974 SOLAS의 1981 개정 제II-2장 제7조에는 화물선의 경우 기관실에 이동식 폼 소화기를 비치하게 되어 있다. 이동식 소화기는 휴대식과 고정식을 보완하여 주며 상당한 양의 소화제를 화재구역에 투입하여 빠른 소화를 할 수 있는 이점과 일반적으로 용기 자체에 바퀴가 달려 있어 어느 정도 이동성이 확보될 수 있다. 하지만 반고정식으로서 휴대하기에는 크고, 무거워 휴대식에 비해서는 이동성이 떨어지고, 호스길이에 따라 소화구역의 제한을 받는 불리한 점도 있다.

1. 폼 어플리케이터(Applicator) 소화기

소화호스로 소화주관에 연결할 수 있는 유도형의 발포노즐, 최소한 20리터의 포말원액이 주입된 휴대용 탱크 및 1개의 예비탱크로 구성되며, 노즐은 최소 1.5 m^3/min이상의 비율로 기름화재에 적합하고 효과적인 포말을 발생할 수 있는 것이어야 한다. 종류에는 흡입노즐식과 중간혼합기식이 있다.

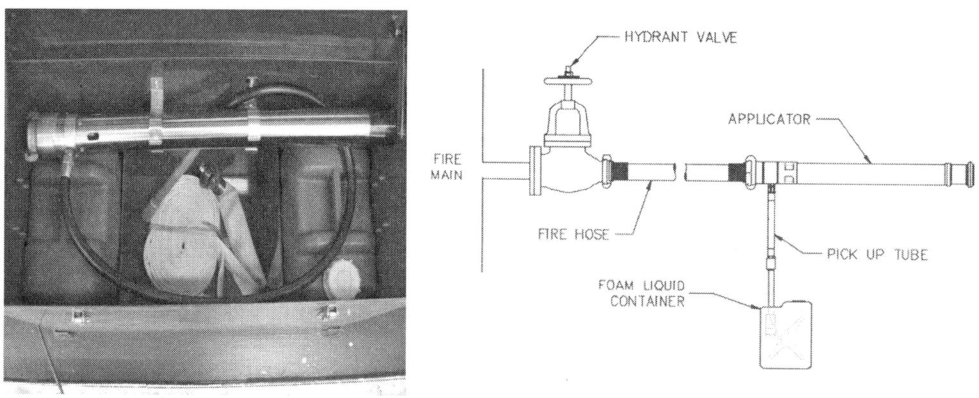

그림 3-33 ◦ 폼 어플리케이터 소화기

2. 45, 135 리터 폼 소화기

선박에서 가장 화재 발생의 위험성이 높은 구역이라 할 수 있는 구역은 기관실이라 할 수 있다. 이러한 기관실은 여러 장비들로 구성되어 있는데 그러한 장비들 중에서도 화재 발생의 위험성이 가장 높은 보일러나 내연기관이 설치되어 있는 곳에는 추가로 45,135리터 폼 소화기를 비치하도록 규정하고 있다.

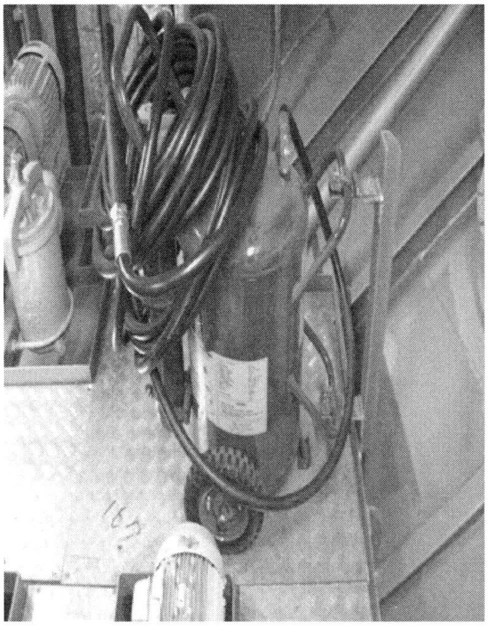

그림 3-34 • 45 리터 폼 소화기

그림 3-35 • 135 리터 폼 소화기

3.7.4 소방원 장구(Fireman's outfit)

소방원 장구란 해상에서 일어날 수 있는 선박화재에서 본선의 승무원이 화재로 인하여 발생한 연기나 가스 때문에 화재현장에 들어가기 어려울 때 화재에 대항할 수 있도록 갖추어진 기본적인 장비로서 개인장구인 방화복, 장화 및 장갑, 충격방지 헬멧, 정전기방지용 안전등, 손도끼와 호흡구(자장식 또는 펌프식) 및 호흡기에 비치되는 구명색(救命索)으로 구성된다.

1. 방화복

화재 가까이에 접근할 때 사용하는 접근용 방화복(Proximity Suit)과 짧은 시간 동안 815.5℃까지의 화염에 직접 접촉하여도 안전한 침투용 방화복(Entry Suit)의 2종류가 있다.

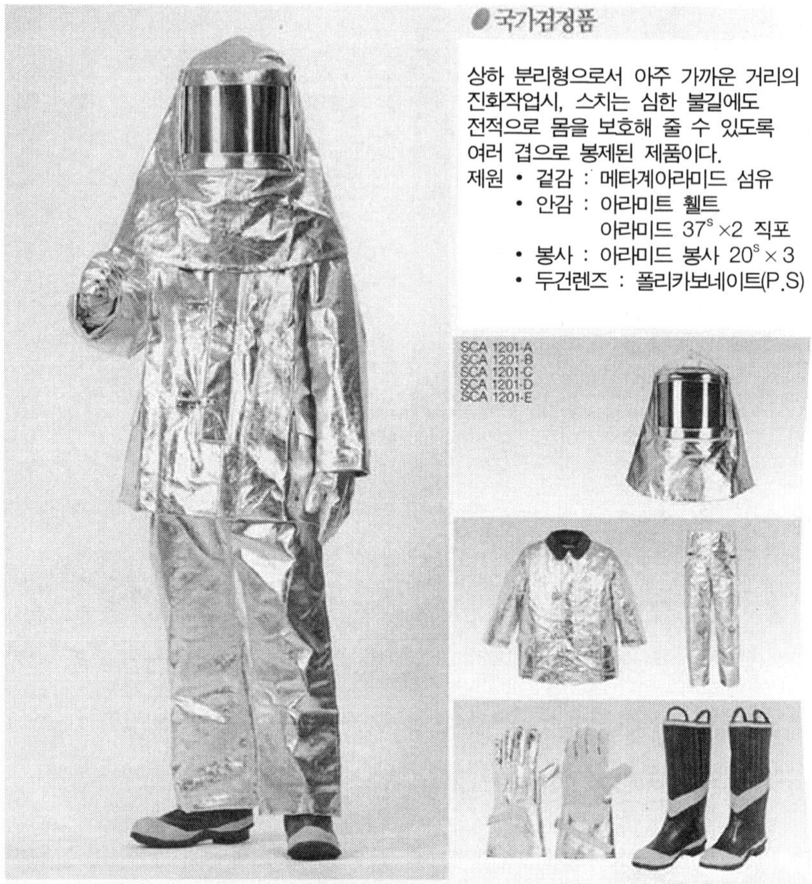

그림 3-36 • 방화복

2. 호흡구

사용이 간편하여 선박에 주로 쓰이는 자장식 호흡구(Self-contained Breathing Apparatus)와 수동이나 전기구동의 펌프, 연결호스와 마스크 등으로 구성되어 있는 공기펌프식 호흡구(Air Pump Type Breathing Apparatus)가 있다. 공기펌프식의 경우는 탱커선에서 필수적 장비 중의 하나이며 호스의 길이가 36m를 초과해서는 안된다.

1) 자장식 호흡구

용기에는 약 150kg/cm^{2}로 압축된 공기 또는 산소가 저장되며 고압공기는 감압밸브로 약 5kg/cm^{2}까지 감압시켜 숨을 들이쉴 때의 부압에 의하여 작동되는 폐력밸브로부터 필요량만 마스크에 공급된다. 폐력밸브로부터 흡입되는 압력은 대기압이다. 감압밸브 고장의 경우 수동식 보급밸브가 장착되어 있어 핸들을 돌리면 용기내의 공기는 감압밸브를 통하지 않고 직접 마스크에 필요한 흡기량이 보급된다. 밸브는 특수구조로 되어 있어 전개해도 5kg/cm^{2}의 압력으로 되며 핸들의 조정에 의하여 스스로 압력조정이 가능하다. 공기실린더는 30분 이상 사용할 수 있어야 하며 추가로 60분 이상 사용할 수 있는 예비실린더를 갖추어야 한다.

사용시 다음과 같은 주의가 필요하다.

① 사용중 경보기가 울리면 안전한 장소로 피난한다.
② 용기에 항상 규정압력이 유지되도록 준비하고 점검한다.
③ 각 연결부의 누설 유무를 확인하여 수리하여 둔다.
④ 장착 전 압력계로 압력의 잔량을 확인한다.
⑤ 원칙적으로 인명의 구조 및 인명의 안전과 화재 뒤처리 및 감시 등을 위한 목적에만 사용한다.

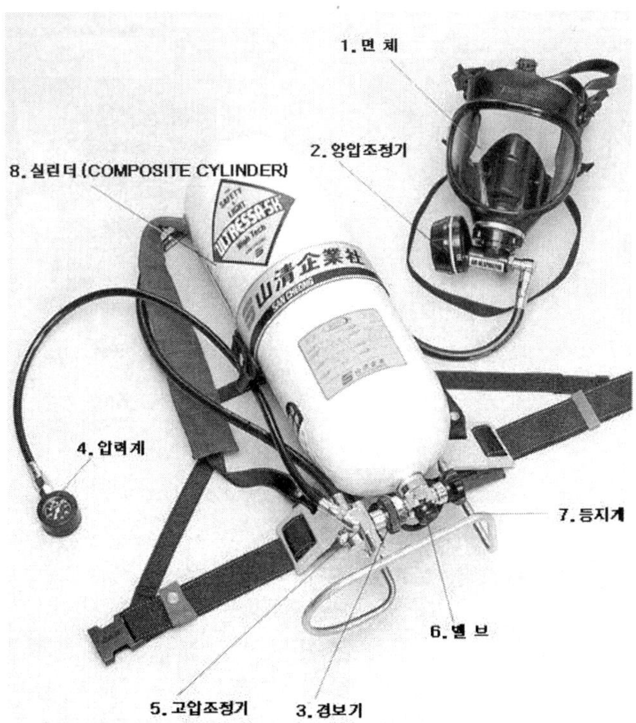

그림 3-37 • 자장식 호흡구

2) 공기펌프식 호흡구

한 사람의 힘으로 용이하게 필요량의 공기를 송풍할 수 있는 송풍기이며 호스의 길이는 최고 36m로 규정되어 있다.

3) 구명줄

소방원과 보조자는 반드시 이 라이프 라인을 통해 상호 긴밀한 연락을 주고받아야 하며, 그 신호방법은 상호 미리 약속이 되어 있어야 하며 소화훈련시마다 반드시 연습을 해두어야 한다.

4) 안전등

안전등은 다음의 요건을 갖추어야 한다.

① 3시간 이상 조명시간을 가지는 전기식일 것
② 빛의 발사강도가 40cd 이상일 때
③ 1.5m의 높이로부터 나무로 된 바닥에 계속 3회 낙하하여도 이상이 없을 것
④ 가연성 기체가 있는 공기 중에서 점멸할 때 누화되지 않는 방폭형일 것

5) 방화도끼

원양구역을 항해하는 모든 선박은 두 개의 방화도끼를 비치하여야 한다. 도끼의 날카롭고 뾰족한 끝은 수밀문이나 C급 구획 등의 비교적 강도가 약한 곳에 연기나 화재의 확산여부를 확인하기 위해 격벽을 재빨리 뚫는 데 사용한다. 넓은 부분은 여닫이문(Hinged Door)을 통해 내부를 관찰하지만, 격실 구석진 곳의 노출을 위해서 사용된다.

그림 3-38 • 구명줄

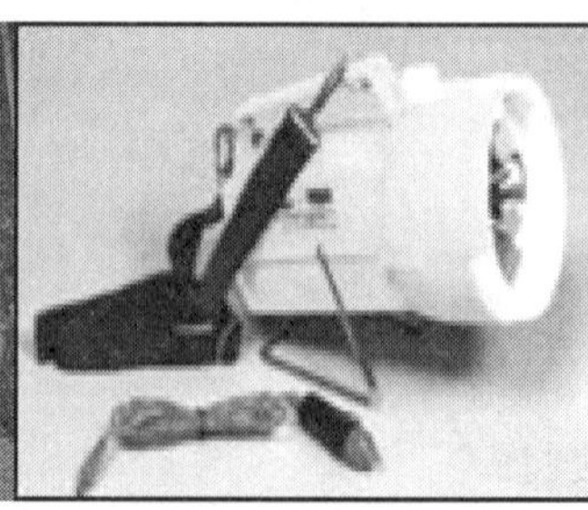

그림 3-39 • 안전등

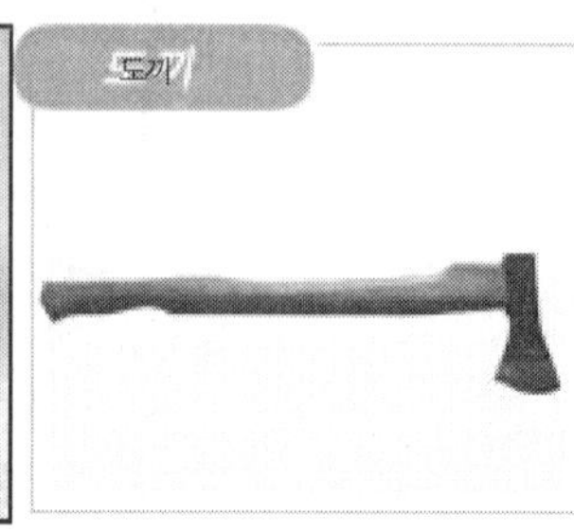

그림 3-40 • 방화도끼

제 III 편
기초응급처치

제4장　응급처치

제4장 응급처치

4.1 응급처치 개요

4.1.1 응급처치

응급처치란 위급한 상황으로부터 자기 자신을 지킬 뿐 아니라 뜻하지 않은 부상자가 발생했을 때 전문적인 의료치료를 받기 전까지 적절한 조치와 보호를 해줌으로서 부상자의 고통을 덜어주고 생명을 구할 수 있도록 하는 지식과 기술을 말한다.

1. 응급처치 교육의 목적

1) 사고 및 질병의 예방

응급처치법을 익히면 위급 상황에 대한 대응방법과 그 상황의 발생 원인을 알게 되므로 자연스럽게 사고나 질병을 예방하게 된다. 또한 높은 생활안전의식을 갖게 하여 항상 자신과 다른 사람의 안전에 관심을 가지게 된다.

2) 적절한 응급처치기술의 습득

응급처치는 그 방법의 여부에 따라 환자의 생사, 회복 또는 입원기간, 신체의 불구 정도 등에 지대한 영향을 미치게 되므로 적절한 응급처치법의 교육을 통해 각기 상황이 다른 환자에게 무엇을 해야 되며, 무엇을 해서는 안된다는 것을 익힐 수 있다.

2. 응급처치 실시의 유의사항

응급처치는 전문적인 치료를 받기 전의 즉각적이고 임시적인 조치이므로 전문 의료진에게 부상자를 인계한 후에는 모든 것을 그의 지시에 따라 행동해야 한다.

또한 응급처치를 할 때에는 다음 사항을 반드시 지켜야 한다.

① 응급처치를 하는 자기 자신의 안전을 최우선으로 확보한다.
② 부상자에 대한 생사 판정을 하지 않는다.
③ 가능한 의약품 사용을 자제한다.
④ 응급처치가 임시적인 조치임을 인지하고 전문적인 치료는 의료진이 담당하도록 한다.

4.1.2 응급구조활동

위급상황에서의 응급처치 및 구조활동은 부상자에게 필요한 일을 신속하고 적절하게 실시하는 것이다. 일부 부상자의 경우 매우 신속하게 응급처치 하지 않으면 생명을 잃게 되는 경우도 있으므로 부상자의 대할 때는 현재의 상태와 문제점이 무엇인지를 신속하게 파악하고 올바른 조치를 순서대로 이행할 필요가 있다.

따라서 아래의 응급구조활동 4단계 원칙을 순서대로 이행한다.

① 현장조사
② 환자상태에 대한 1차 기본조사
③ 응급의료기간에 연락
④ 환자상태에 대한 2차 조사

1. 현장조사

현장조사에서 고려해야 할 사항은 다음과 같다.

① 현장에 접근하여 응급처치를 하는데 있어서 안전상의 문제는 없는가?
② 현장에서 어떤 일이 생겨서 부상자가 발생하였는가?
③ 사고로 인한 부상자는 모두 몇 명인가?
④ 주변에 도움을 받을 수 있는 사람이 있는가?

현장상황 파악, 부상자에 대한 정보, 의료기간으로의 도움 요청 등을 함께 할 사람을 찾아보고, 없는 경우에는 큰 소리로 도움을 요청한다.

2. 1차 기본조사

1차 기본조사란 환자의 생명유지에 가장 기본적인 생명징후(호흡, 맥박, 혈압, 체온)와 의식유무를 조사하는 것을 말한다. 만일 부상자가 의식이 없다면 다음의 순서로 의식을 확인한다.

1) 호흡의 유무 확인

그림 4-1과 같이 목을 뒤로 젖혀서 기도를 개방한 후 호흡이 있는지 혹은 가슴 또는 배의 움직임이 있는지 여부를 소리 및 느낌을 통해 확인한다.

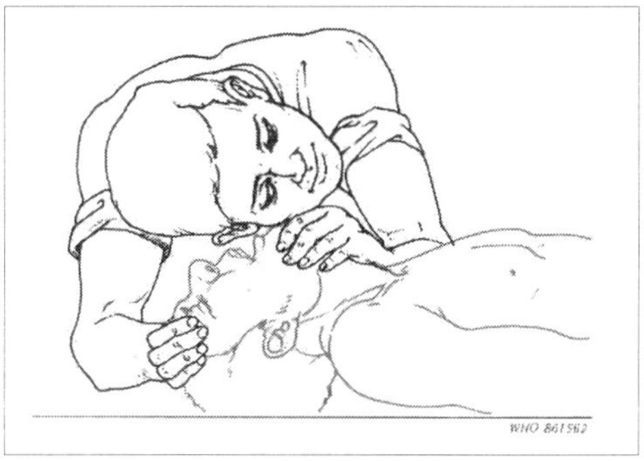

그림 4-1 • 호흡의 확인

2) 심장박동 확인

그림 4-2 또는 그림 4-3과 같이 손목이나 목에서 심장박동이 있는지 여부를 확인한다.

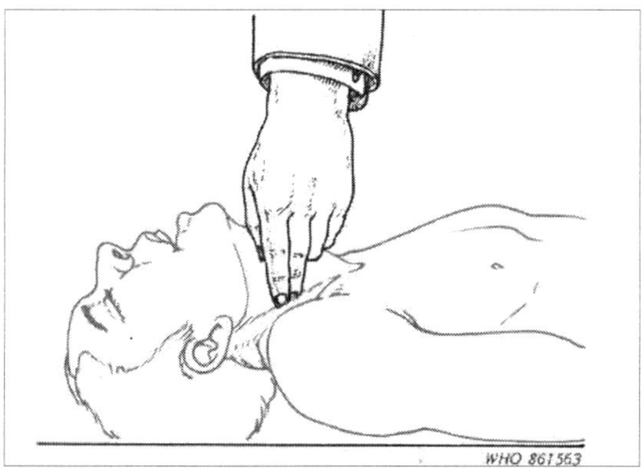

그림 4-2 • 심장박동의 확인(목)

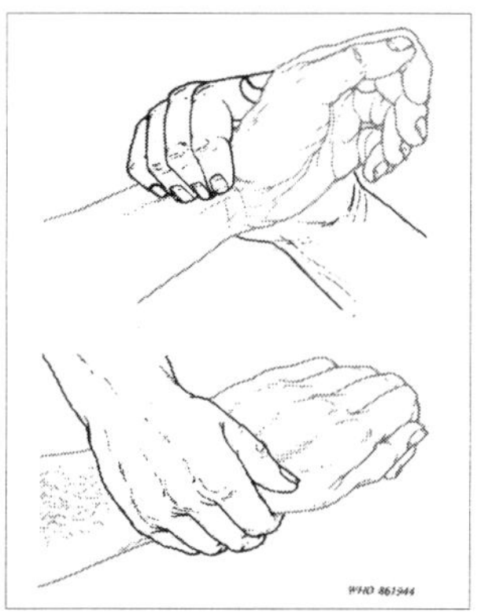

그림 4-3 • 심장박동의 확인(손목)

3. 전문 의료기관에 연락

1차 기본조사에서 확인된 환자의 상태에 대한 충분한 정보를 전문 응급기관에 알려서 전문적인 치료를 요청하는 단계이다. 주위에 자신밖에 없다면 직접 해야 하겠으나 도움을 줄 사람이 있다면 연락할 것을 부탁하고 부상자를 지속적으로 돌보도록 한다.

전문 의료기관에 도움을 요청할 때의 주의사항은 다음과 같다.

① 보다 확실한 도움 요청을 위해 2명 이상이 전화한다.

② 전문 의료기관에 다음의 상황을 알려준다.

- 사건이 발생한 시간
- 응급상황 발생장소의 정확한 위치
- 신고하는 사람의 이름과 연락처
- 응급상황의 내용 : 화재, 중독, 의식불명, 감전, 심장발작, 골절, 출혈 등
- 부상자의 수 및 현재 상태
- 실시하고 있는 응급처치의 내용

4. 부상자 상태에 대한 2차 조사

2차 조사란 환자의 생명을 당장 위협하지는 않지만 방치할 경우 문제를 일으킬 수 있는 증상이나 손상을 조사하는 단계이다. 2차 조사는 다음의 순서에 따라 한다.

① 부상자에게 말을 걸어본다. 말을 못하는 경우에는 주위 사람들에게서 필요한 정보를 얻는다.

② 호흡, 맥박, 체온 등의 생체 징후를 면밀히 파악한다.

③ 그림 4-4와 같이 머리 및 안면부의 각 부분과 그림 4-5와 같이 몸통 및 팔 다리의 각 부분을 세밀히 검사한다.

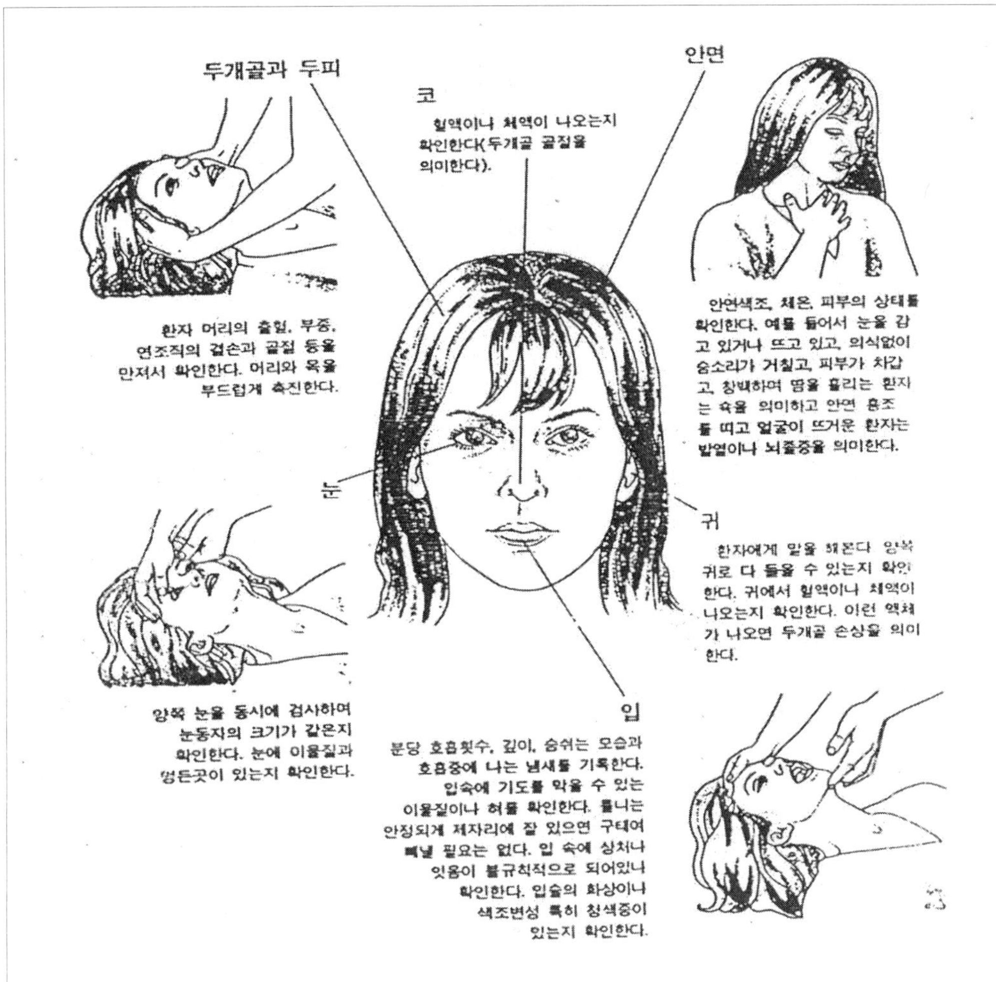

그림 4-4 • 머리 및 안면부 검사

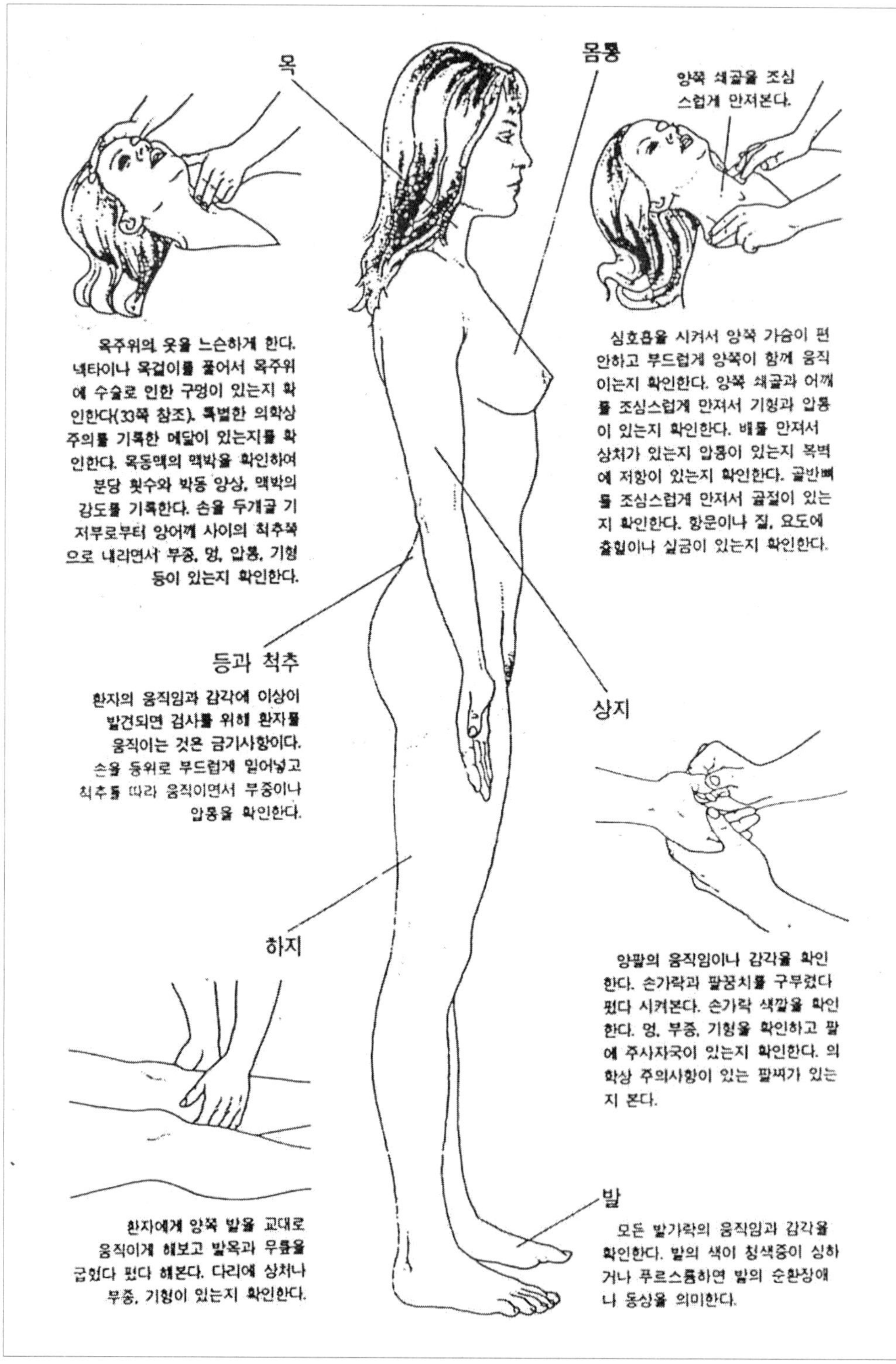

그림 4-5 ● 몸통과 팔다리 검사

4.2 부상자의 관리

4.2.1 부상자의 자세

일반적으로 부상자에게 물어보아 가장 편안하게 느끼는 자세를 취하게 해주는 것이 좋다. 그러나 부상자의 신체 자세를 어떻게 유지하는가 하는 문제는 매우 중요한 것으로 상처받은 부위나 질병의 종류에 따라 다양해진다.

1. 의식불명 환자의 자세

의식불명 환자에게 좋은 자세는 그림 4-6과 같이 엎드린 상태에서 얼굴을 한쪽으로 돌린 후 그 방향의 팔과 다리는 위쪽으로 유지하고 반대쪽은 아래로 유지하며 목과 허리를 조이는 부분은 느슨하게 유지하는 것이다.

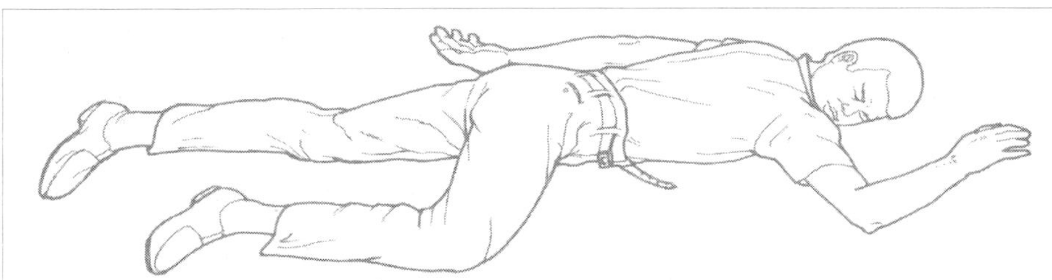

그림 4-6 • 부상자의 자세

2. 출혈 환자의 자세

그림 4-7과 같이 왼쪽 다리에 출혈이 심한 환자의 경우 왼쪽 다리를 높이 올린 자세를 유지시킴으로써 출혈을 최대한 줄인다.

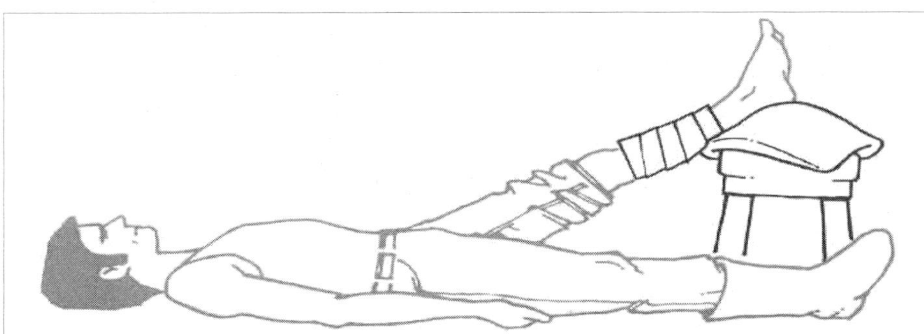

그림 4-7 • 출혈 환자의 자세

3. 복부에 부상을 입은 환자의 자세

그림 4-8과 같이 복부 근육을 긴장시키지 않는 자세로 앉히게 하여 내장이 흘러나오지 않도록 조치한다.

4. 갈비뼈에 부상을 입은 환자의 자세

그림 4-9의 자세 중에서 가장 편안한 자세를 잡도록 한다. 이밖에도 바닥에 눕거나 의자에 앉히게 할 수도 있다.

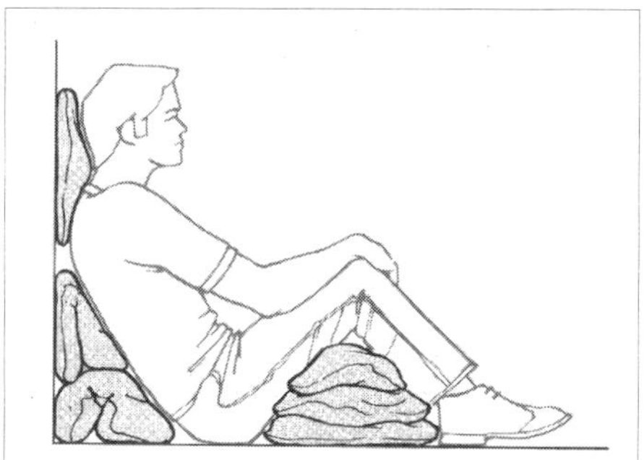

그림 4-8 • 복부 부상자의 자세

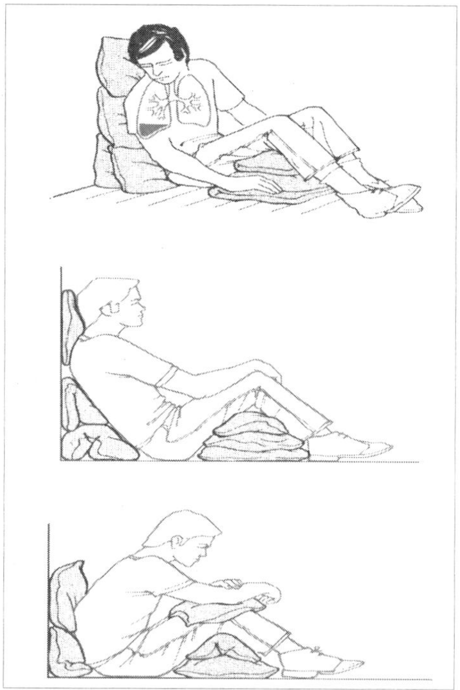

그림 4-9 • 갈비뼈 부상자의 자세

5. 목에 부상을 입은 환자의 자세

그림 4-10과 같이 폭이 약 10cm 되도록 신문지를 준비하여 목을 감싼 후 신문지를 끈으로 고정한다.

6. 쇼크 환자의 자세

그림 4-11과 같이 다리를 높게 유지하도록 하여 눕힌다.

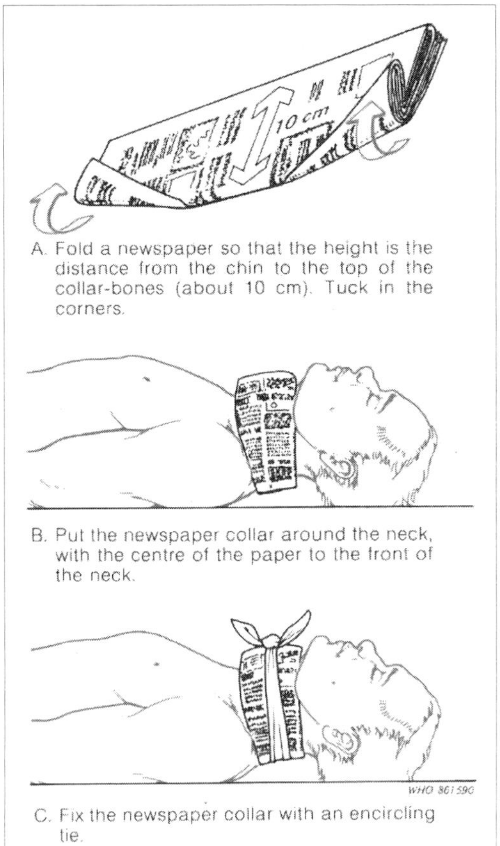

그림 4-10 ● 목 부상자의 자세

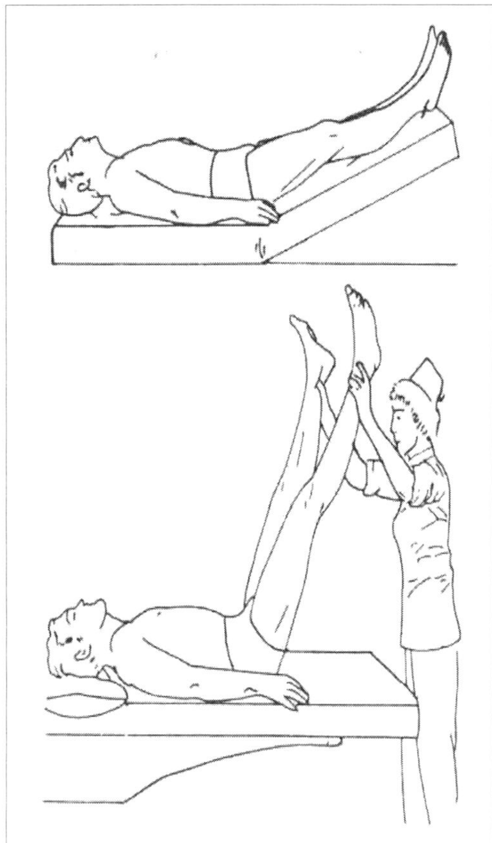

그림 4-11 ● 쇼크 환자의 자세

4.2.2 부상자의 운반

부상자 운반의 요점은 부상자를 보다 편하게, 보다 안전하게, 보다 신속하게 운반해야 되는 것이다. 응급처치에서 부상자의 운반법은 매우 중요한 부분을 차지하고 있는데 그 이유는 실제 구조 작업시 부상자의 운반법이 잘못되어 부상자의 상태를 악화시키는 상태가 빈번하게 발생하기 때문이다.

부상자의 운반은 흔들림에 의한 출혈, 신경의 손상 등이 발생할 수 있다는 점을 고려하여 움직임이 최소화하도록 하여야 한다.

1. 부상자 운반시의 일반적 유의사항

① 부상자를 운반하기 위해서는 준비할 사항은 무엇인가?

② 필요한 자료가 어떤 것인가?
③ 몇 명의 도움이 필요한가? 각자의 역할은 무엇인가?
④ 어떤 경로로 전문 의료기관에 도착할 것인가?
⑤ 부상자의 운반은 가능한 들것을 이용한다.
⑥ 들것으로 부상자를 옮기는 방법 또한 운반법 못지않게 숙지할 필요가 있다.
⑦ 긴급을 요하지 않는 환자의 경우 천천히 안전하게 운반한다.
⑧ 부상이나 질병의 정도나 상태에 따라 운반 방법을 결정한다.
⑨ 두 사람 이상이 운반할 경우 앞사람은 장애물을, 뒷사람은 부상자의 안색을 각기 살핀다. 또한 흔들림을 막기 위하여 앞·뒤 사람의 발걸음을 일치시킨다.
⑩ 경사진 곳이나 계단인 경우 올라갈 때 뒷사람은 들것을 올려서 어깨에 매고 내려갈 때는 반대가 되도록 한다.
⑪ 경사가 급해 수평으로 되지 않을 때는 환자의 머리가 내려가지 않도록 한다.

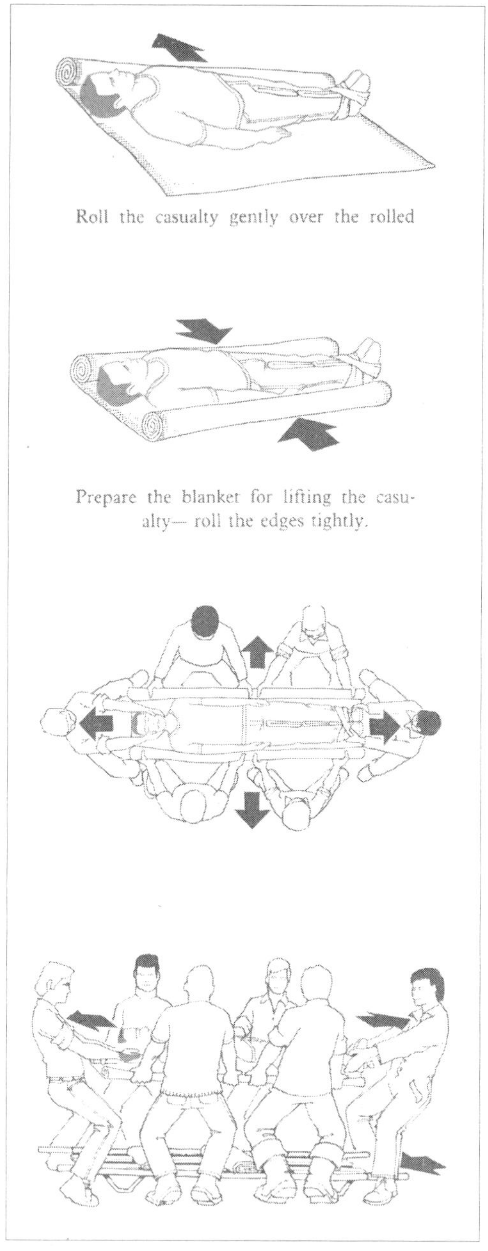

그림 4-12 • 부상자의 이동법

2. 부상자를 들것에 옮기는 일반적인 방법

그림 4-12과 같이 담요를 준비한 후 부상자의 몸 밑으로 굴려 넣은 뒤 목, 다리 담요의 네 귀퉁이를 들어 부상자 운반대로 이동한다.

3. 부상자의 운반법

그림 4-13 및 그림 4-14와 같이 1인, 2인 이상 운반 들것을 이용한 운반법 등이 있다.

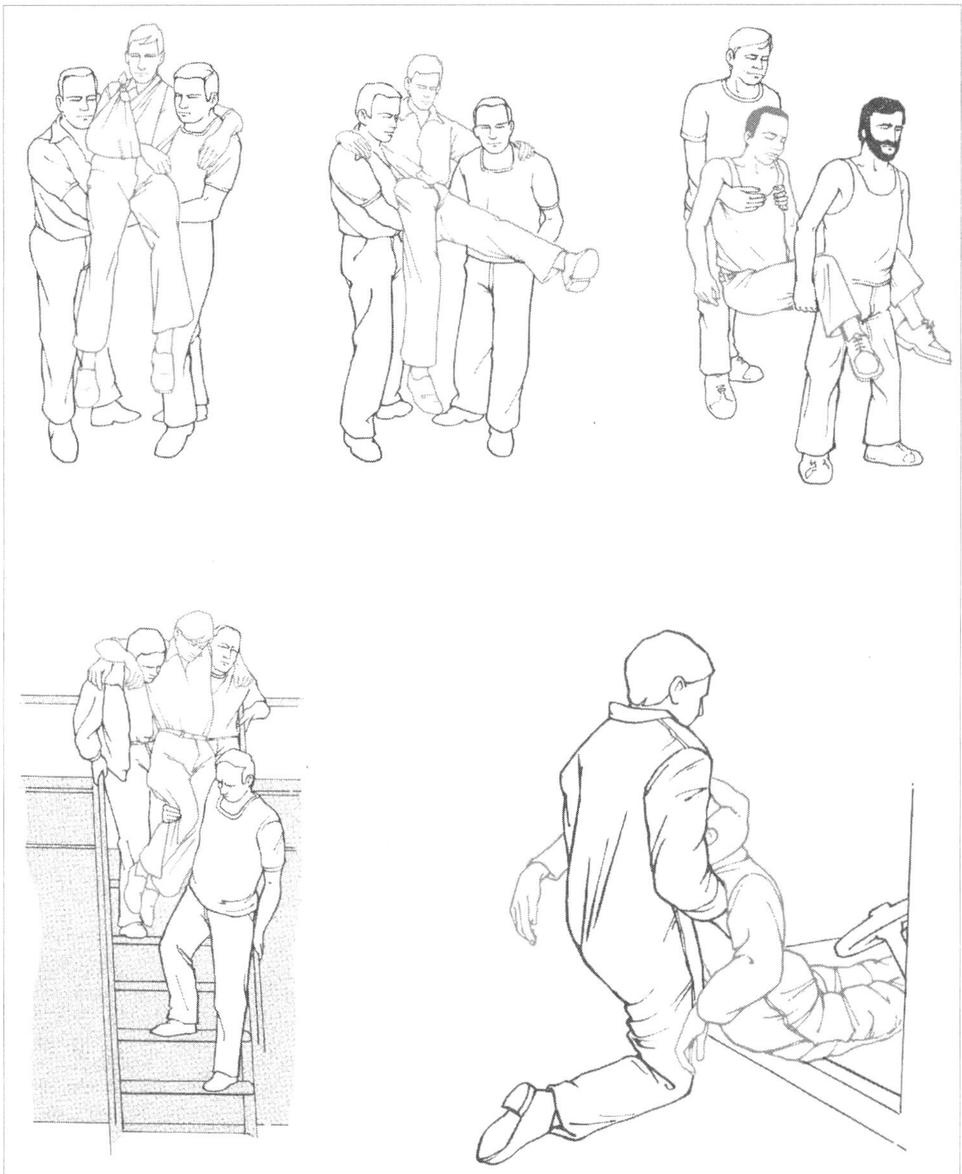

그림 4-13 • 부상자의 운반(1)

그림 4-14 • 부상자의 운반(2)

4.3 응급처치 방법

4.3.1 구조호흡

구조호흡이란 어떠한 원인에 의해 호흡정지가 된 부상자에게 인공적으로 산소를 공급함으로써 다시 자력으로 호흡을 할 수 있게 하는 응급처치 방법이다.

사람의 생명은 혈액 속의 산소와 체세포 속의 영양이 발생시키는 에너지에 의존하여 유지되는데 산소의 공급이 중단될 경우 생명을 유지할 수 없다. 그러나 산소의 공급이 중단된 상태, 즉 호흡이 정지되었다고 해서 바로 죽는 것은 아니고 대개의 경우 일정기간 심장이 박동을 계속하는 동안까지는 살아있는 상태인 것이다. 그러나 점차 산소의 부족으로 심장박동이 약해지다가 마침내 심장박동이 없으면 사망에 이르게 된다.

구조호흡은 이러한 상황에서 신속하게 이루어져야 하는 응급처치이므로 숙련되어야 한다.

1. 배경 및 원리

구조호흡의 기술을 이해하기 위하여 그림 4-15에 나타난 바와 같이 호흡계(폐)와 순환계(심장)의 해부 및 생리에 관한 기본적인 지식을 아는 것이 필요하다.

① 폐로 마시는 공기 중에는 21%의 산소와 극히 미량의 탄산가스(0.04%)가 포함되어 있고, 폐로부터 내보내는 공기 중에는 16%의 산소와 4%의 탄산가스가 포함되어 있다.

② 혈액은 심장의 우심실에서 폐로 보내지며 여기에서 산소를 취하고 탄산가스를 체외로 내보낸다.

③ 산소를 취한 혈액(동맥혈)은 심장의 좌심방과 좌심실로 보내지며 여기에서 심장이 박동하는 펌프 작용으로 신체의 각 기관과 조직으로 보내진다.

④ 혈액은 신체 각 조직에서 산소를 운반하고 탄산가스를 취하여 다시 심장의 우심방과 우심실로 돌아온다.

⑤ 우리 몸의 조직가운데 특히 뇌는 다른 어떤 조직보다도 더 많은 양의 산소를 필요로 한다. 일반적으로 산소가 풍부한 혈액이 4~6분 정도 차단되면 뇌조직은 치명적인 손상을 입게 된다.

⑥ 호흡과 혈액순환(심장박동)이 정지된 상태를 임상적 사망이라고 한다.

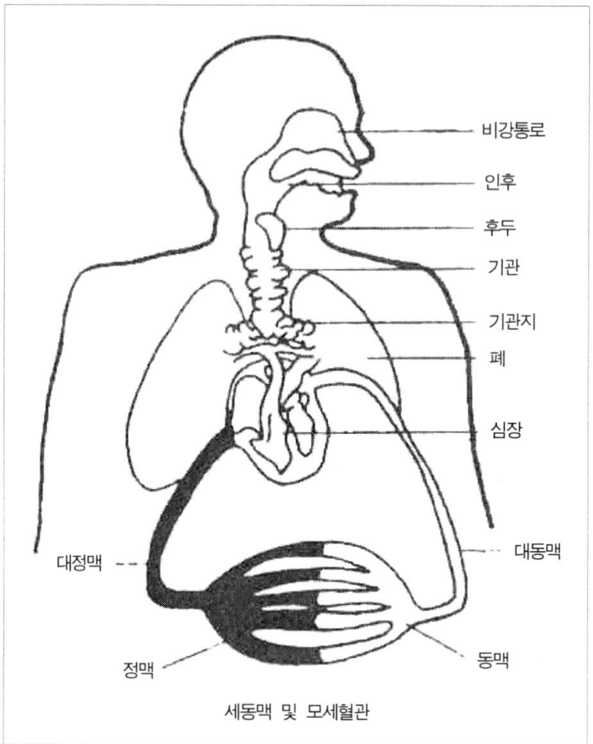

그림 4-15 ∘ 순환계 및 호흡계

⑦ 산소를 함유한 혈액을 뇌에 6분 이상 공급하지 못하여 뇌조직에 돌이킬 수 없는 손상이 발생된 상태를 생물학적 사망이라고 한다.

⑧ 호흡이 정지되어도 혈액순환과 맥박은 잠시 동안 계속되는데 이 상태를 호흡정지라고 한다. 이 경우에는 두뇌와 신체의 다른 부분에 혈액을 순환시키는 심장의 작용은 계속 되고 있으므로 구조 호흡만이 요구된다.

⑨ 호흡정지의 통상적인 원인은 익수, 감전, 질식, 목졸림, 약물과용 등이다.

⑩ 호흡정지 후에 순환 정지가 일어난다. 순환 정지가 일어나면 맥박이 없어지는데 이것을 심장정지라고 한다.

⑪ 심장정지가 일어나면 혈액에 산소를 공급하고 혈액을 뇌로 보내기 위한 구조호흡과 인위적 심장박동(심폐소생법)이 요구된다. 심장정지의 통상적인 원인은 심장마비, 감전, 대출혈 또는 물에 빠졌을 때의 마지막 단계로써의 질식 및 호흡정지 등이다.

2. 구조호흡이 요구되는 경우

호흡이 끊어진 환자는 누구나 구조호흡을 필요로 하는 것이 아니며 다음의 경우에 한해서만 구조호흡으로 생명을 구할 수 있다.

① 물에 빠져 호흡이 중단되었을 때
② 감전으로 호흡이 중단되었을 때
③ 가스에 의한 중독으로 인하여 호흡이 정지되었을 때
④ 알콜, 수면제, 아편 등 마약에 의하여 호흡신경이 마비되어 호흡이 중단되었을 때
⑤ 폐가 눌려서 숨을 쉬지 못하여 호흡이 중단되었을 때
⑥ 목을 조르든가 또는 그 밖의 이유로 공기가 폐로 들어가는 길이 막혀서 호흡이 중단되었을 때
⑦ 공기의 유통이 나쁜 곳, 즉 굴속이나 우물 속 또는 산에 올라갔을 때와 공기 중에 산소함유량이 희박하여 호흡이 곤란하였을 때
⑧ 머리부상으로 호흡중추신경에 타격을 받아 호흡이 중단되었을 때

3. 구조호흡의 실시요령

구조호흡의 기본 단계는 기도의 개방과 호흡의 회복이다. 구조호흡은 거의 모든 단계에서 다른 사람의 도움이나 부수적 장치의 필요 없이 빠르게 실시할 수 있다. 기본단계는 기도폐쇄 및 호흡의 부적절 또는 호흡 부전 등에 대한 응급처치이다. 기본 단계는 기도 폐쇄로 인하여 호흡 장애를 일으키고 있음을 알기 어려운 경우가 많다. 어떤 경우에는 몹시 힘들게 호흡을 하거나 씩씩대거나 거르렁거리는 소리를 내거나 가쁜 숨을 쉬고 있는 모습으로 기도의 장애를 인지하기도 한다.

1) 의식의 확인 및 도움 요청

가장 먼저 부상자의 의식 여부를 확인한다. 가볍게 어깨를 두드리거나 흔들면서 큰소리고 "괜찮습니까?"하고 물어 의식의 여부를 확인한다.

아무런 응답이 없거나 움직임이 없으면 즉시 큰소리로 다른 사람의 도움을 요청하고 호흡을 하는지 관찰을 한다.

2) 부상자의 자세 교정

부상자의 부상유무를 확인하기 위하여 부상자의 자세를 바로 잡을 필요가 있는 경우의 요령은 다음과 같다.

① 부상자를 바로 눕힐 때 몸통이 비틀리거나 구부러지지 않도록 할 것
② 부상자의 다리를 곧게 하고, 밑에 있는 팔을 위로 뻗쳐 둘 것
③ 환자의 어깨와 엉덩이를 잡고 부드럽게 돌려 바로 눕힌다. 이때 어깨와 엉덩이가 동시에 한 동작으로 돌아가도록 해야 부상이 악화되지 않는다.
④ 반쯤 돌아갈 때 팔 위에 올려진 머리가 바닥에 닿을 때의 충격을 방지하기 위하여 어깨에 있는 손으로 목과 머리 뒷부분으로 받치면서 부드럽게 바닥에 닿게 한다.
⑤ 신속하게 환자상태에 대한 조사를 실시한다. 환자의 의식확인, 호흡확인 자세 교정 등의 활동은 10초 이내에 이루어져야 한다.

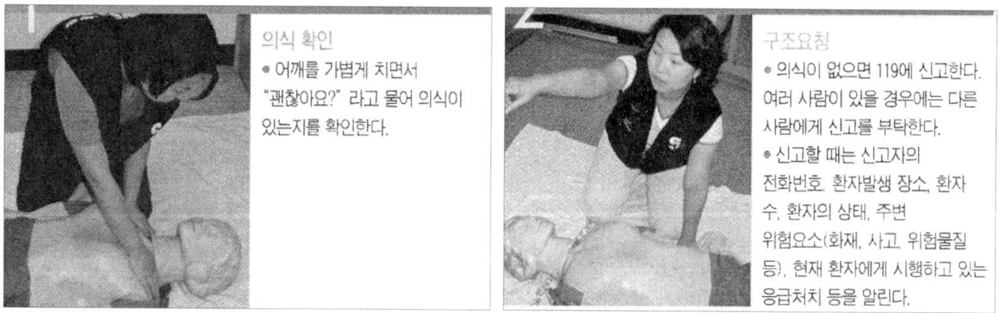

그림 4-16 • 부상자 의식 확인

3) 기도 개방

구조 호흡에 있어 가장 효과적인 첫 조치는 즉시 기도를 개방하는 것이다. 의식을 잃은 환자가 똑바로 누워 있으면 근육의 이완으로 아래턱이 처지고 혀가 뒤로 물러나 목구멍의 뒤쪽을 막을 수 있다.

기도를 개방하는 방법은 그림 4-17과 같이 한 손을 목을 받치고 다른 한손으로는 이마에 뒤로 밀어 머리가 젖혀지게 한다.

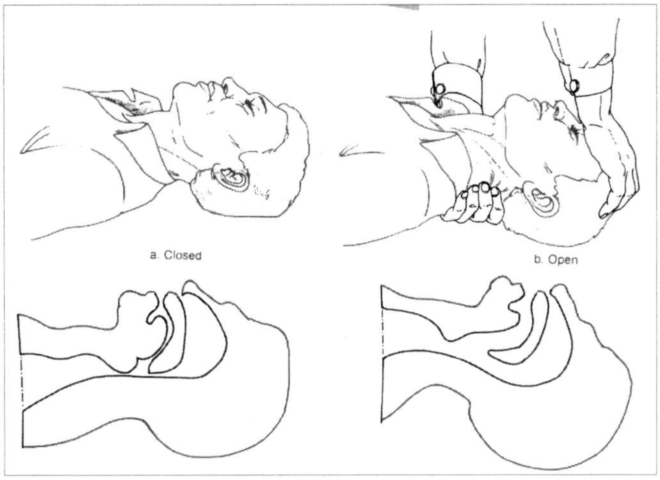

그림 4-17 ◉ 기도의 개방

4. 구조호흡의 방법(구강 대 구강법)

응급처치에서 가장 효과적이고 신속하여 많이 이용되는 구조호흡법은 구강 대 구강법(mouth to mouth)이다. 구강 대 구강법의 실시가 어려운 경우에 구강대 비강법(mouth to nose), 등 누르고 팔 들기법, 가슴 누르고 팔 들기법 등을 이용한다.

구강 대 구강법은 그림 4-18과 같이 실시하며 구체적인 요령은 다음과 같다.

① 부상자를 반듯이 눕히고 머리를 완전히 제껴서 기도를 확보한다.

② 부상자의 입과 코의 주변에 자신의 귀를 가까이 대어 호흡음을 들으면서 얼굴을 옆으로 향해 가슴의 움직임을 보고, 손바닥으로 횡경막의 움직임의 유무를 확인한다.

③ 부상자의 입안에 구토물 등이 있으면 손가락이나 손수건 등을 이용해서 제거한다.

④ 부상자의 코를 한 손으로 막고 신선한 공기를 들어 마신 후 부상자에 입에 충분히 불어넣는다. 입을 뗀 후 불룩해진 부상자의 가슴이 원래대로 돌아오는 것과 환자의 호기음이 들리는지 확인한다. 이때 불어 넣은 양이 너무 많거나 너무 세게 불어 넣을 경우 위장에 공기가 들어가므로 불어넣는 강도를 약하게 하거나 위를 눌러 가스를 배출하고 나서 다시 구조호흡을 실시한다.

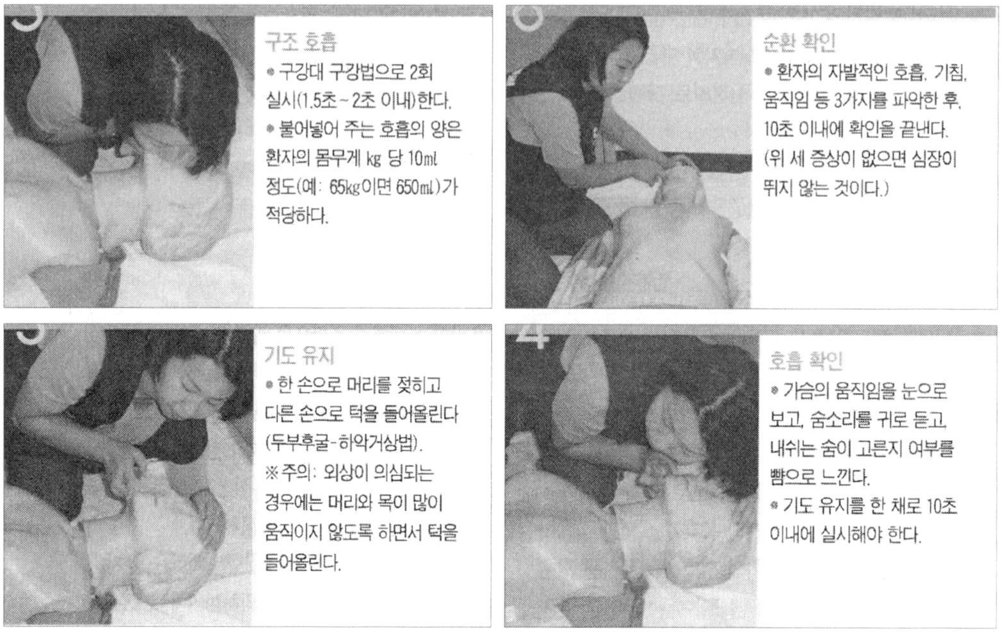

그림 4-18 • 구조호흡

⑤ 공기를 불어 넣을 때는 최초 2회 연속해서 불어 넣고, 그 후는 5초에 1회의 비율로 규칙적으로 실시한다. 구조호흡중에는 지속적으로 손가락을 경동맥에 대어 맥박을 확인한다.

5. 구조호흡의 주의사항

① 환자의 상태에 따른 적절한 구조호흡 방법을 선택한다.

② 구조호흡은 방법에 상관없이 리듬을 유지하며 1분에 12~20회의 속도로 실시한다.

③ 살아날 수 있다는 신념을 가지고 참을성 있게 실시한다. 의사의 사망 판정 전까지는 구조호흡을 계속해서 실시한다.

④ 누르는 방법을 이용할 경우 체중에 의해 가볍게 실시하여 늑골이 부러지는 일이 없도록 한다.

⑤ 충분히 호흡을 회복할 때까지 구조호흡을 실시하며 완전히 회복할 때까지 보온을 유지하고 충분히 안정하도록 부상자를 지속적으로 살핀다.

4.3.2 심폐소생법

심장이 정지된 환자의 2/3가 병원에 도착하기 전에 사망하므로 병원에 오기 전에 현장에서 즉시 심폐소생술을 하지 않으면 소생의 가망성은 매우 낮아진다.

불의의 사고나 갑작스런 질병의 발작으로 심장정지, 혹은 호흡정지가 발생했을 때, 전문적인 인명구조반이나 의사가 치료를 시작하기 전까지 생명을 유지하는데 절대적으로 필요한 기술인 심폐소생법은 어떤 기구도 사용하지 않고 맨손으로 기도, 호흡, 순환을 유지시킴으로써 심장 정지가 일어난 사람의 생명 연장을 시도하는 방법이다.

1. 심장정지의 원인

심정지(심폐정지)란 원인에 관계없이 심장의 박동이 정지되어 발생하는 일련의 상태를 말한다. 심장은 몸에 혈액을 공급해 주는 중요한 기관으로 심장의 박동이 정지되어 심장의 기능이 멈추게 되면 각 조직으로의 혈류가 중단되므로 조직의 생체활동을 유지하는데 필수적인 산소 등의 공급이 차단되어 조직의 기능이 정지된다. 이후 시간이 지나면서 세포가 죽음으로써 사망에 이르게 되는 것이다. 따라서 심정지가 발생하면 심폐소생술 등의 의학적 수단을 동원하지 않고서는 생명을 유지할 수 없다.

심정지의 원인은 매우 다양하지만, 심장기능의 장애로 인한 심장성 심정지와 그 이외의 다른 질환에 의한 합병증으로 인한 비심장성 심정지로 크게 구분할 수 있다. 심장성 심정지의 가장 흔한 증상은 관상동맥질환이고 가장 대표적인 형태는 관상동맥 죽상경화증으로 급사를 유발하는 대표적 질환으로 꼽힌다. 그 밖에 심장성 심정지의 원인으로는 심근의 비후를 초래하는 판막질환, 심근질환 등이 있으며, 고혈압 환자에게서도 부정맥이 발생하거나 심박출량이 급격히 감소하여 급사가 발생할 수 있다. 심부전과 선천성 심장질환, 부정맥 등도 심정지를 유발할 수 있는 심장질환이다. 비심장성 심정지는 심장이 정상적인 기능을 유지하더라도 다른 장기의 기능부전에 의하여 2차적으로 심정지가 유발되는 경우를 말한다. 이 경우, 심정지 유발의 대표적 원인으로 폐질환이나 기도폐쇄에 의한 호흡부전을 들 수 있다. 외상, 위장관 출혈 등으로 인한 급격한 혈액손실, 뇌졸중, 당뇨의 합병증, 약물중독, 외상 등도 비심장성 심정지를 일으키는 요인이 될 수 있다. 저체온증이나 고체온증과 같은 급격한 체온의 변화도 마찬가지이다.

2. 심폐소생방법

부상자의 심장이 뛰지 않으면 그림 4-19와 같은 방법으로 흉부 압박을 실시한다.

① 압박점을 찾는다. 흉골 전체의 아래쪽 1/3 지점에 손바닥의 아래쪽 두툼한 부분을 올려놓는다.

② 올려놓은 손에 한 손을 겹쳐서 깍지를 끼고 양팔꿈치를 곧게 편다.

③ 골반골이 중심이 되어 팔힘이 아닌 어깨힘으로 압박한다. 압박은 1분당 100회의 속도로 15회 실시하며 압박과 이완의 비율은 1:1로 일정해야 한다.

④ 첫 1분간 15회의 압박과 2회의 구조호흡을 반복한 후 자발 호흡과 심장박동이 있는지를 확인한다. 이후 매 2~3분마다 재평가를 실시한다.

1 2 · · · · 14 15 〈2회〉 1 · · 15 〈2회〉 1 · · 15

심장압박 구조호흡 심장압박 구조호흡 심장압박

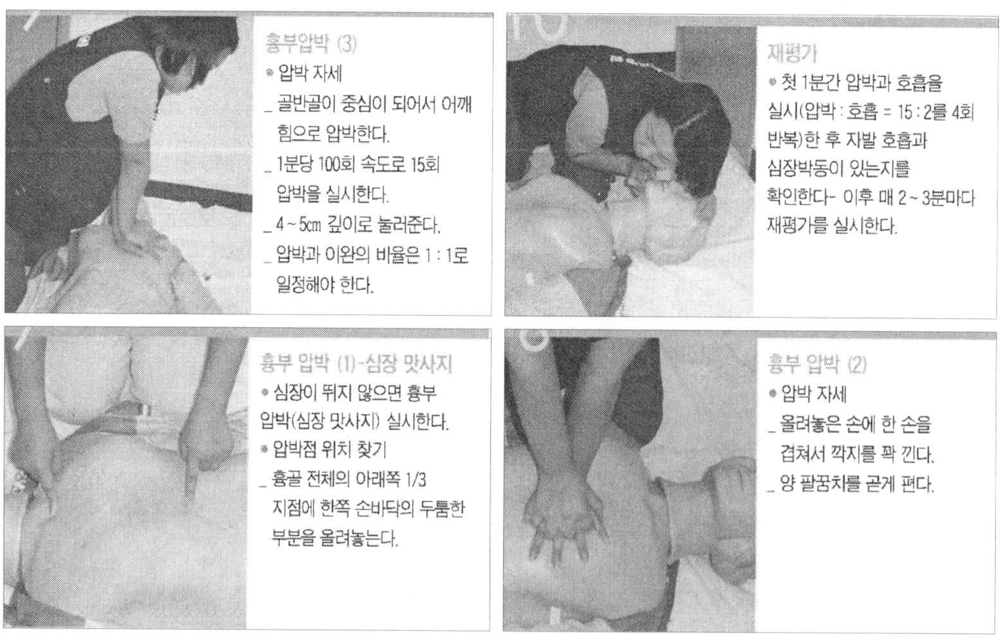

그림 4-19 ● 심폐소생법

4.3.3 지 혈

부상으로 큰 혈관이 끊기면 출혈이 되는데 심한 출혈일 경우 500cc 정도의 출혈로도 가벼운 쇼크를 일으키며 1,000cc 이상인 경우 심한 쇼크 증상과 함께 생명이 위험한 상태에 빠진다. 이때에는 상처의 치료보다 먼저 지혈을 시켜야 한다.

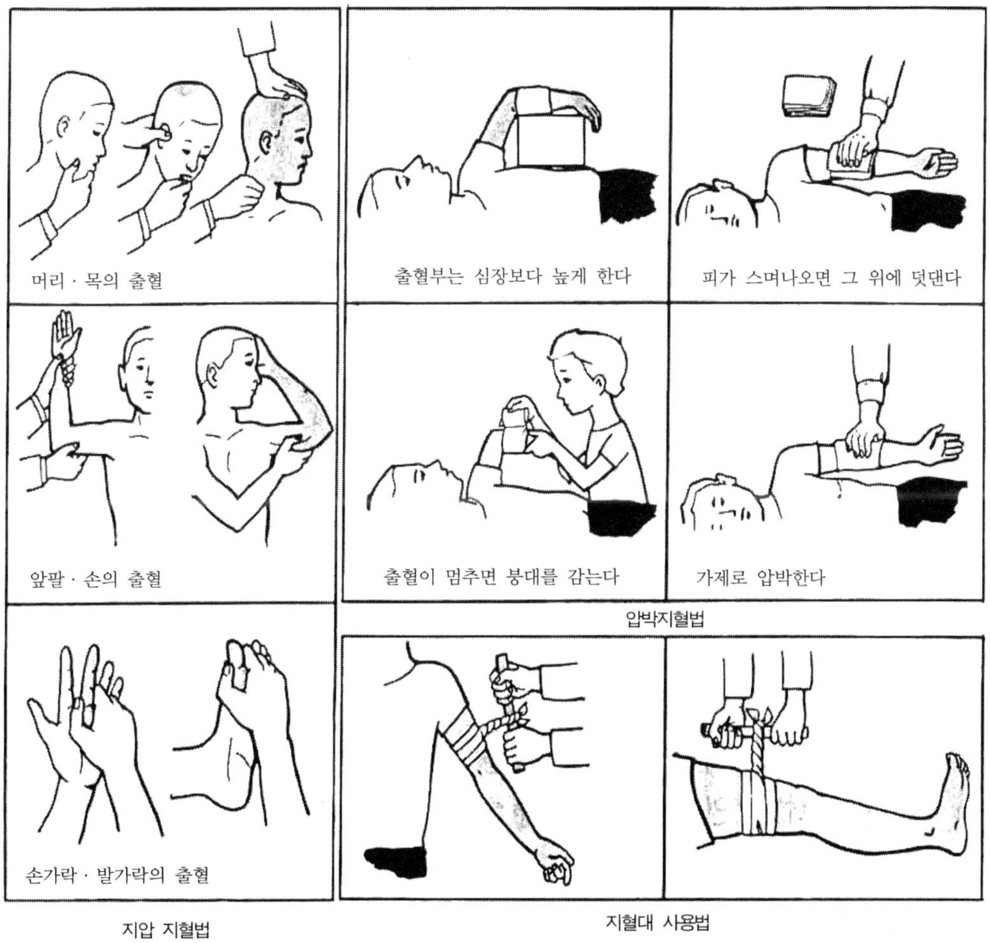

그림 4-20 ● 지혈의 다양한 방법

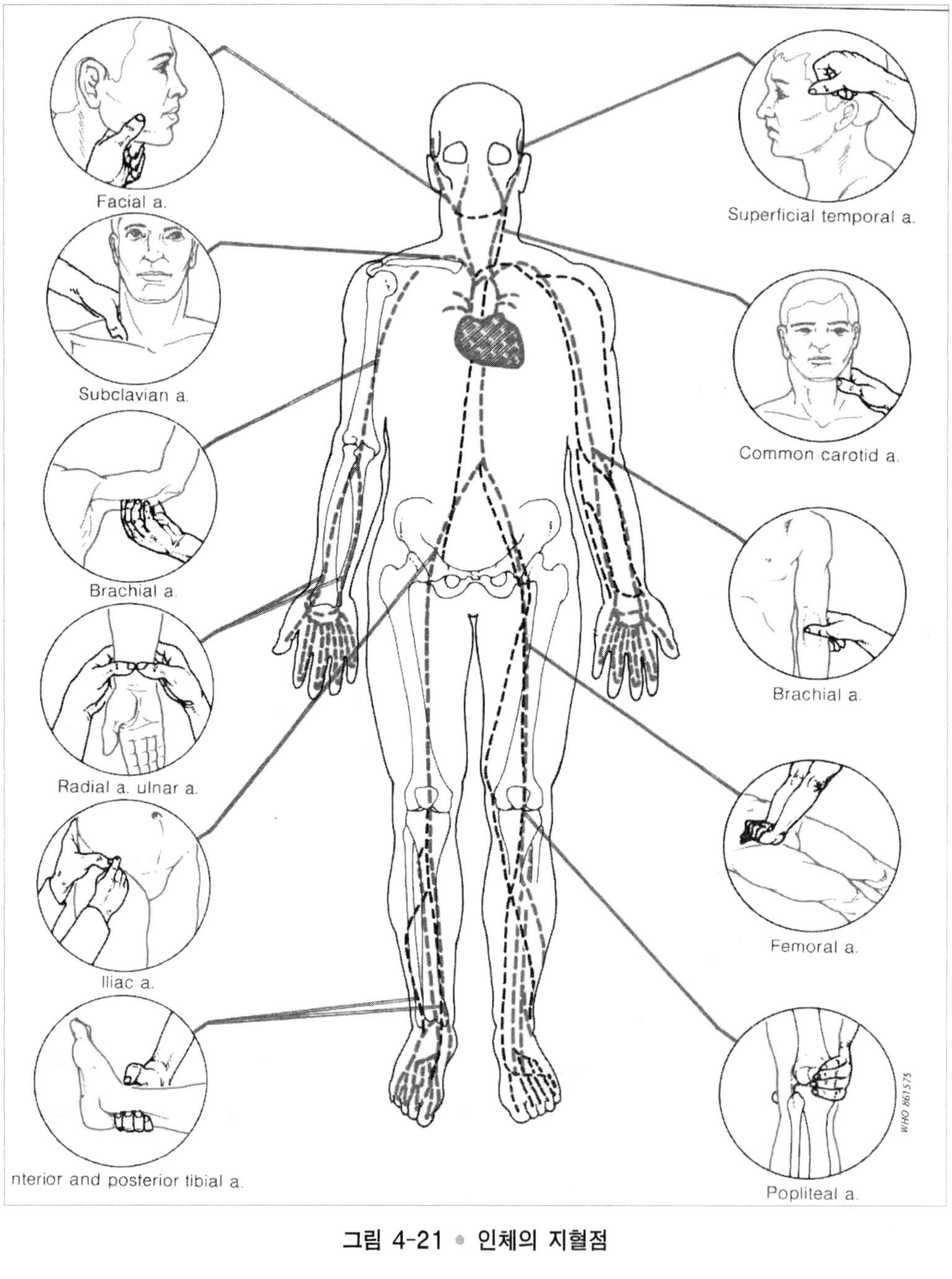

그림 4-21 ● 인체의 지혈점

1. 소독가제를 이용하는 방법

① 상처의 출혈부에 소독 가제나 깨끗한 헝겊을 대고 세게 누른다.
② 피가 스며나올 때는 그 위에 몇 겹이고 가제를 덧대고 도중에 중지하지 않는다.
③ 출혈부는 심장보다 높게 한다.
④ 피가 스며나오지 않으면 신축성이 좋은 탄력붕대로 단단히 조인다.
⑤ 몸, 특히 출혈부는 움직이지 않도록 한다.

2. 압박 지혈법

① 가제를 대고 계속 압박하여도 계속 피가 흐를 때는 상처에서 심장에 가까운 동맥을 아래쪽 뼈있는 쪽으로 세게 누른다.
② 그림 4-21과 같이 상처의 위치에 따라 동맥을 누르는 위치도 달라지므로 상황에 따라 적절한 지점을 누른다.
③ 동맥 압박과 가제 압박을 동시에 하면 더욱 효과적이다.

3. 지혈대의 사용

① 팔 · 다리의 큰 혈관이 끊어지고 환자 운반에 시간이 걸릴 때는 지혈대를 써서 지혈한다. 우선 상처에 가제를 대어 압박하고 붕대를 감는다.
② 삼각건 · 손수건 · 고무관 · 고무줄 등으로 상처에서 심장에 가까운 부분을 조인다. 노끈이나 철사 등은 부적절하므로 이용하지 말고 헝겊을 쓸 때에는 폭이 넓은 것으로 감아 매고 그 위에 둘둘 뭉친 헝겊 조각을 덧댄 다음 반대쪽의 매듭에 연필 · 막대기 같은 것을 끼워 묶는다.
③ 막대기를 약간 위로 들어올리는 기분으로 돌려 죄고 출혈이 그치면 고정시킨다.
④ 가능한 빨리 의사에게 보이도록 한다. 지혈대를 장시간 사용하면 세포조직이 파괴되어 절단해야 하는 경우가 발생하기 때문에 시간이 많이 걸릴 때는 30분에 한 번쯤 조인 지혈대를 늦추어 피부색이나 감각이 원상태로 돌아오는 것을 확인한 후 다시 조인다.

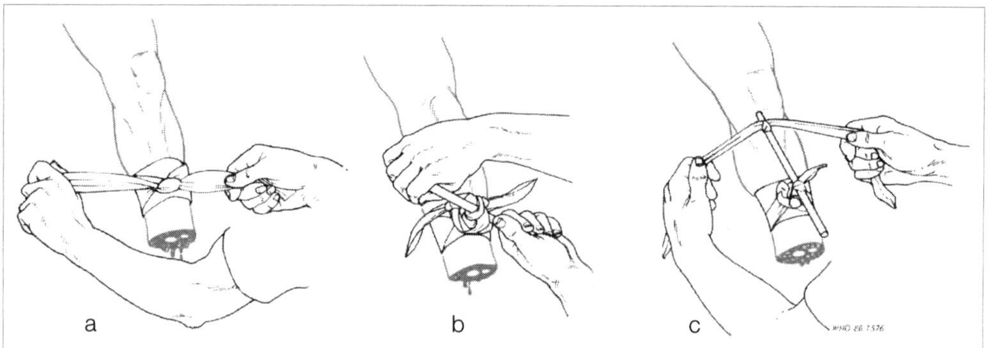

그림 4-22 ● 지혈대의 사용

4.3.4 화 상

화상이란 열작용에 의해 피부 및 기타 조직이 상해된 것으로 화염, 증기, 열상, 각종 폭발, 가열된 금속, 약품, 전류, 태양열 등에 의해 일어난다. 화상을 치료하기 위해서는 화상부위의 심도(depth)와 범위(화상범위를 체표면적의 백분율(%)로 표시)를 측정하는 것이 필요하다.

1. 화상의 심도

1) 1도 화상

상피세포층까지만 손상받는 경우로 홍반, 부종이 나타나고 매우 아프다. 일주일이 지나면 흉터없이 치유된다.

2) 2도 화상

상피세포층과 진피세포층의 일부까지 손상받는 경우로 수포가 나타나며 상처는 습하고 아프다. 상처 치유기간은 7일에서 24일에 걸쳐 일어나며 염증이 없으면 흉터없이 치유될 수 있다.

3) 3도 화상

피부전층이 손상받은 경우로 상처는 창백하거나 희며, 화염에 의한 경우는 검거나 가죽 같은 형상을 띠게 된다. 상처에 동통은 없으며 자연 치유될 수는 없고 반드시 흉터를 남기므로 피부이식이 필요한 경우가 대부분이다.

4) 4도 화상

지방 및 근육이나 뼈까지 손상받은 경우를 말한다.

2. 화상의 범위

가장 흔히 사용하는 방법은 '9의 법칙(Rule of nines)'으로서 그림 4-23과 같이 체표면적을 9와 9의 배수의 백분율(%)로 표시한다. 하체가 짧고 머리가 큰 소아에서는 이를 변형시켜 사용한다.

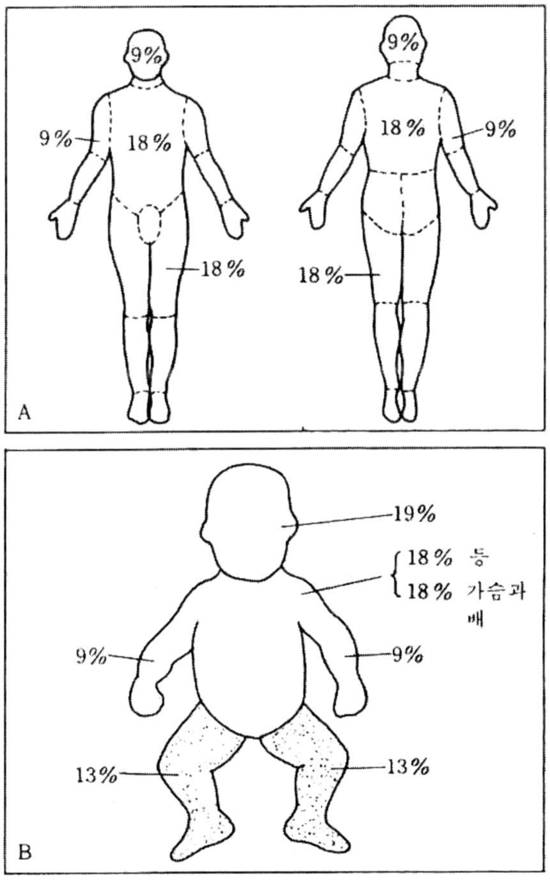

A : 화상범위를 체표면적의 백분율(%)로 표시한 '9의 법칙'이다.
B : 하체가 짧고 머리가 큰 소아에서의 변형이다.

그림 4-23 ● 화상의 범위

3. 화상의 치료

화상은 심도와 범위를 기준으로 다음과 같이 분류하며 치료의 기준이 된다.

1) 경도 화상(Minor burn)

경도 화상이란 1도 화상, 2도 화상이 15%미만(소아 10%), 3도 화상이 2% 미만의 경우를 말한다. 경도화상의 치료 방법은 다음과 같다.

① 통증이 심한 경우는 처음 치료할 때나 이후 상처 치료를 계속할 때 진통제를 사용할 수 있다.
② 상처치료는 찬 생리적 식염수로 하며 작은 수포는 터뜨리지 않는다. 터졌거나 터질 가능성이 있는 수포를 제거할 경우는 완전히 제거해야 한다.
③ 화상 부위를 찬물이나 수건으로 씻어 통증을 없애고 부종을 줄일 수 있다.(화상 부위가 10~15% 이상되면 해서는 안된다.)
④ 1도 화상인 경우는 특별한 치료가 필요 없다.
⑤ 2도 화상인 경우는 보통 바셀린이나 항균연고가 묻어 있는 거즈로 상처를 도포하며 최대 2일 이내에 재 치료한다. 상처에 염증이 생기면 국소항균요법을 하루에 3~4회 해야 한다.
⑥ 특수 부위의 2도 화상이나 작은 3도 화상인 경우의 치료법
- 손 주위의 화상인 경우는 거즈를 충분히 대어 상처를 보호하고 부목을 대어 주며 부종이 적게 생기도록 손을 심장의 위치보다 약간 높게 올려준다
- 하지 화상인 경우는 처음 48시간은 누워서 쉬는 것이 좋다. 서거나 걷는 것은 정도에 따라 차츰 그 시간을 늘려 나간다.
- 귀를 포함한 안면에 화상이 있는 경우는 소독수로 자주 씻고 항생제 연고를 바른다. 귀 연골에 염증이 생기지 않도록 심하고 자주 관찰한다. 귀 연골에 염증이 생기면 치료하기가 어렵고 치유되어도 귀에 기형이 남는다.

2) 중등도 화상(Moderate burn)

중등도 화상은 2도 화상이 15~30%(소아 10~20%) 혹은 3도 화상이 10% 미만일 때(소아 5%)를 말한다. 중등도 화상의 경우에 환자를 병원으로 이송하여

치료하여야 하며 이때 주의할 사항은 다음과 같다.

① 환자가 쇼크나 호흡곤란이 없으면 24시간 내에 가능한 빨리 이송하여야 한다.
② 일단 24~36 시간이 지나면 환자는 수분 및 전해질의 체내 이동으로 심폐 기능이 불안한 상태가 되므로 4~5일 치료하며 기다렸다가 이송하는 것이 안전하다.
③ 다른 병원으로 이송할 때는 환자의 상태와 치료 과정을 상세히 전해 주어야 한다.

3) 중증 화상(Major burn)

중증 화상은 2도 화상이 30% 이상일 때(소아 20%), 3도 화상이 10% 이상일 때(소아 5%), 전기 화상, 3도 이상이 얼굴 · 손 · 발에 발생한 경우를 말한다. 중증 화상의 경우에도 환자를 즉시 병원으로 이송하여 치료하여야 하며 이때 주의할 사항은 다음과 같다.

① 더 이상 화상으로 인한 조직손상의 진행을 방지한다. 불붙은 옷이나 뜨거운 이물질을 제거하고, 화학적 화상인 경우는 물로 충분히 씻는다. 눈에 화학물질이 들어갔거나 그런 의심이 드는 경우는 생리적 식염수로 철저히 세정한다.
② 쇼크가 있으면 이의 원인을 찾아 치료를 시작한다.
③ 호흡장애 유무를 관찰하고 필요하면 산소를 흡입시킨다.
④ 진통제는 필요에 따라 실시하고 꼭 정맥을 통해 주사한다.
⑤ 수분공급을 위해 화상을 입지 않은 부위에서 링거수액을 정맥 주사한다.
⑥ 파상풍 예방 접종을 한다.
⑦ 화상 후 초기단계에서 장운동의 마비가 오므로 금식시켜야 한다.

4.3.5 골 절

인체의 골격은 여러 가지 원인으로 인하여 손상을 받으면 골절, 탈구, 염좌 등을 일으킨다. 이때 잘못된 응급처치는 환자를 불구로 만들기도 하므로 세심한 주의가 필요하다.

1. 골절의 원인

골절은 추락, 교통사고, 부주의한 기계사용, 스포츠 활동 등을 통해 골절 부위에 직접 외력이 가해지거나 외력이 가해지는 부위로부터 다른 부위에 간접적으로 힘이 가해져서 발생한다.

2. 골절의 분류 및 증상

골절은 단순 골절과 복잡 골절로 나누어진다.

1) 단순 골절

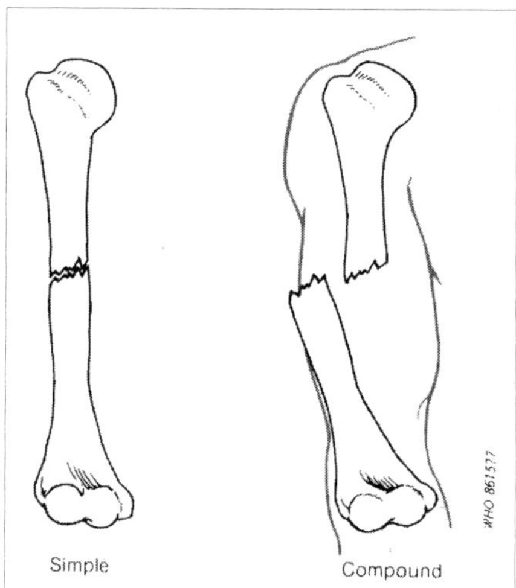

그림 4-24 ● 골절의 분류

단순 골절은 다른 조직의 손상은 없고 뼈만 손상된 것을 말한다. 뼈가 부러지는 소리를 들었거나 느껴서 골절이 되었음을 알 수 있으며 골절된 부분은 기형이 되거나 골절 부위 이하의 신체는 움직이지 못하는 경우가 발생한다. 골절은 되었으나 뼈가 완전히 부러지지 않았기 때문에 손상된 부분을 움직일 수도 있으므로 골절이 의심스러운 경우는 골절된 것으로 간주하고 응급처치를 한다. 골절의 유무를 확인하기 위해 골절 부위를 눌러보거나 꺾는 것은 상태를 악화시키므로 하지 않도록 주의한다.

2) 복잡 골절

복잡 골절은 뼈가 손상되었을 뿐만 아니라 다른 신체조직의 손상을 겸한 상태이다. 따라서 단순 골절의 여러 가지 증상 이외에 부러진 뼈 끝이 피부를 뚫어 창상이 겹치고 부러진 뼈 끝이 보이며 또 뼈 끝에 혈관이 손상되어 심한 출혈과 충격이 동반되는 수가 있다.

3. 응급처치 방법

골절이 의심되는 경우는 그 이상의 손상이 발생하지 않도록 주의하며 골절부위를 고정시켜 안정하도록 해야 한다. 전문의료요원을 현장으로 부르는 경우와 골절부위를 부목 등으로 고정시켜 병원으로 이동시키는 방법이 있으나 가능하면 모든 골절의 경우 현장에서 치료하는 방법이 보다 바람직하다.

일반적인 주의점은 다음과 같다.

① 환자를 따뜻하고 안정되게 유지시킨다.

② 골절된 부분의 관절을 안정시킨다.

③ 환자가 의식이 없을 때는 쇼크에 대한 예방을 먼저하고 전신을 안정시킨다.

④ 골절된 뼈를 맞추려는 시도는 인접한 관절이나 근육을 손상시킬 가능성이 크므로 하지 않는다.

⑤ 골절 부위에서 가장 통증이 적은 부위에 부목을 대고 만약 출혈이 있으면 부목 안에 지혈대를 넣어 직접 압박시키고 붕대를 감은 후 골절 부위를 받쳐서 움직이지 않게 한다.

⑥ 의복을 벗겨야 될 필요가 있을 경우는 무리해서 벗기지 말고 찢어서 벗긴다.

⑦ 상처 부위를 소독하여 세균 감염을 막고 거즈나 붕대를 대는 등의 조치를 마친 이후에 부목을 댄다.

⑧ 적어도 30분에 한 번씩 부목을 댄 부분을 조사하여 혈액순환의 정도와 통증을 확인한다.

4. 골절 처치법

1) 뇌진탕 및 두개골 골절

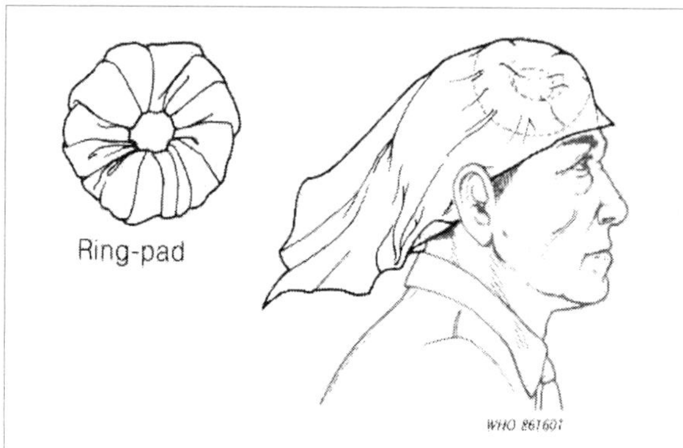

그림 4-25 • 두개골 골절

머리를 맞든가 땅바닥에 부딪히면 머리가 터지거나 혹은 의식이 없어진다. 그리고 심한 경우에는 귀, 코 혹은 입에서 그다지 심하지 않은 출혈이 있다. 양쪽 눈동자의 크기가 같지 않으면 반신불수 상태가 되기도 한다. 처음에는 여러 가지 증상이 나타나지 않다가도 뇌출혈에 의한 압박이 자중됨에 따라 증상이 악화되기도 한다. 따라서 뇌의 손상은 대개 두개골 골절보다 더 위중하므로 뇌진탕인지 머리의 골절인지를 신속하게 파악할 필요가 있다.

뇌진탕이란 머리를 세게 부딪쳤을 때 잠시 의식을 잃는 상태를 말하는 것으로 의식불명의 상태가 오래 지속된다는 것은 뇌에 어떤 중대한 변화, 즉 뇌좌상이나 뇌출혈이 생긴 것이므로 신중히 다루어야 하며 반드시 의사의 진단을 받도록 해야 한다. 일시적인 의식불명에서 회복되었다가 다시 의식불명에 빠지는 경우도 있으며 끝내 소생하지 못하는 사례도 있다.

응급처치 방법은 다음과 같다.

① 얼굴색이 창백하지 않으면 부상자의 머리와 어깨를 약간 높여 안정되게 눕힌다.
② 보온에 신경쓴다.
③ 의식이 없으면 음료를 주지 말아야 한다.
④ 머리에 상처가 있으면 상처를 보호하고 조심하여 병원에 이송한다.

2) 비(코)골 골절

코가 아프며 부어오르고 출혈이 있어 쉽게 발견할 수 있으며 소독된 거즈를 대고 붕대 묶는다. 병원에서 전문적인 치료를 받지 않으면 코의 모양이 기형이 된다.

3) 하악(턱)골 골절

턱을 움직이면 아프고, 아래, 윗니가 맞지 않기 때문에 부상자는 음식물을 삼키거나 말을 하기가 곤란하며 입이 벌어지고 침을 흘린다. 응급처치는 머리 자체를 부목을 이용하여 턱 밑에 손바닥을 대고 아래턱을 조심스럽게 올려서 아랫니를 윗니에 맞춘 다음 그대로 붕대나 삼각건으로 아래턱 밑을 받쳐서 머리에 묶어준다. 환자가 토하면 즉시 붕대나 삼각건을 풀어준다.

4) 쇄골 골절

골절의 일반적인 증상이 나타난다. 쇄골을 손끝으로 만져보면 대부분의 경우 부러진 뼈끝이 만져지며 환자는 부상당한 쪽의 팔을 어깨위로 들지 못하고 부상당한 쪽 팔을 밑으로 늘어뜨리면 어깨가 다른 쪽보다 낮아진다.

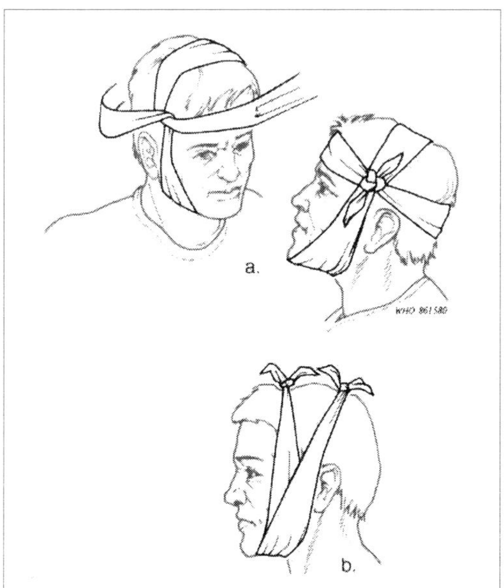

그림 4-26 • 하악골 골절

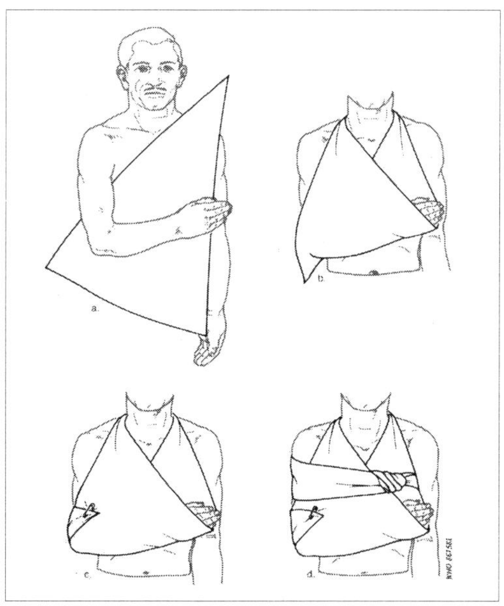

그림 4-27 • 쇄골 골절

응급처치는 부상당한 쪽 팔의 손을 팔꿈치보다 약간 높게 하여 반대쪽 어깨에 대고 삼각건으로 묶은 후 다시 팔 전체가 몸에 붙게 삼각건으로 고정시킨다.

5) 늑골 골절

환자는 기침 또는 심호흡을 할 때 골절된 부분에 심한 아픔을 느끼며 얕은 호흡을 한다. 골절된 부분을 만지면 아프고 저리며 환자는 골절된 부분에 손을 대어 심호흡을 피하고자 노력한다. 만약 부러진 늑골이 폐를 찔렀으면 기침을 할 때에 거품기가 있는 선홍색의 피가 섞여서 나온다. 응급처치는 폐에 손상을 받은 경우는 아무런 처치도 하지 말고 겨드랑이와 가슴을 환자가 호흡을 쉽게 할 수 있을 정도로 고이고 눕힌 후 안정을 취하게 한다.

6) 척추 골절

척추 골절의 의심이 드는 환자에게는 손가락 혹은 발가락을 움직이도록 하고 의지대로 자신의 손가락, 발가락 등을 움직이지 못하는 경우에는 요추 내의 척수가 손상된 것으로 판단한다.

응급처치 방법은 다음과 같다.

① 어떠한 경우라도 척추 골절이 의심되는 부상자를 일으켜 앉히거나 세우거나 걷게 해서는 안된다. 또한 음료를 주기 위해 그의 목을 높이는 것조차도 하지 말아야 한다. 이는 척추를 더 손상시키고 마비나 죽음에 이르게 만들 수 있기 때문이다.

② 척추 골절 환자는 튼튼한 전신 부목 위에 바로 눕히고 필요한 부분에 고

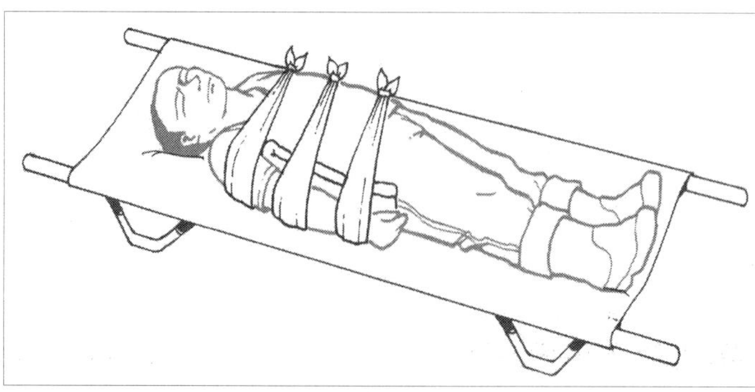

그림 4-28 • 척추 골절

임을 대고 삼각건으로 잘 고정시켜야 한다. 전신부목으로는 적어도 폭이 35cm 이상이고 길이는 누웠을 때 10cm 가량 남을 만큼 긴 것을 사용한다.

③ 척추 골절 환자를 부목에 눕힐 경우는 몸에 평행되게 가까이 가져다 놓고 부목 밑에 삼각건을 미리 걸쳐놓아 부상자를 부목 위에 옮긴 다음에는 필요이상으로 환자를 움직이지 않도록 한다.

7) 경추 골절

바로 누워 있고 경추 골절이 의심이 드는 환자를 전신 부목 위에 옮길 때는 그림 4-29와 같이 한 사람은 부상자의 머리 위쪽에 무릎을 끓고 앉아 양손으로 목과 어깨가 구부러지지 않고 신체의 다른 부분과 함께 움직여질 수 있도록 확고하게 부상자의 머리와 어깨를 받쳐들고, 그 밖의 한 사람 혹은 몇 사람이 부상자의 어깨와 겨드랑이, 허리, 다리 등의 옷을 잡고 옆으로 돌린 다음 전신 부목을 등쪽에 끼어서 눕힌다.

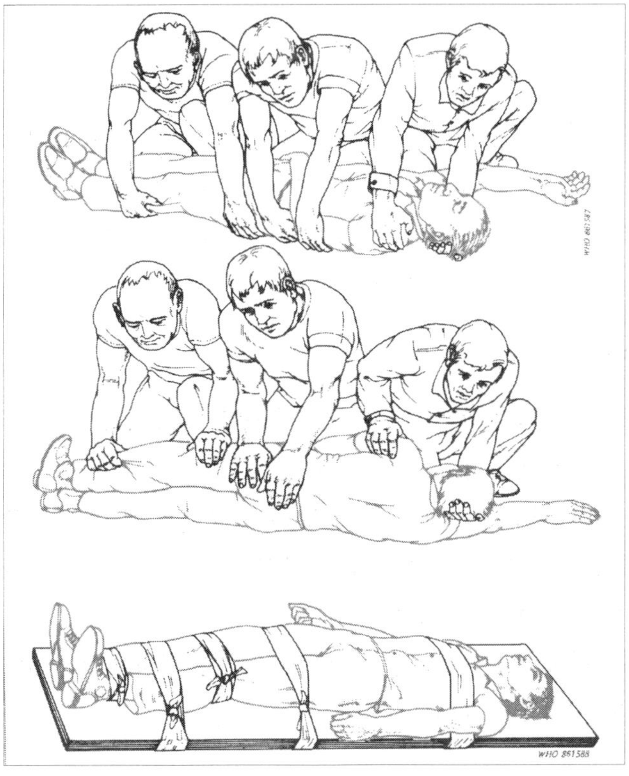

그림 4-29 ● 경추 골절 환자의 취급

경추 골절 환자의 취급에 있어서 주의할 사항은 다음과 같다.

① 어떠한 경우라도 얼굴을 앞이나 뒤로 혹은 모로 돌려서는 안된다.
② 머리를 부목 위에 놓은 후 머리의 양쪽을 고여서 얼굴이 위를 향하여 고정되게 한다.
③ 머리 밑에는 아무 것도 넣지 않도록 한다.
④ 양팔을 가슴에 얹고 부목 밑의 붕대를 부상자 위로 돌려서 그가 부목 위에서 움직이지 않도록 단단히 묶는다.
⑤ 다리까지 잘 묶은 뒤에 부목을 들것이나 구급차 위에 얹어 병원으로 이송한다.

8) 골반 골절

골반 골절은 척추 골절과 같은 원인에서 오며 특히 심한 사고에서 일어난다. 골반 골절에는 골반 속의 장기, 혈관 및 방광의 손상이 따르는 일이 있으므로 더욱 주의하여야 한다. 골반 골절시에 부상자는 골반부에 심한 통증을 느끼며 부상자가 일어서거나 걸으면 통증은 더욱 심해지고 양 볼기를 함께 누르면 아프기 시작한다.

응급처치의 방법으로는 척추 골절 환자의 경우와 같이 전신 부목 위에 위를 보고 있는 자세로 눕히고 몸을 묶어 가능한 흔들리지 않게 병원으로 이송한다. 양 무릎, 양 발목을 함께 묶되 환자가 가장 편안하다는 자세로 무릎을 구부리거나 곧게 펴주며 따뜻하게 해준다.

9) 상박골 골절

어깨에서 팔꿈치까지의 골절을 말하며 대개 골절의 일반적 증상이 나타나고 어깨 관절의 운동을 할 수 없게 된다.

응급처치 방법은 팔꿈치를 90도 구부리고 어깨로부터 팔꿈치에 이르는 길이의 부목을 만들어 바깥쪽에 대고 삼각건으로 팔걸이를 만들어 목에 걸어주거나 팔 전체와 어깨까지를 2개의 부목을 이용하여 고정시킨다. 만일 부목을 구할 수 없는 경우는 팔을 끌어 올려 팔 전체를 가슴에 붙이고 붕대로 감아 고정시킨 다음 병원으로 이송한다.

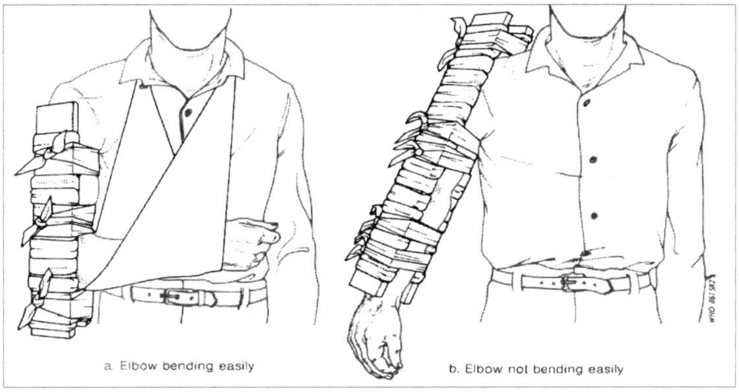

그림 4-30 ◉ 상박골 골절

10) 주관절 골절

팔꿈치 골절을 말하는 것으로 팔을 구부리고 넘어질 때 종종 발생하며 증상으로는 관절 부위가 붓고 아파서 팔을 폈다 구부렸다 할 수 없게 된다.

응급처치 방법은 팔을 편 자세에서 겨드랑이에서 손가락까지에 이르는 부목을 손바닥쪽에 대어 준다. 주관절이 구부러진 채로 있는 환자를 발견하면, 팔을

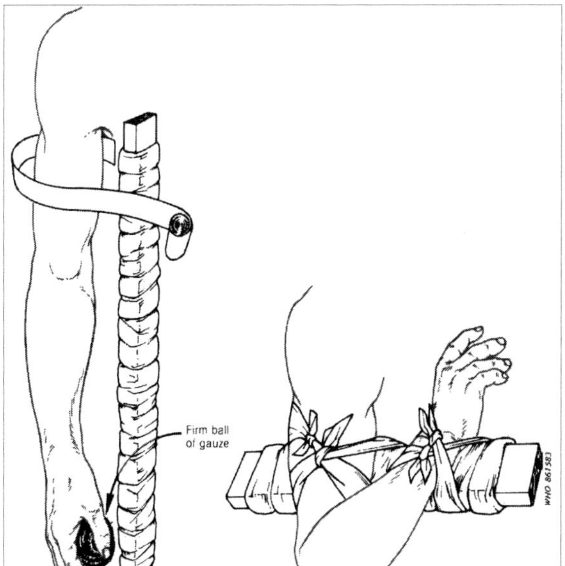

그림 4-31 ◉ 주관절 골절

무리가 되지 않게 끌어올리고 쇄골 골절의 경우와 같이 그 팔을 몸체에 대고 삼각건으로 고정시키거나 그 상태로 부목을 이용하여 고정시킨다. 구부러진 주관절을 무리하게 펴서는 안된다.

11) 전박골 골절

팔꿈치에서 손에 이르는 팔에 골절이 생긴 것이다.

응급처치 방법은 환자를 바로 눕히고 팔을 그의 가슴 위에 올려놓은 후 주관절로부터 손가락 끝에 이르는 만큼의 긴 부목 두 개를 만들어 손바닥과 손등쪽에 고정시킨다. 손은 팔꿈치보다 약 10cm 정도 높이고 손바닥이 가슴쪽으로 향하게 하여 넓은 붕대로 고정시킨다. 이 때 대용 부목으로 잡지, 신문지, 골판지, 플라스틱자를 이용할 수도 있으며 입고 있는 옷을 감아 올려서 고정시킬 수도 있다.

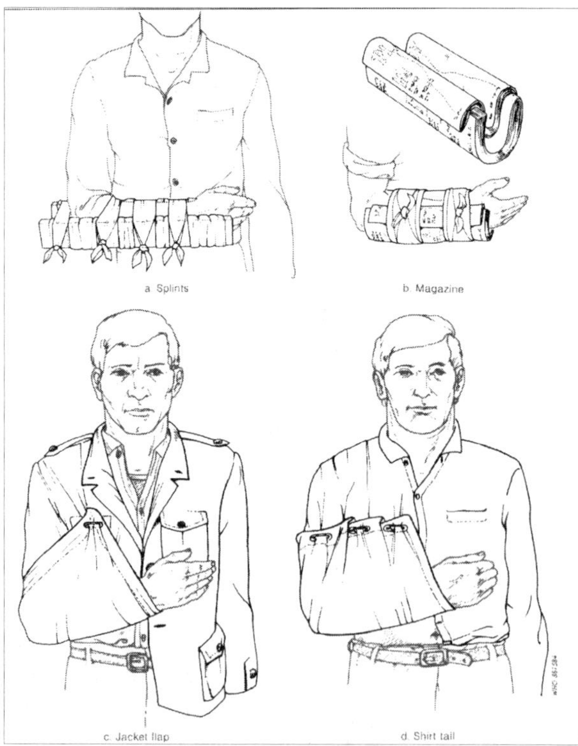

그림 4-32 ● 전박골 골절

12) 수골 골절

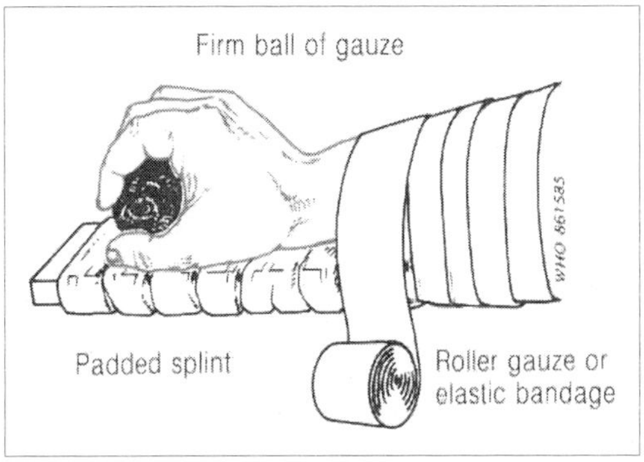

그림 4-33 • 손목 골절

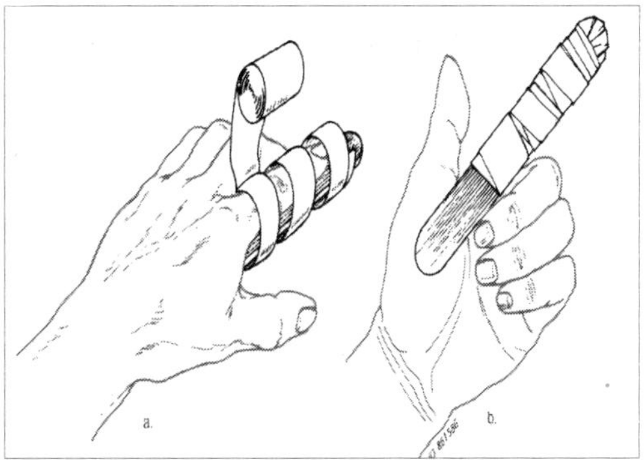

그림 4-34 • 손가락 골절

기계나 목재 그 밖의 물체에 눌려 손뼈가 부러지는 경우로 통증과 마비를 동반한다.

응급처치 방법은 부목을 팔에서부터 손가락 끝보다 약간 길게 손바닥쪽에 대어준다. 이 때 손으로 헝겊을 뭉치거나 공을 잡게 하면 좋다. 손가락 골절의 경우는 손가락 안쪽에 손가락보다 길게 부목을 대고 붕대로 고정시킨다.

13) 대퇴골 골절

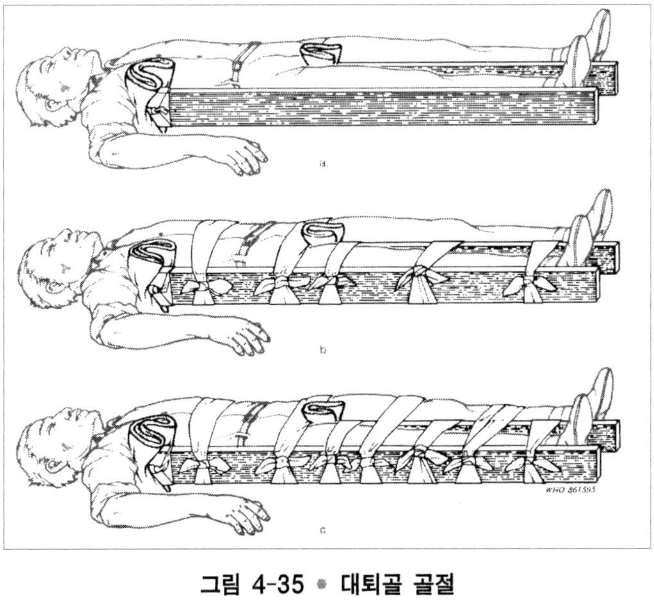

그림 4-35 • 대퇴골 골절

대퇴골은 무릎에서 골반에 이르는 인체 중 가장 긴 뼈이며 상당한 충격에 의하지 않고는 쉽게 골절되지 않으나 골절된 경우에 부상자는 어떠한 골절보다 심한 충격을 받는다. 부상자가 바로 누워서 바닥으로부터 발뒤꿈치를 들지 못하면 대퇴골이 부러진 것으로 의심하고 필요 조치를 강구하고 환자는 절대 일어서게 해서는 안된다.

응급처치 방법은 겨드랑이에서 발까지의 충분한 길이의 부목과 삼각건을 많이 준비한다. 부상자의 발뒤꿈치 밑과 발을 잡아 천천히 다리를 바른 자세로 조금 끌어당겨 그대로 붙잡은 후에 부상자의 허리, 무릎, 발목에 이르는 부분과 다리 사이에 부목을 댄 다음 허리 상부와 다리쪽에서 충분하게 삼각건으로 고정한다.

14) 슬개골 골절

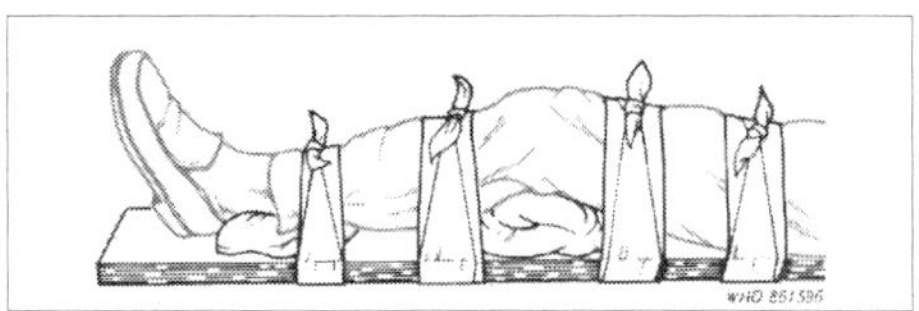

그림 4-36 ● 슬개골 골절

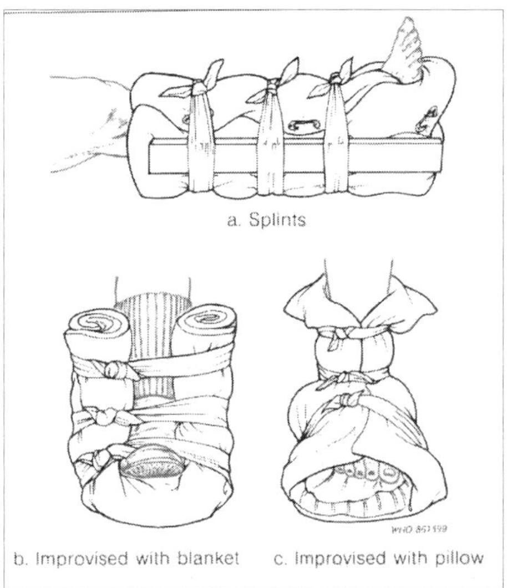

그림 4-38 ● 발의 골절

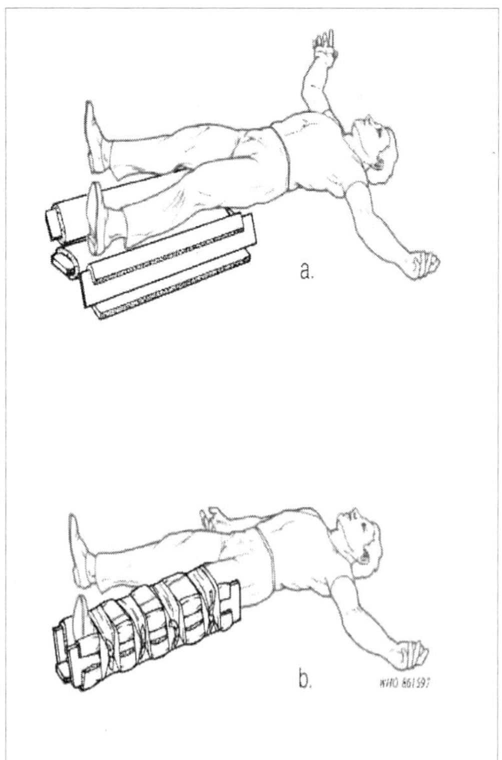

그림 4-37 ● 하퇴골 골절

다리의 무릎에 생긴 골절로서 구르던가 부딪히는 경우에 생기며 슬개골을 만져보면 대개 뼈의 갈라진 부분을 만질 수 있다.

응급처치 방법은 적어도 폭이 10cm 이상인 부목을 다리 아래쪽으로 대고 무릎과 발꿈치 부분에는 헝겊 등을 이용하여 고인다. 이후 삼각건 등으로 슬개골을 중심으로 고정하며 무릎은 부어 오르기 쉬우므로 싸매지 말고 노출시킨다. 부목이 없는 경우는 베개나 담요를 대용으로 사용할 수 있다.

15) 하퇴골 골절

무릎과 발목 사이에서 뼈가 한 개 혹은 두 개가 부러진 것을 말하며, 만약 뼈 두 개가 다 부러졌을 경우는 대개 골절의 일반적인 증세가 나타나나 한 개만 부러졌을 때는 기형은 별로 나타나지 않아 시간을 지체하는 경우가 많고 특히 발목 바로 위의 골절은 단순한 인대의 손상으로 잘못 판단하는 경우가 많으므로 주의한다.

응급처치 방법은 발끝을 힘있게 잡아올려 그 밑에 베개나 담요를 집어넣고 무릎 위로부터 발끝까지 미치는 부목을 담요나 베개 위에다 대고 붕대를 감는다. 부목이 없으면 양다리 사이에 부드러운 물건을 고이고 손상입지 않은 다리에 묶어 고정시킨다.

16) 발목 골절

발 전체를 베개 위에 올려놓고 붕대를 감는다. 만일 베개가 없으면 발뒤축으로부터 무릎 바로 아래까지 닿는 부목을 싸서 양쪽에 하나씩 대고 묶는다.

4.3.6 쇼 크

쇼크(Shock)란 각종 원인에 의해 정신적, 신체적으로 충격을 받은 경우에 혈액 순환의 이변이나 혈압의 변화에 의해 생기는 것으로 몸 전체의 기능이 쇠약해져 부상 부위는 물론 전신으로 광범위하면서 막연히 원기가 없는 상태를 말한다.

1. 쇼크의 원인

쇼크를 일으키는 원인은 다음과 같다.

① 단기간에 다량의 출혈을 한 경우로서 출혈량이 1,000cc 정도 되면 쇼크 상태에 빠진다. 같은 양의 출혈이 있더라도 단기간에 이루어지면 위험성이 훨씬 크다.
② 보통 정도의 출혈이라도 지혈을 하지 않고 오랫동안 방치해 둔 경우 부상자의 체력이나 기력이 쇠퇴해져 끝내는 쇼크를 일으키게 된다.
③ 부상자를 난폭하거나 거칠게 취급한 경우 쇼크를 일으키는 경우가 있다.
④ 부상자의 운반은 조용하고 안전한 방법을 택해서 다소 시간이 걸리더라도 적당한 체위를 유지해서 신중하게 해야 한다.
⑤ 겨울철의 추위나 매우 온도가 낮은 장소에서 장시간 노출되었을 경우 쇼크를 일으킬 위험이 크므로 기후나 장소에 따라서 보온을 하거나 시원하게 하여 미리 쇼크를 예방한다.
⑥ 머리나 흉부의 손상은 쇼크의 원인이 되기 쉽다.
⑦ 심신의 피로나 쇠약, 수면부족, 기아, 질병 등이 쇼크의 원인이 된다. 또한 심리적인 불안, 공포, 격심한 통증도 쇼크를 일으킬 수 있다.

2. 쇼크의 증상

쇼크의 증상은 다음과 같다.

① 안면, 입술, 수족, 피부색이 청백색으로 되고 축축하게 식은 땀을 흘린다.
② 맥박은 빠르고 미약하며 때로는 점차 미약하게 된다.
③ 기력이 쇠약해지고 힘이 빠지며 눈은 얼빠진 모양으로 광채가 없어진다.
④ 메스꺼움을 느끼며 구토나 헛구역질을 한다.
⑤ 호흡은 얕고 불규칙하지만 점차 깊고 긴 호흡이 교차되어 나타난다.
⑥ 동공이 확대된다.
⑦ 쇼크가 심할 경우 의식을 잃는다.

3. 쇼크의 응급처치

쇼크의 응급처치법은 다음과 같다.

1) 체 위

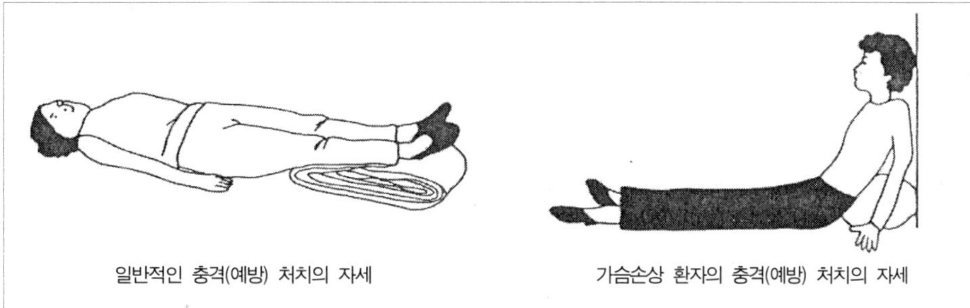

그림 4-39 • 쇼크시의 체위

쇼크가 일어나면 심장과 뇌로 흐르는 혈액이 적어지므로 머리와 몸을 수평으로 눕혀 혈액이 충분히 흐르도록 한다. 만약 머리에 부상이 없으면 뇌에 혈액이 보다 많이 흐르도록 하기 위해 하체를 20~30cm 정도 높혀준다. 가슴에 부상을 당하여 호흡이 힘든 환자인 경우에는 호흡을 좀 더 쉽게 하도록 부상자의 머리와 어깨를 높게 하여 눕힌다. 의식이 없는 환자를 무리하게 일으키거나 움직이지 않으며 기도를 개방하여 편안한 자세로 눕힌다.

2) 보 온

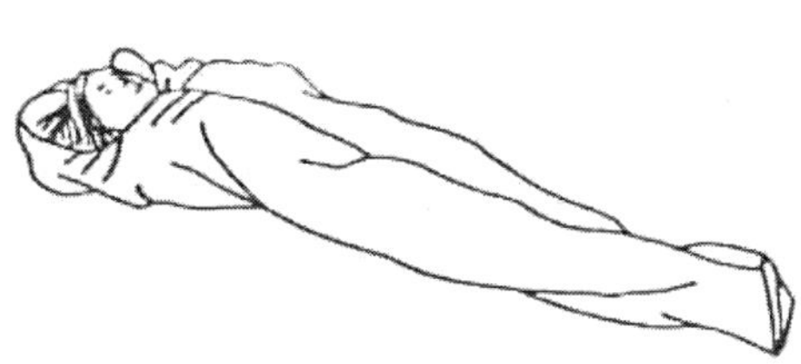

그림 4-40 • 보 온

① 땀이 나지 않을 정도로 적당히 보온을 한다.
② 보온을 위해 따뜻한 물통을 수건에 싸서 넣어주면 좋다.
③ 상처가 크거나 통증을 느낄 때는 보온을 하지 않는다.
④ 담요로 몸을 감싸고 바닥에는 침상, 돗자리, 신문지 등을 깔아준다.

⑤ 젖은 옷은 따뜻하고 건조한 옷으로 갈이 입히며 일사병, 열사병 등의 높은 열에 의한 환자는 시원하게 해준다.

3) 음료수

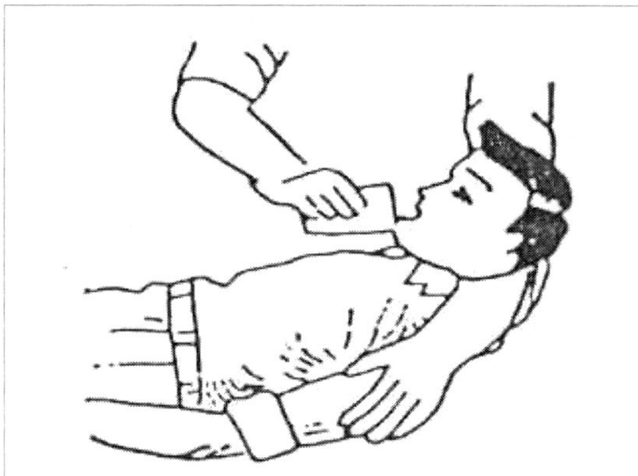

그림 4-41 ◦ 음료수의 공급

① 의식이 없거나 희미한 환자에게는 질식의 위험이 있기 때문에 음료를 주는 것을 신중하게 고려한다. 그러나 열사병, 일사병 심한 설사로 인한 탈수의 경우는 수분을 신속히 섭취하도록 한다.

② 머리, 배, 가슴의 손상, 내출혈 등으로 수술을 해야 하는 환자에게는 절대로 음료를 주지 않는다. 환자가 심하게 음료를 원할 경우에는 천에 물을 적셔 입술에 대어주도록 한다.

4.3.7 붕대 및 삼각건 사용법

1. 붕 대

붕대는 부목을 고정하고 압박하여 출혈을 방지하며 골절의 경우에 골절 부위를 고정하는 데 이용되는 천이다. 붕대를 이용할 때 주의 사항은 풀어지지 않게 묶어야 하고 혈액순환이 안 될 정도로 꽉 메어서는 안된다는 것이다. 붕대를 묶는 방법은 그림 4-42와 같다.

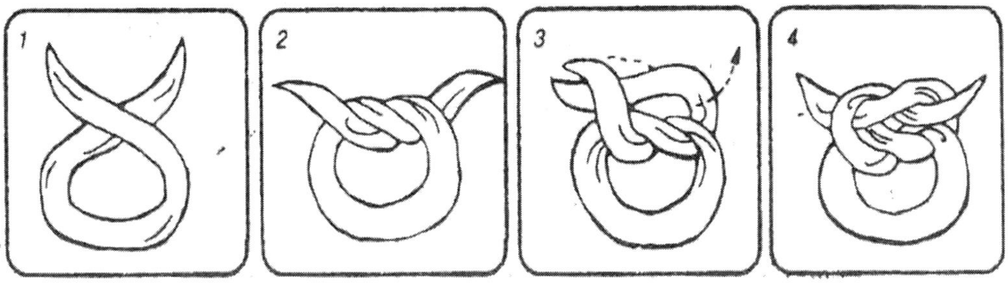

그림 4-42 ● 붕대를 묶는 방법

응급처치에 쓰이는 붕대의 종류는 다음과 같다.

1) 삼각건

삼각건은 광목이나 그 밖의 부드러운 90～120cm 너비의 천을 대각선으로 잘라 만들 수 있다. 삼각건은 반창고가 없어도 상처에 대어진 거즈 등을 고정시킬 수 있으며 상처의 처치에 손쉽게 사용할 수가 있기 때문에 응급처치용으로 대단히 편리하다.

2) 롤 붕대

멸균된 거즈 롤 붕대가 이상적이며 필요에 따라 너비와 길이로 잘라 쓸 수가 있다. 롤 붕대는 너비가 좁아서 겉이 고르지 못한 신체 부위에 쓰기에 편리하다.

3) 사두 붕대

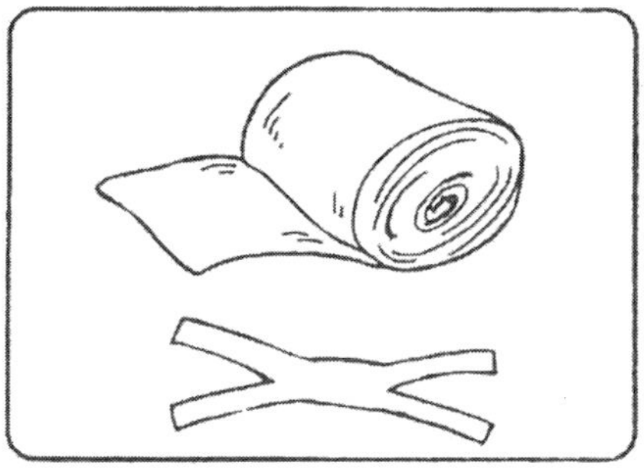

롤붕대(위)와 사두붕대(아래)

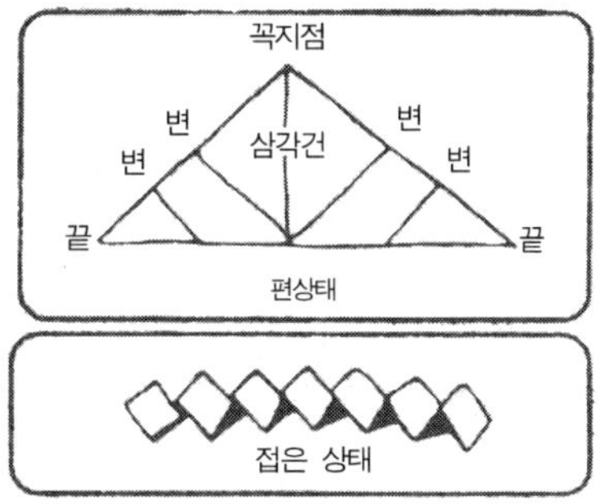

삼각건

그림 4-43 ● 붕대의 종류

거즈로 이 붕대를 만들어 쓸 수 있으나 좀 더 두꺼운 천으로 양 끝을 중앙을 향하여 찢어 중앙에 필요한 부분을 남겨 만든다. 이 붕대는 만들어진 모양이 네 귀가 있어 사두붕대라고 한다. 사두붕대는 묶을 때 중앙의 찢기지 않은 부분이 사용되므로 특히 코나 턱같이 돌출된 부분에 댄 거즈 등을 고정시키는데 편리하다.

4) 넓은 붕대

배나 가슴의 창상 혹은 화상에 쓸 넓은 붕대가 필요할 때 사용하며 너비 30~40cm, 길이 1~1.6m의 네모진 헝겊으로 만든다. 이 붕대는 상처에 거즈 등을 댄 후 넓은 헝겊을 부상자의 등에서 앞으로 둘러싸서 묶는다.

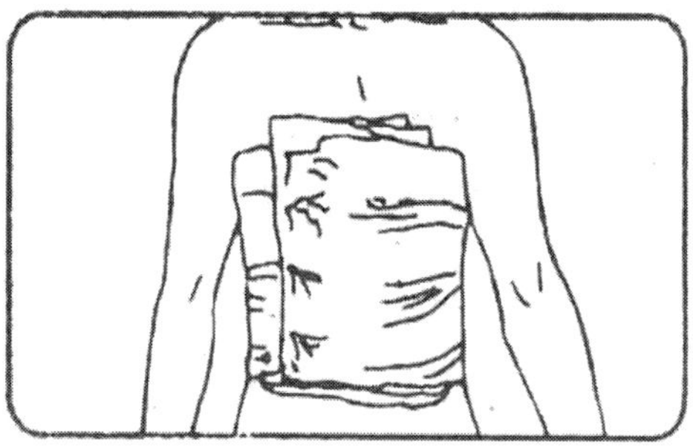

그림 4-44 • 넓은 붕대

2. 삼각건

1) 삼각건 접기

삼각건을 접어서 쓰려면 그 꼭지점을 밑변의 중심에 가져다 놓고 쓰기에 알맞은 너비가 되기까지 몇 번 더 접으면 된다.

2) 머리의 삼각건 사용법

머리에 넓게 상처를 입었을 경우나 상처에 댄 거즈 등을 고정하기 위하여 이용한다. 먼저 삼각건의 밑변 부위를 폭이 약 5cm 되게 접은 후 접힌 부분이 밖으로 나오게 하여 삼각건의 양 옆을 쥐고 밑변의 중앙부가 이마의 가운데에 오도록 하여 뒤로 돌려 감는다. 붕대의 양끝을 양쪽 귀 뒤로 가게 하여 뒷머리의 밑에서 엇갈려 다시 앞으로 돌려 앞 이마 중앙에서 묶는다. 그 다음 한 손으로는 머리를 꼭 잡고 다른 손으로는 삼각건의 꼭지점 쪽 밑으로 잡아당기어 뒷머리에서 핀 등을 이용해서 묶는다. 핀이 없을 경우는 삼각건이 교차된 곳에서 붕대 밑에 접어 넣는다.

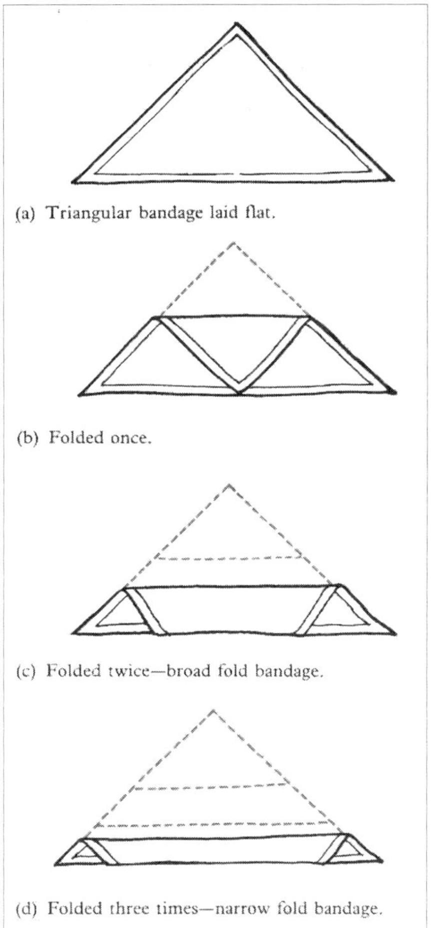

그림 4-45 • 삼각건 접기

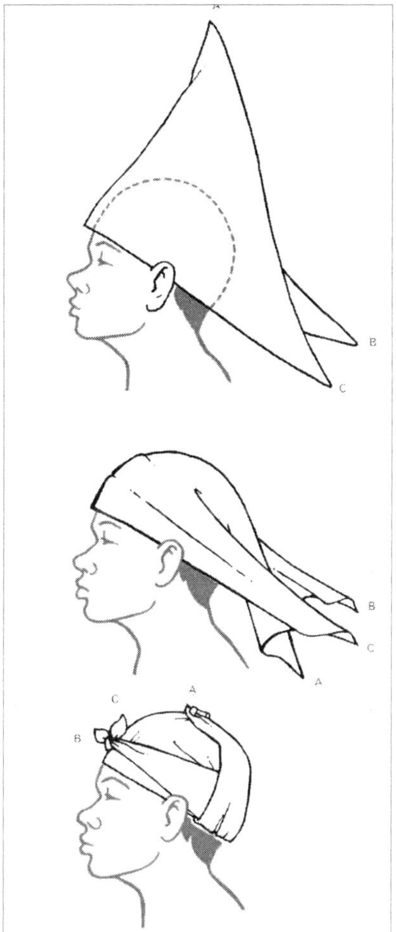

그림 4-46 • 머리와 삼각건 이용법

3) 얼굴의 삼각건 사용법

얼굴에 화상이나 상처를 입었을 때 삼각건을 사용하면 매우 편리하다. 삼각건의 꼭지점으로부터 약 10cm 정도에서 홀 매듭을 하고 이 부분을 부상자의 머리 위에 두고 얼굴과 턱에까지 내려오도록 하여 양 끝을 목 뒤에서 교차시켜

턱, 귀를 포함한 얼굴 전체와 목을 싸고 턱 밑에서 묶는다. 두 눈과 코 있는 부분에 구멍을 내어 숨을 쉬고 보는 것을 쉽게 하여 준다.

4) 어깨의 삼각건 사용법

어깨나 상박에 댄 넓은 드레싱을 고정하기 위하여 2개의 삼각건을 이용한다. 먼저 펴놓은 삼각건의 중심에 다른 삼각건의 꼭지점을 놓고 밑변이 평행하도록 하여 밖에 있는 꼭지점을 밑변에 대어 세 번 접는다. 접은 삼각건으로 상처를 덮고 접은 삼각건의 양끝은 부상당하지 않은 쪽의 겨드랑이 바로 앞에서 묶는다. 그 이후 상처에 드레싱을 대고 그 위로 넓게 펴져 있는 삼각건을 덮고 삼각건의 양 끝을 겨드랑이 밑으로 돌렸다가 다시 상박부로 돌려서 단단히 맨다. (그림 4-47의 a, b, c)

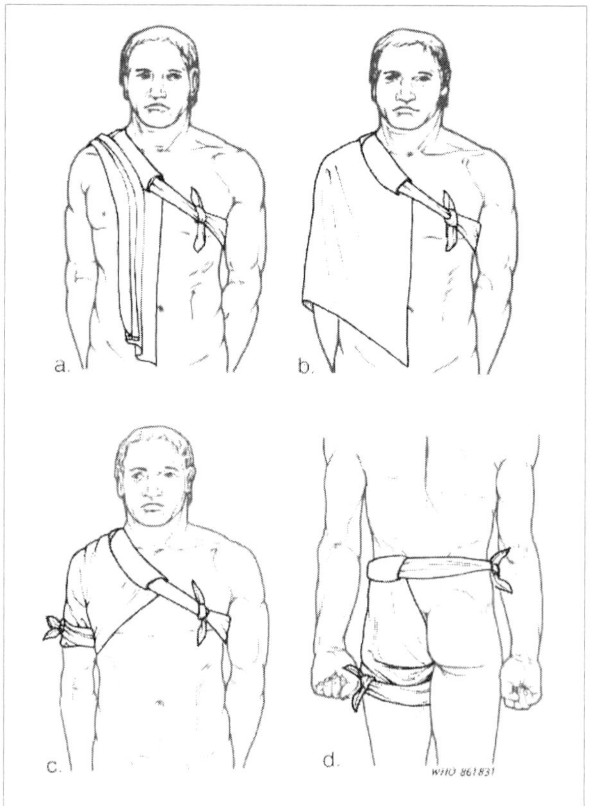

그림 4-47 • 어깨와 엉덩이의 삼각건 이용법

5) 엉덩이의 삼각건 사용법

먼저 상처에 드레싱을 대고 1개는 상처를 감싸고 2개의 삼각건으로 위쪽과 아래쪽을 묶는다.(그림 4-47의 d)

6) 무릎의 삼각건 사용법

삼각건의 꼭지점을 위로 놓고 아래 부분을 폭 10 cm로 접은 후 상처에 대고 양 끝을 돌려 앞에서 묶는다.

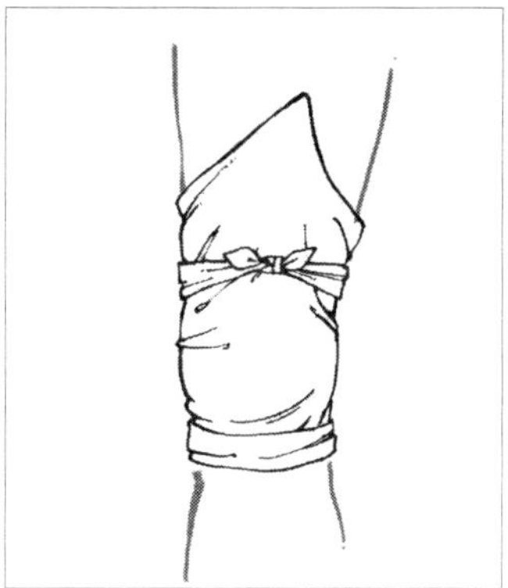

그림 4-48 ● 무릎의 삼각건

7) 가슴의 삼각건 사용법

가슴에 창상이나 화상을 입었을 경우 넓은 드레싱을 고정시키는 데 삼각건을 사용한다. 부상당한 쪽의 어깨 너머로 편 삼각건의 꼭지점을 넘겨 놓고 삼각건으로 가슴에 있는 상처를 덮은 다음 삼각건의 양 끝을 등에 돌려 부상당한 어

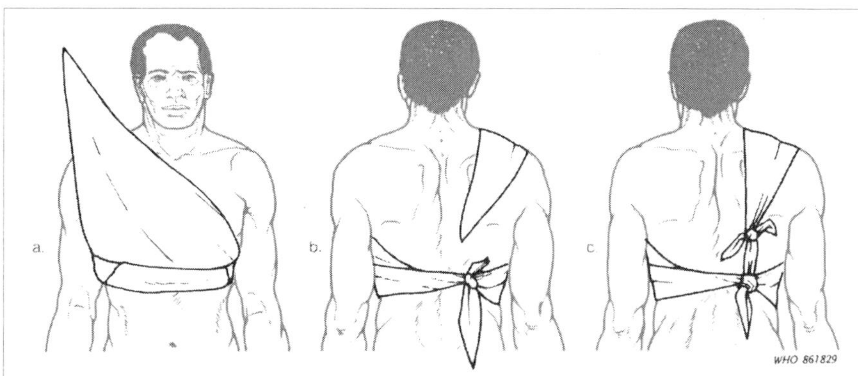

그림 4-49 ● 가슴의 삼각건 이용법

깨의 바로 밑에서 묶되 삼각건의 한 끝은 길게, 다른 한 끝은 짧게 남기면서 맨다. 길게 남아 있는 삼각건의 끝을 등 위로 올려서 어깨 위에 넘겨진 삼각건의 끝과 함께 묶는다.

8) 손의 삼각건 사용법

창상이나 화상을 입은 곳에 먼저 드레싱을 댄 후 삼각건을 펴놓고 그 위에 손을 놓아 상처가 있는 쪽을 위로 한다. 손가락 끝을 꼭지점으로 향하게 하여 놓고 꼭지점을 손등쪽으로 당겨 손을 충분히 덮고 꼭지점이 팔목에 닿게 겹쳐 놓은 다음 삼각건의 양 끝을 손목에 한 번 교차시켜 감고 양 끝을 다시 한 번 더 손목에 돌려서 묶는다.

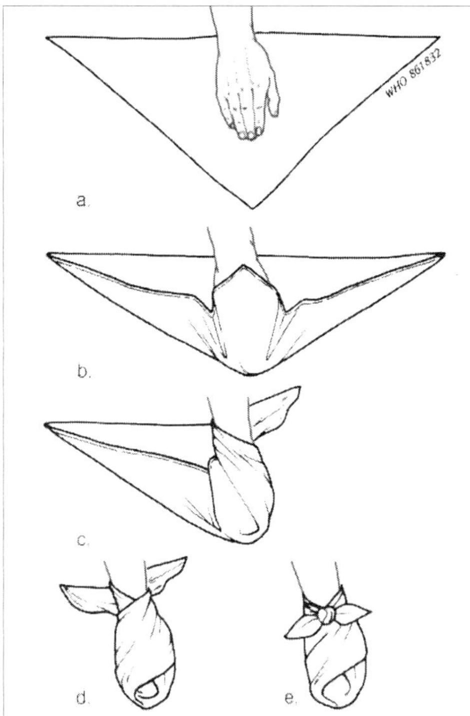

그림 4-50 • 손의 삼각건 이용법

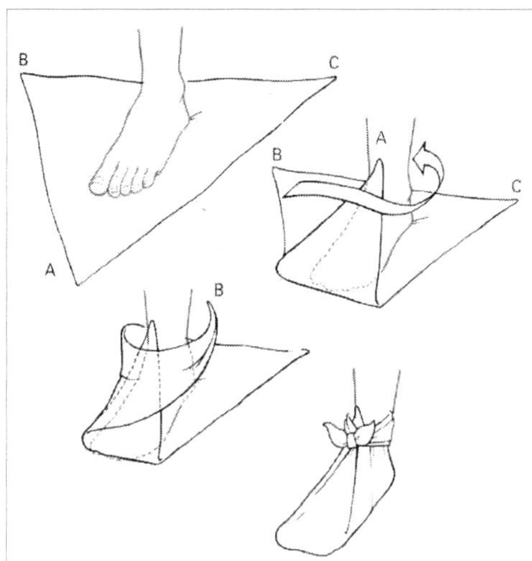

그림 4-51 • 발의 삼각건 이용법

9) 발의 삼각건 사용법

손의 삼각건 사용과 같은 방법으로 발 상처의 드레싱을 고정하는 방법이다. 신발을 벗기고 발에 감아서 발목에서 묶는다.

제 Ⅳ편

비상대응

제5장 선박 비상대응 절차

5.1 비상대응 개요

5.1.1 비상대응 목적

선박에서의 비상사고 발생시 신속하고 원활한 사고의 처리 및 대피요령을 규정함으로써 인명 피해를 비롯한 선박, 화물 등의 피해를 최소화하기 위함에 있다.

5.1.2 비상사고

비상사고는 인명, 선박 및 화물에 중대한 위험을 주거나 손상 또는 손실 및 환경오염을 유발시킨 사고를 말한다.

5.1.3 비상사고의 보고 및 조치사항

1. 비상사고의 보고

1) 보고원칙

선 조치－후 보고 / 선 전화－후 보고서 제출을 원칙으로 하며 본선에서 이용 가능한 통신 수단 중 가장 빠르고 정확한 수단을 이용하여 보고한다.

2) 보고처

유형에 관계없이 발생신고는 안전경영책임자에게. 중간보고, 종결보고, 및 기타 보고는 운항부서장에게 행하며 비상연락체계를 참고해 회사로 보고한다.

2. 보고형식 및 작성요령

1) 보고형식

비상사고의 보고는 다음 사항을 포함하여 6하 원칙에 의거 간결, 명료하게 작성해야 한다.

① 선박명
② 사고유형
③ 사고발생 일시 및 장소
④ 사고원인(모를 경우 추정원인)
⑤ 구조의 필요성 여부
⑥ 인명손상, 기름유출 등의 2차 재해 여부
⑦ 본선 조치사항
⑧ 회사 지원 요청사항
⑨ 감항성 등 기타 필요사항 및 본선의견

2) 작성요령

① 일련번호를 붙여 사고의 진행을 알기 쉽게 작성하고 기록 보고된 내용의 반복은 피한다.
② 사용시간은 세계시 및 현지시간을 함께 기재한다.
③ 회사의 별도 지시가 없는 한 위험한 상태에서 벗어나기까지는 최대 4시간 간격으로 보고하되 상황 변화가 없는 경우는 "변화 없음"을 기재한다.
④ 사용방위는 진방위로 표시한다.

3. 종결시점

1) 인명사고

① 상병 : 더 이상의 치료가 불가능하여 하선조치시키거나 또는 원인 소멸 후 보고시점
② 사망 : 사망인지 후 보고시점
③ 실종 : 구조가 완료되거나, 구조를 포기 또는 종결한 후 보고시점

2) 화물사고

손상원인이 제거되어 확산이 방지되거나 또는 손상화물 양하 완료 후 보고시점

3) 해양오염사고

오염이 제거되거나 또는 더 이상의 오염 확산이 방지된 후 보고시점

4) 선체 및 기관 사고를 포함한 기타 비상사고

복구 또는 수리 완료 등의 비상사고 발생보고의 원인이 제거된 후 보고시점

4. 비상사고시 구조순서

인 명 → 선 박 → 화 물

선장은 인명, 선박, 화물 및 해양오염 등에 긴박한 위험이 있다고 판단될 경우 이를 방지하기 위하여 하기의 조치를 취할 수 있다.

① Tug의 요청
② 구조계약 체결
③ 화물의 해상투기
④ 이로
⑤ 임의 좌초

5. 비상대응 및 처리

비상상황 식별/파악 및 비상배치

↓

긴급조치의 시행/사고, 준사고 보고

↓

후속조치(선박+육상부서+육상기관)

↓

경과보고

5.2 화 재

5.2.1 기관실 화재

1. 개 요

기관실의 소규모 화재(火災)는 휴대용 소화기를 이용하여 신속하게 진화해야 한다. 기관실 화재진화 후 항해불능상태가 되는 가장 큰 원인은 추진기관의 소손과 해수가 침수된 전기 케이블의 기능상실에서 온다. 따라서 휴대용 소화기로 진화하다가 실패시 지체 없이 고정식 소화기를 사용해야 한다. 기관실의 경우는 해수는 고정식 소화기마저 실패했을 최악의 경우에만 사용을 고려해야 한다.

2. 고정식 소화제 방출

1) 기기 정지 및 연료의 차단

초기 진화에 실패하고 열기와 연기 때문에 더 이상의 소화 작업이 곤란하여 화재 장소를 퇴각할 경우 Emergency-A Button을 눌러 운전중인 연료이송펌프, 연료 순환펌프 및 청정기를 포함한 연료이송계통의 운전을 중지시켜야 한다. 또한 Quick Closing Valve를 작동시켜 각 탱크의 연료가 Line에 들어가지 못하게 한다.

2) CO_2 방출

모든 FAN을 정지시키고 동시에 모든 개구부를 폐쇄하고 CO_2 경보를 발령한다. 기관실 화재는 표면화재로 불의 전파속도가 빠르므로 고정식 소화기 방출시 신속히 시행해야 한다. SOLAS 규정에 명시된 것처럼 CO_2 장치는 2분 이내에 기관실에 필요한 용량의 85%를 방출할 수 있어야 하므로 자동방출을 실패했을 경우에는 전 승무원을 CO_2 Room에 배치시켜 CO_2 Bottle을 Open 시켜야 한다.

3) 2차 화재예방

① 기관실 인접한 모든 공간을 화재중이나 화재 후에도 격벽의 과열로 인한 화재 확산을 방지하기 위해 계속적으로 순찰을 실시한다.

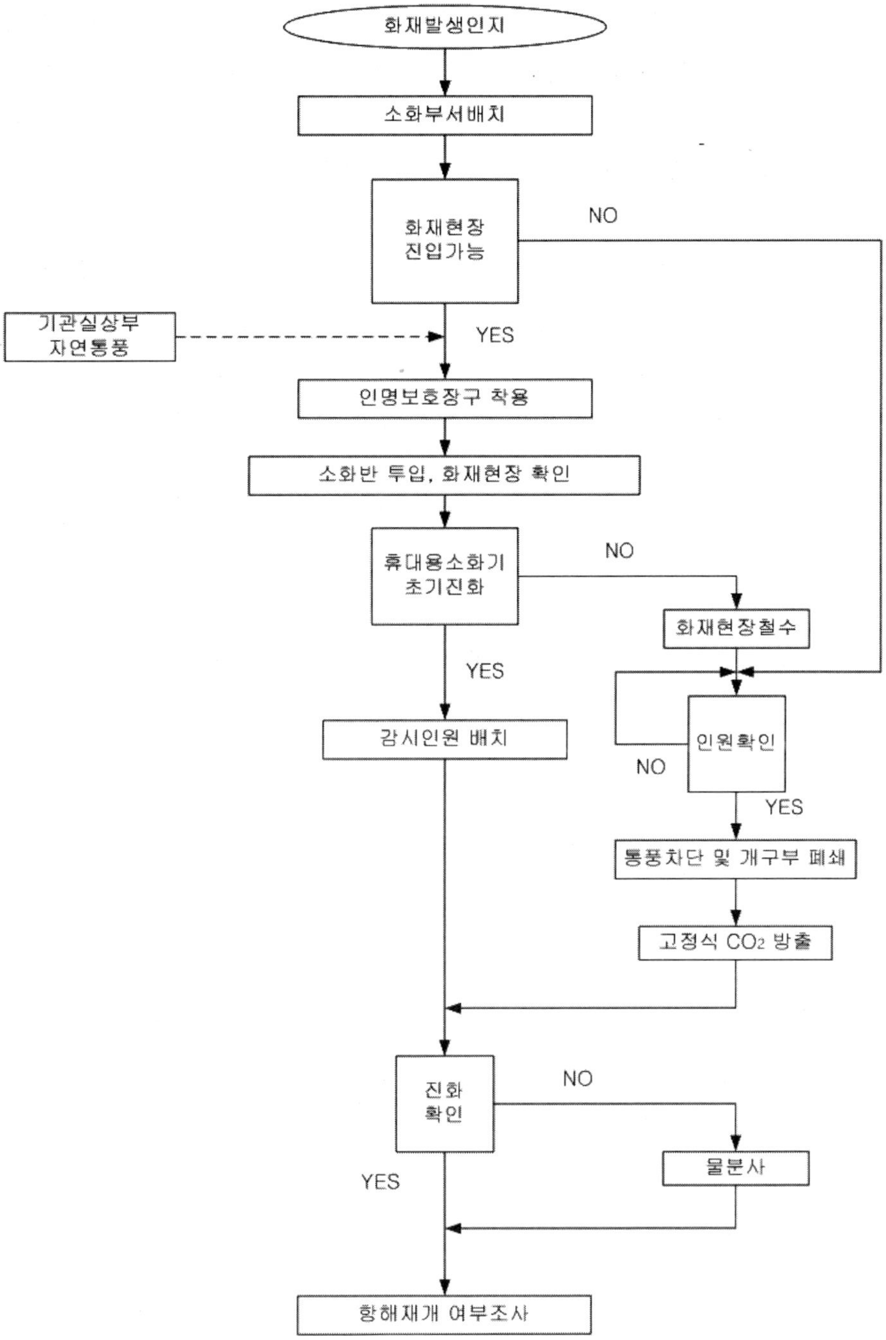

그림 5-1 ◦ 기관실 화재진압 Flow Chart

② 화재구역의 밀폐시간은 화재의 크기, 화재구역의 크기, 연소된 물질의 종류 및 진화의 잔열 정도 등 여러 가지 요인에 따라 달라진다.
③ 진화여부를 확인하기 위한 최초 진입은 진입구에 수소화 또는 이동식 소화장비를 준비하여 만약 대비하고 자장식 호흡구와 구명줄을 사용하여야 한다.
④ CO_2의 특성상 화재구역 내 진입시 CO_2의 농도를 3~4%로 낮추어 놓지 않으면 위험하다. 만약 진입했던 사람이 화재나 CO_2 질식에 의해 위험할 경우 구조팀이 즉시 구조해야 한다. 구조팀은 의료 요원과 자장식 호흡구를 준비해야 한다. 의식이 없을 경우 옮겨오는 즉시 인공호흡을 실시해야 한다.
⑤ 충분한 통풍 후 각 위치별 당직자를 배치하여 2차 화재발생을 경계해야 한다. 이 때 휴대용 소화기를 지참토록 해야 한다.

5.2.2 Car Deck 화재(자동차 운반선)

1. 개 요

자동차 운반선에서 Car Deck내 화재는 기관실과 같은 표면화재로 불의 전파 속도가 빠르므로 화재를 인지하는 화재 감시장치(Fire Detector System)는 Scan-Off 없이 항상 잘 운영되도록 관리하여야 한다. 또한 자동차 운반선의 방화구역은 Deck별로 Group이 되어 있기 때문에 Group별 Gastight Door는 철저히 닫아 화재가 다른 Deck로 전이되는 것을 막고 CO_2 방출시 효과적으로 되도록 해야 한다. 자동차 운반선은 선박 자체, 자동차 자체 또는 복합적으로 작용하여 화재가 발생하는 경우가 있으므로 화재에 대비하여 각 Group별로 철저히 분리상태를 유지해야 한다.

2. 고정식 CO_2 방출

각 Deck Group별 소요 CO_2량의 2/3를 10분 이내에 방출할 수 있는 설비를 갖추고 있으므로 Maker Instruction에 따라 CO_2 방출 Valve를 제대로 작동시켜야 한다. 따라서 Car Deck에 전량 CO_2 방출에 소요되는 시간은 15분 정도이다.

3. Car Deck 외부 냉각

CO_2 방출과 동시에 소화펌프를 이용하여 화재가 발생한 Car Deck 주위의 외판에 계속 물을 뿌려 냉각을 돕는다. 물을 뿌리는 것은 외판에 더 이상 김이 발생되지 않을 때까지 계속한다.

4. 2차 화재예방

① 가능하면 화재발생 Car Deck와 인접한 모든 공간을 화재중이나 후에 격벽의 과열로 인한 화재확산을 방지하기 위하여 계속적으로 순찰을 실시한다.

② 화재구역의 밀폐시간은 화재의 크기, 화재구역의 크기, 연소된 물질의 종류 및 화재의 잔열 정도 등 여러 가지 요인에 따라 달라 일률적으로 시간을 결정하기 어려우므로 수 시간 또는 수 일이 필요할 수 있다.

③ Car Deck 최초 진입 점검은 진입구에 수소화 또는 이동식 소화장비를 준비하여 만약에 대비하고 자장식 호흡구를 착용한 상태로 시행한다. 자동차 타이어와 시트에 잔존 불씨가 남아 있을 수 있으므로 유의해서 살펴보아야 한다.

④ Car Deck내 진입하여 점검 후 통풍을 시행한다. CO_2의 특성상 화재구역 내 진입시 CO_2의 농도를 3~4 %로 낮추어 놓지 않으면 위험하다.

⑤ Car Deck 통풍 시행시 당직자를 배치하여 2차 화재발생을 경계하여야 하며 이때 휴대용 소화기를 지참토록 해야 한다.

⑥ 통풍 시행시 화재로 소손된 차량에 청수를 살포하여 2차 화재를 예방하고, 청수 사용이 불가시에는 해수를 사용할 수 있다.

5.2.3 Container 및 Bulk Carrier Hold 화재

1. 개 요

Container나 Bulk Carrier Hold 화재는 심층화재로 분류하며 통상 신속히 진화되지 않는 속성이 있다. 발화중인 표면연소는 CO_2로 진화가 되지만, 안쪽으로 연기를 내면서 타고 있는 물질은 장시간 동안 CO_2를 방출하여 불활성 분위기로 유지해서 물질의 열을 진정시켜야 한다. 누설되는 CO_2와 공기가 들어오는 개구부를 차단하여 화물구역을 가능한 밀폐시키는 것이 중요하다. 진화에 사용할 제한된 CO_2량은 이용할 수 있는 최적 사용 가능성을 고려해야 한다. CO_2의 진화 효과는 화재장소의 개구부를 확실히 폐쇄시켜야 배가 될 것이다.

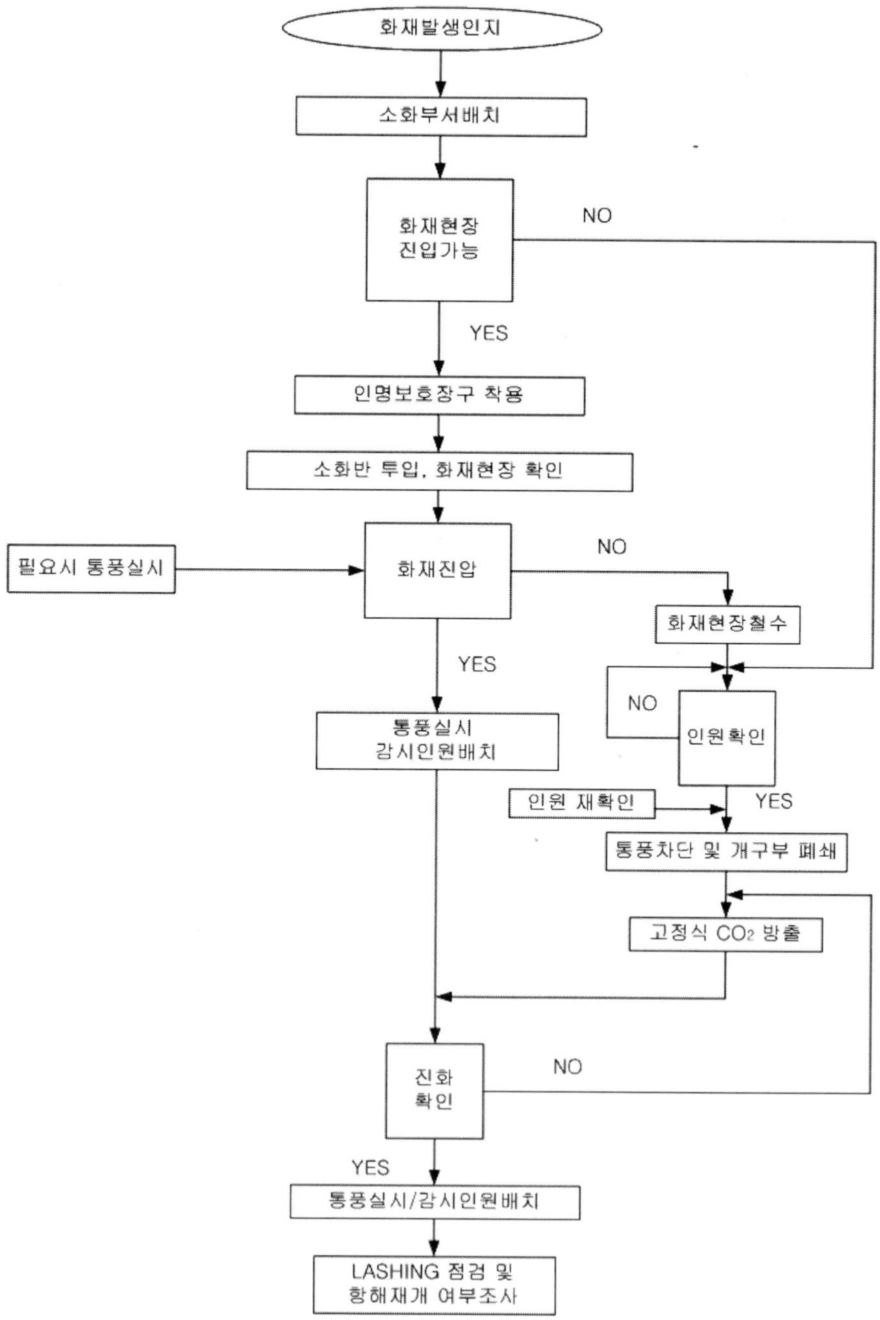

그림 5-2 • Car Deck Flow Chart

CO_2 시스템 작동 전에 화재위치를 확인하고 개구부를 폐쇄하는데 지연되는 시간을 가능한 최소화하는 것이 중요하다.

2. CO_2 방출

CO_2 소화 시스템은 보통 CO_2 Room에 있는 CO_2 실린더를 이용한다. 해당공간의 용적에 따라 필요한 실린더 숫자가 결정된다.

① 시스템 작동 전 해당구역에 사람이 존재하지 않는 것을 정확히 파악해야 한다. 효과를 높이기 위해 모든 개구부, 환기구, 측심구, 해당구역과 연결된 구멍들을 차단한다.
② 해당된 구역의 분기판 밸브로 가서 화재구역의 체적에 해당하는 지정된 숫자의 실린더를 방출시킨다.
③ CO_2를 초기 방출시 Deck나 Shell Plate에 해수를 뿌려 냉각을 돕는다.
④ 상기 작업 중 또는 항구 도착시까지 해당구역의 모든 개구부는 막아져 있어야 한다. CO_2가 방출된 구역의 Hatch Cover 또는 Opening은 항구 도착시까지 열지 않아야 한다. 이것은 연소된 Cargo를 냉각시키고 화재의 재발을 방지하기 위한 것이다.

5.2.4 유조선(Tanker) 화물구역 화재(pump room의 경우)

1. 개 요

Tanker의 Pump Room은 Cargo Oil Pump, Stripping Pump, Pipe Line 각종 Valve 등이 있어 Cargo Oil 누설 가능성이 항상 존재하므로 화재의 위험이 매우 높은 곳이다.

2. 초기조치

① 하역중이라면 즉시 Cargo Oil Pump Emergency Stop, Pump Suction Discharging Valve와 Manifold Gate Valve를 Close하고 Pump Room Fan Stop 등의 초기대응 조치를 실시함과 동시에 Shore Control에 통보한다.
② 초기 화재 진압은 휴대용 소화기 및 소화호스를 이용하여 신속히 진화하고 초기 진압 실패시 지체 없이 고정식 소화장치를 사용한다.

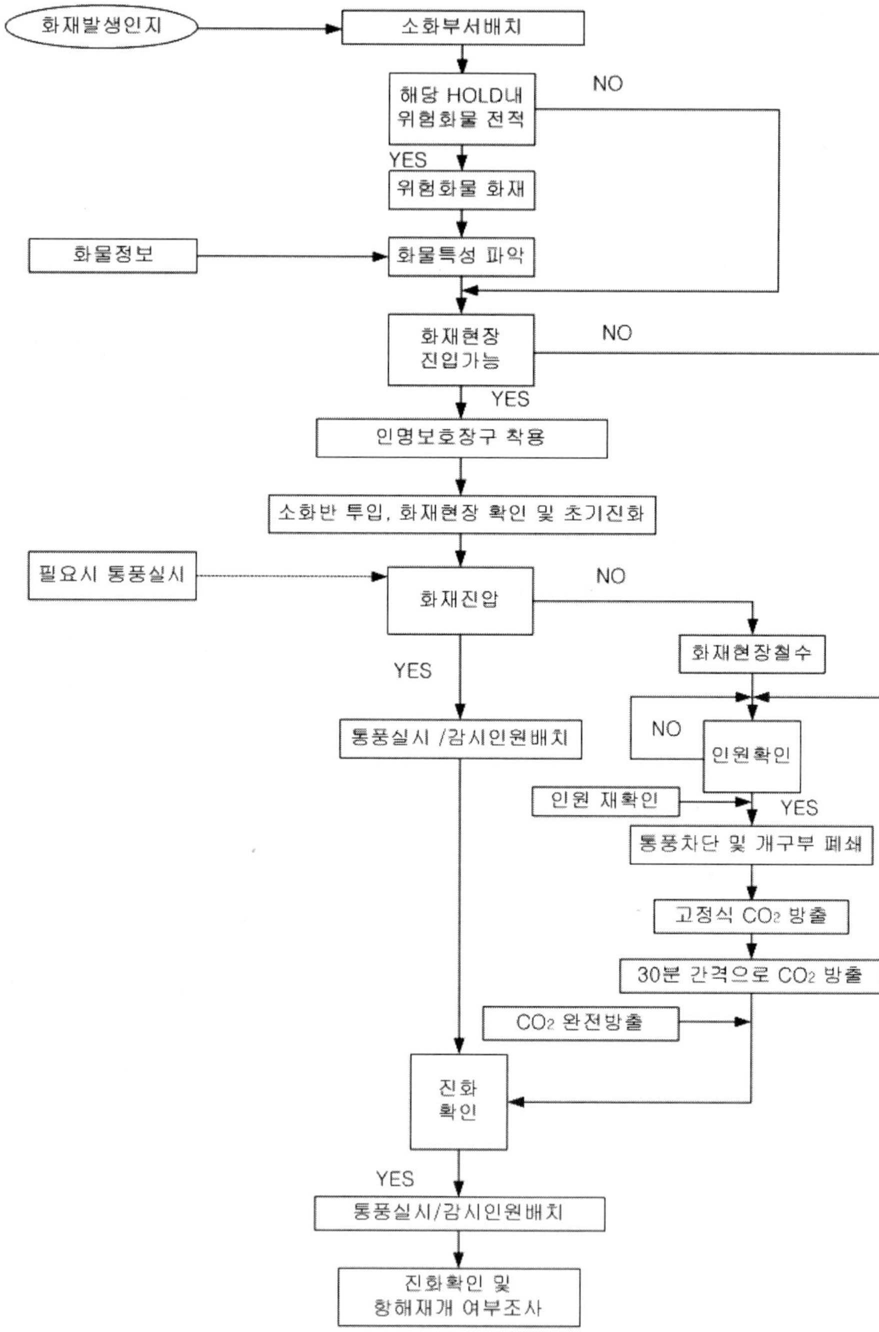

그림 5-3 • Cargo Hold 화재진압 Flow Chart

3. CO_2 방출

① SOLAS 제 2-2 장 63 규칙에 의거 외부로부터 용이하게 접근할 수 있는 장소에서 조작할 수 있고 기관구역에 적합한 고정식 소화장치(CO_2)가 설치되어 있다.

② 전 인원이 Pump Room으로부터 탈출하였는지 확인한 후 모든 개구부를 폐쇄하고 Pump Room에 CO_2 방출 Instruction에 따라 CO_2를 방출한다.

③ 이후의 절차는 기관실 화재의 경우와 동일하다.

④ 유조선 Pump Room 화재진압 Flow Chart

5.2.5 유조선(Tanker)의 화물구역 화재(deck의 경우)

1. 개 요

유조선은 선박의 특성상 화재에 매우 취약하다. Cargo Tank내의 공간에는 불활성가스(Inert Gas)를 공급함으로써 Tank내의 폭발 위험은 현저하게 감소되었으나 가연성가스는 밀폐구역 뿐 아니라 갑판상 또는 폭발 범위내의 상태에서 발화원이 있다면 폭발을 일으켜 큰 피해를 줄 수 있다. 또한 Pipe Line 누출 등으로 인한 누유시에도 화재의 위험이 높다.

2. 갑판상 화재의 소화장비

① 양현 Manifold 부근에 비치된 Portable Fire Extinguisher

② Sea Water Fire Main Line

③ Foam Fire Extinguishing System

3. 하역중지 및 초기진압

① 하역중이라면 즉시 하역을 중지하고 육상 통제실에 통보한다.

② 유류화재의 특성상 화재의 진행속도가 매우 빠르고 증발연소 및 확산 연소가 일반적이기 때문에 냉각소화만으로는 소화가 곤란한 경우가 많으므로 질식소화 또는 연쇄 반응 억제에 의해 소화하는 것이 효과적이다. 따라서 초기진압 실패시 지체없이 Foam Fire Extinguishing System을 사용한다.

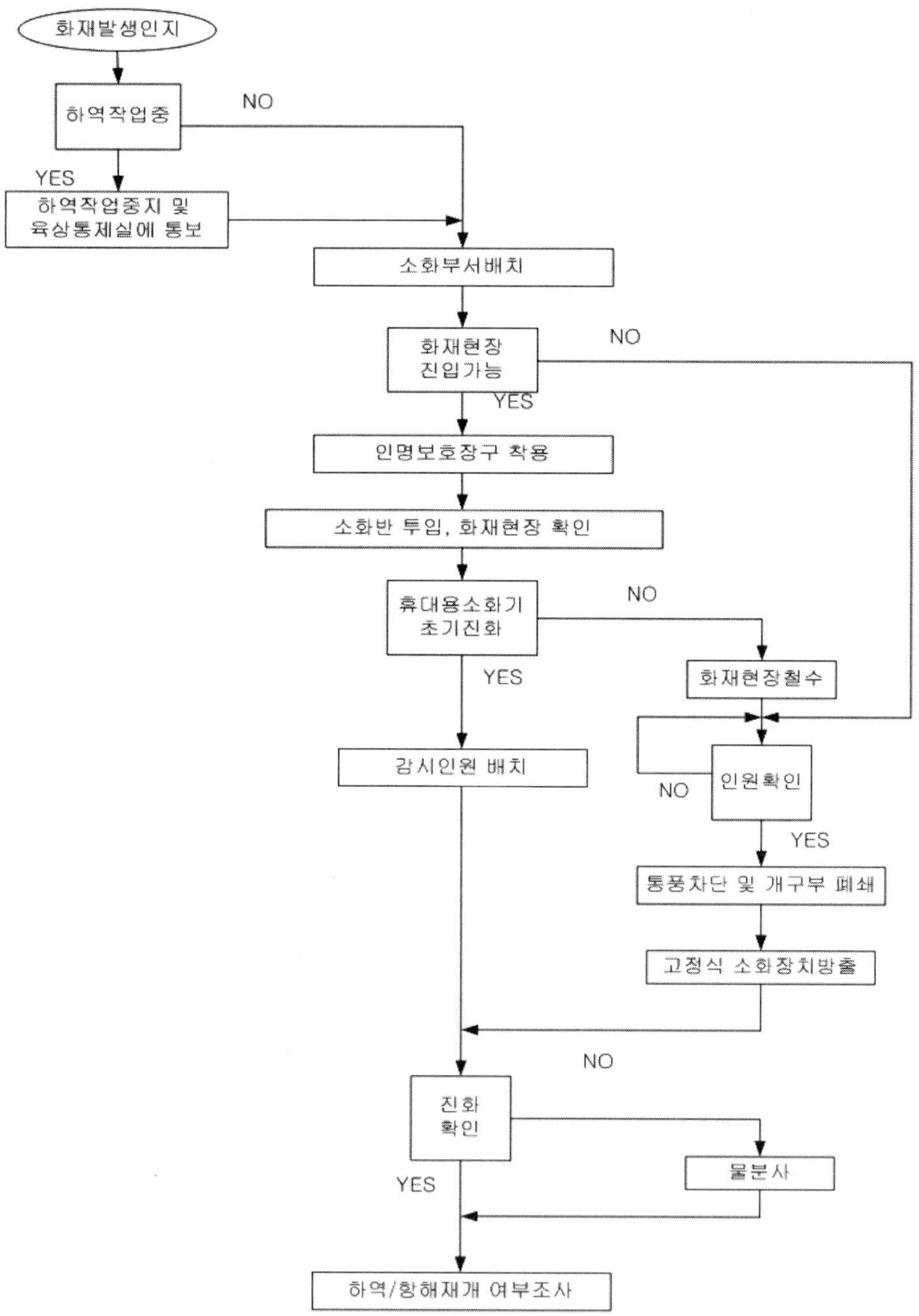

그림 5-4 ● 유조선 Pump Room 화재진압 Flow Chart

4. Foam Fire Extinguishing System

① 액체 폼은 Foam Tank에 저장되어 소화장치의 작동시 Foam Pump에 의해 혼합기로 유입된다.

② 주 소화 펌프는 소화장치에 해수를 공급하고 혼합기에서 액체 폼과 해수의 비율이 3 : 97로 서로 혼합된다.

③ 폼 모니터는 양현 거주구 전방 및 Cargo Tank의 상갑판 중앙부에 각각 위치하며, 폼 모니터에서 해수와 액체 폼의 혼합액은 공기와 2차 혼합하여 화재진압에 적절한 폼이 만들어진다.

④ 고정식 모니터에 추가하여 4개의 이동식 Foam 방사기가 상갑판 위에 설치되어 각각의 Hose를 가지고 있으며 이를 사용할 때에는 상갑판상의 폼 소화 Valve와 연결하여야 한다.

⑤ 폼 Pipe Line의 Isolating Valve는 각 모니터의 선미 방향에 하나씩 위치하며 선수 방향의 Pipe Line이 손상되었을 경우 사용한다.

⑥ 혼합 Foam액을 발화 부위에 직접 방사할 경우 화재가 확산될 수 있으므로 간접적으로 폼이 발화 부위를 덮을 수 있도록 하고 가능한 경우 바람이나 Deck의 경사를 이용한다.

⑦ 화재진압시 최대 2개의 모니터 또는 1개의 모니터와 2개의 이동식 폼 방사기를 사용한다. 만약 상기보다 많은 수의 모니터를 사용할 경우 개개의 성능은 저하된다.

⑧ 폼 원액이 전부 소모되면 모니터에서 물만 방사되고 그 상태로 계속 방사하면 폼이 희석되어 파괴되므로 즉시 중지하여야 한다.

5.2.6 LNG 화물구역 화재

1. 개 요

① LNG 화재는 LNG가 유출, 증발하여 화염을 뿜으며 타는 확산연소에 의한 압력 화재와 체류한 확산 가스에 착화할 경우 일어나는 폭발을 동반하는 혼합연소에 의한 POOL 화재가 있다.

② LNG 화재는 일반적으로 화재가 위험 부분을 가열하고 있는 경우는 규모가 확대될 가능성이 높으므로 가능한 빨리 소화하는 것이 좋으나, 반대로

확대될 가능성이 낮은 경우 급격한 소화 작업으로 가스를 확산시켜 확산된 가스에 의한 폭발의 위험성이 크므로 오히려 화재가 자연 연소되도록 두는 편이 안전하다.

③ LNG선이 일단 대화재로 발전하면 그 화세가 격한 동안은 거의 대처수단이 없다. 이와 같은 큰 위험이 잠재하기에 구조, 설비 및 운용상 안전대책을 철저히 이행하여 화재를 사전에 예방하는 방법이 취해지고 있다.

2. LNG 화재의 분류 및 소화방법

1) 압력화재(Pressure Fire)

Pipe Line에서 누설한 LNG의 화재와 같이 압력을 가진 LNG 또는 Vapor의 확산 연소물로 인한 화재를 말하며 소화방법은 다음과 같다.

① 하역중일 경우 ESD(Emergency Shut Down) System 작동
② 가까운 Valve를 폐쇄하여 가연물의 공급을 정지한다.
③ 육상 통제실에 화재사실을 통보한다. (하역중인 경우)
④ 화재는 타도록 놔둔다. 즉시 소화하면 가스가 확산되어 폭발의 위험이 있다.
⑤ 복사열을 경감시키기 위해 Water Spray에 의해 주위를 냉각시킨다.
⑥ 화재에 직접 물을 사용할 경우 물의 열에 의해 LNG 증발이 촉진되어 화재가 급격히 강해질 수 있으므로 물을 사용하여 소화하지 않는다.

2) Pool 화재(Pool Fire)

LNG의 공급을 정지할 수 없는 경우 또는 누설의 규모가 큰 경우에는 Pool 화재로 진행된다. 갑판상 또는 해면상에 모인 LNG의 화재를 말하며 그 소화방법은 다음과 같다.

① 압력화재의 경우와 같이 LNG의 누설을 정지함이 우선이다.
② 누설이 멈추면 즉시 Dry Chemical 소화장치에 의해 소화한다.
③ 이때 LNG를 교반(휘저어 섞음)하지 않도록 주의한다.
④ 복사열을 경감시키기 위해 Water Spray에 의해 주위를 냉각시킨다.
⑤ 화재에 직접 물을 사용하지 않는다.

3) 압력 · Pool 화재

Pipe LINE 등으로부터 LNG의 누설이 대규모로 발생한 경우 LNG에 충분한 열이 주어지면 Pool 화재를 동반한 압력/Pool 화재가 된다. 이 경우 압력을 가진 LNG 누설을 먼저 정지시키고 전술의 POOL 화재로 이행한 단계에서 적절한 소화작업을 행하여야 한다.

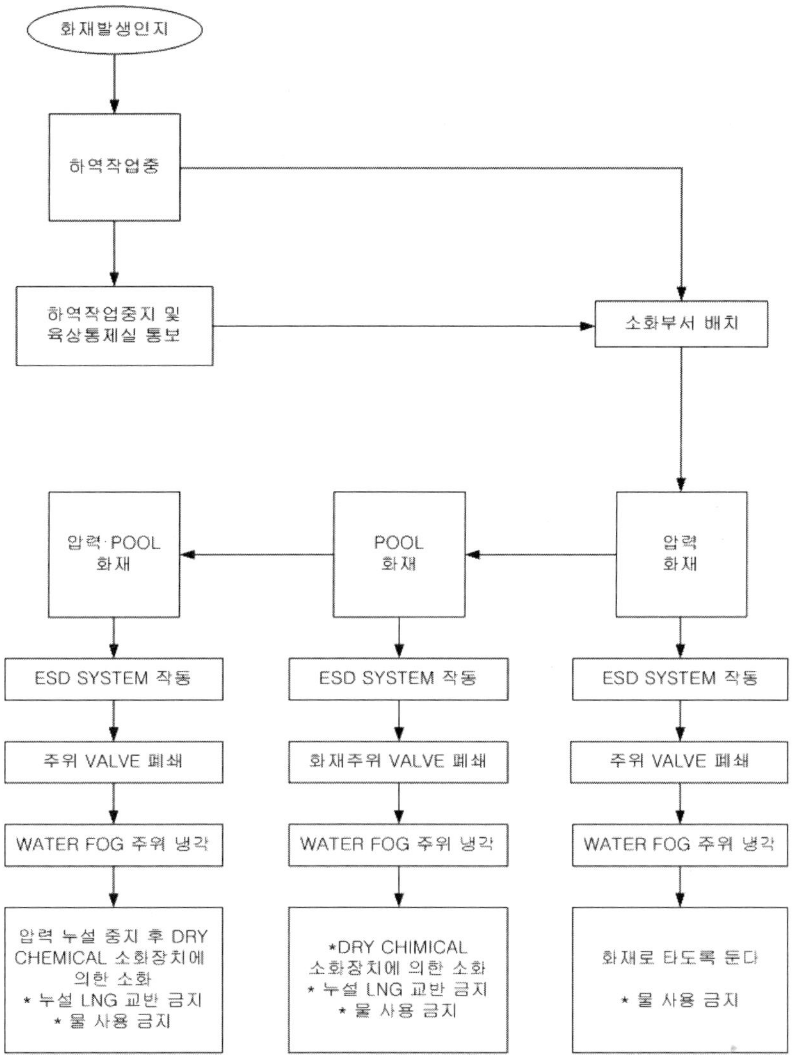

그림 5-5 ● LNG 화재진압 Flow Chart

5.2.7 화재시 비상대응 Check List

화재 · 폭발		
대응순서	대응방법	확인
1	최초 발견자 "불/폭발이야" 외치고 선교에 연락	
2	화재 경보를 울리고 비상 부서배치 발령, 선장 선교 위치	
3	화재/폭발장소 확인	
4	항해중 화재 확산방지 위해 화재 장소를 풍하측으로 조선	
5	화재/폭발장소 주변 냉각	
6	하역작업 및 Bunker 수급 중지	
7	통풍, Door, 전원차단, 화재장소의 가연성 물질 제거	
8	필요시 기관정지	
9	필요 없는 인원 사고 장소로부터 격리	
10	인원파악 및 부상자 유무 확인	
11	필요시 고정식 소화장치 작동	
12	회사에 보고	
13	항내 또는 항구에 근접해 있을 경우 항만당국, 육상소화기관, 대리점에 사고보고	
14	International Shore Connection 준비	
15	VHF CH.16 청취	
16	항해 중, 운전 부자유 등화/형상물 게시	
17	필요시 구조, 예인 또는 퇴선 준비	
18	화재/폭발 원인 파악	
19	본선(육상시설물) 손상정도 파악 및 복구 작업	
20	퇴선 여부 판단 및 회사에 보고	

5.3 충 돌

5.3.1 개 요

해상 물동량의 증가로 선박이 대형화되고 선속(船速)이 빨라지고 있으며 또한 선박의 척수도 급증하여 선박간의 충돌(衝突)사고가 많이 일어나고 있는 실정이다. 선박의 운항을 책임지는 사관으로서 이와 같은 충돌사고가 발생하지 않도록 최선의 노력을 할 것은 물론이지만, 불가피하게 충돌사고가 발생했을 때에는 최선의 조선(操船) 기술을 발휘하여 승조원과 본선의 안전을 도모함과 동시에 충돌사고의 결과를 최소로 줄이기 위해서 노력해야 한다.

5.3.2 선박 충돌시의 조치

① 비상경보를 울려라.

② 충돌로 인한 손상을 최소로 줄이기 위해 최선을 다해 충돌 회피동작을 취하라.

③ 충돌을 피할 수 없을 경우에는 가능한 선체의 속력을 줄여라.

④ 선장과 기관실에 보고하라.

⑤ 자동 수밀문과 소화문을 포함하여 모든 수밀문을 폐쇄(閉鎖)하라.

⑥ 충돌 즉시 자선 및 상대선의 선수방위 및 선위(船位)를 확인하라.

⑦ VHF 채널에 주파수를 맞춘다.

5.3.3 선박 충돌 후 조치

① 충돌사고 직전의 비상조치 못지 않게 사후처리도 매우 중요하다. 수많은 인명과 막대한 재산의 손실여부가 선장 한 사람의 판단 여하에 좌우될 수가 있다.

② 충돌 후 침몰의 위험이 예상될 때에는 최선을 다하여 인명을 대피시키고, 서항(徐航)하여 수심이 얕은 곳에 좌초시킨다.

③ 충돌 후 서로 떨어지고 우선 안전하게 보이면 모든 Tank를 Sounding하여 침수 여부를 확인하고, 감항성(勘航性)을 검토하여야 한다.

④ 충돌 후 손상 정도를 판단하여 계속 항해가 가능한가를 알아낼 때까지 엔

진을 사용하지 않아야 한다. 충돌 선박이 상대방 선박을 떠받치고 있을 경우 정신없이 기동하는 것은 양선(兩船) 모두 손실을 초래할 수 있음을 명심해야 한다. 서로 떨어질 때는 선체의 구멍이 더욱 악화될지도 모른다.

⑤ 충돌 후 손상받은 장소의 근처에 있는 모든 소화 장비를 안전대책으로 사용할 수 있도록 준비해 두어야 한다. 충돌로 인하여 두 선박의 선체 철판이 부딪힘으로써 스파크가 발생하고 어떤 경우에는 열이 나서 불이 날 수 있는 위험성이 증가하여 상황을 더욱 악화시키게 된다.

⑥ 충돌 선박 중 한 척이 침몰하고 있을 때에는 다른 한 척은 현장에 그대로 남아서 선원을 구조해야 한다. 이 요건은 절대적이며 이를 위반하면 구조 거부로 국제법을 위반하게 되어 처벌받게 된다. 일단 다른 선박들이 구조 작업에 참가하여 있으면 충돌로 인하여 선박 안전상 문제가 있는 선박은 본선의 상태를 보고하고 항해일지에 본선의 행동을 기록한 후 현장을 이탈하여 항구를 향해 항해할 수 있다.

⑦ 선박이 긴급하고 기능을 상실하고 중대한 위험에 처해 있으며 즉각적인 지원이 필요하면 조난 경보 및 통신문을 발송한다. 그렇지 않으면 근처에 있는 선박에게 긴급/통신문을 발송한다.

⑧ 양선(兩船) 모두 항해에 지장이 없을 때에는 다음 사항을 확인한다.
선원법 제13조(선박충돌시의 조치) : 선장은 충돌한 때에는 서로 인명과 선박의 구조에 필요한 수단을 다하여야 하며, 또한 선박의 명칭, 소유자, 선적항, 출항항과 목적항을 통보하여야 한다. 다만, 자기가 지휘하는 선박에 급박한 위험이 있을 때에는 그러하지 아니하여도 된다.

⑨ 퇴선시에는 중요한 물건 및 서류를 반출하여야 한다.

⑩ 충돌 격벽은 선수부에 위치해 있다. 이 격벽은 적어도 강한 구조로 만들어져 있다면 충돌을 흡수하고 그 이상의 피해를 주지 않게 된다.

5.3.4 자선의 안전부상과 감항성의 검토

1. 안전부상(安全浮上)

충돌 즉시 충돌손상 및 침수 상태를 확인하기 위하여 각 선창의 Bilge 및 Double Bottom의 Sounding을 시행하고, 우선 안전하게 부상할 수 있는지 확인하여야 한다.

2. 감항성(勘航性)의 검토

안전부상이 확인되었다 하더라도 그것만으로 끝나는 것이 아니라, 예정항로의 장단(長短) 및 계절적인 조건을 고려하여 감항성의 유무를 검토하여야 하고, 조금이라도 불안(不安)의 요소가 있으면 즉시 항해를 중지하고 최선의 조치를 취해야 한다.

5.3.5 제반서류의 기록정리 및 해양사고의 준비

1. 제반일지의 정리

충돌직전 및 직후의 제반조치 및 상태를 면밀히 검토하고 정리하여 제반일지 및 Log Book에 기록하고, 후일 증거자료 제출에 대비한다.

2. 해양사고 보고서의 준비

해양사고가 있었을 때에는 그 사실을 서면으로 상세히 기재하여 우리나라에서는 입항지의 관할 해운관청에, 외지에서는 우리 나라 영사관에 제출하여 그 확인을 받고, 영사가 없는 곳에서는 그 곳의 공증인(公證人)에게 제시하여 그의 인증(認證)을 받아서 후일의 제반조치에 대비하여야 한다.

5.3.6 충돌시 비상대응 Check List

충 돌		
대응순서	대응방법	확 인
1	비상경보(필요시 인명구조부서 배치 발령 및 구조 실시)	
2	필요시 감속 또는 기관정지	
3	수동조타	
4	선장에게 보고 및 선내 비상벨 작동	
5	수밀문 폐쇄	
6	오염사고 발생 여부 확인 후 필요시 기름유출사고 부서 배치	
7	VHF CH.16 청취	
8	갑판상 조명	
9	기관실 통보(선체 응역 및 복원력 고려하여 탱크의 기름 이송 조치)	
10	주변 선박에 주의 환기	
11	인접 육상 당국에 통보 및 회사에 보고	
12	조종 부자유 등화/형상물 게시	
13	필요시 화재/폭발 부서 배치 발령	
14	필요시 구명정 부서 배치	
15	인원 및 부상자 파악	
16	본선 위치 통신사에게 전달, 필요시 조난신호 발신	
17	전 탱크 빌지 및 기관실 사운딩	
18	선체, 기관, 속구 및 화물 손상정도 파악	
19	전 Pipe Line 파공 여부 확인	
20	상대선이 구조를 필요로 하는지 여부 확인(인명 손상, 보염감항성 여부 등)	
21	상대선의 선명, 선장이름, 선주주소, 항로, 총톤수, 화물 등의 확인	
22	침몰방지 위해 최대한 주의 노력	
23	선체 내부 혹은 외부로의 기름유출 여부 확인	
24	Telegraph Logger 및 Course Recorder에 사고지점 표시	
25	충돌시간 및 충돌시의 선위 확인	
26	충돌 전까지 취한 선교 및 기관실의 조치사항 기록	
27	충돌시 침로 및 속력 확인	
28	충돌 각도 확인	
29	음향신호를 사용한 시간 및 청취한 시간 기록	

5.4 좌 초

5.4.1 개 요

Stranding과 Grounding은 강풍, 엔진고장, 충돌의 회피 동작 등 피치 못할 상황에 의해서 발생할 수도 있으나, 보통의 경우는 조선자의 인적 과실에 의해서 충분히 방지할 수 있었던 사고가 발생하고 있다. 일단 좌초(坐礁, Stranding)가 되면 당황하지 말고 냉정하게 판단하여 선체의 안전을 위한 제반작업에 임하고, 가능하다고 판단되면 자력에 의한 이초(離礁)를 시도한다. 수로 통항, 접·이안 및 연안항해중 선체의 비정상적인 진동, 흔들림 또는 동요, 급작스런 충격 및 경사, Engine RPM에 급격한 Down 등이 발생하면 선장은 우선적으로 Engine Stop하여 선체의 손상여부를 확인해야 한다. 이 경우 좌초, 주초 또는 손상의 발견 시 선체손상 최소화는 물론 인명 및 선박의 안전을 위해 최선을 다해야 한다. 만약 선박을 고의로 좌초해야 할 경우에는 다음 이유 때문에 선수를 해안에 좌초시켜야 한다.

① 선박의 선수는 가장 강한 부분으로 그 부위는 손상을 가장 적게 받는다.
② 프로펠러 부근에 장애물이 없기 때문에 선수를 해안에서 뽑아내려면 필요한 경우 프로펠러를 회전시킬 수 있다.

5.4.2 좌초시 조치

① 기관을 정지시킨다.
② 총 비상경보를 발한다.
③ 수밀문을 폐쇄한다.
④ 채널 16 그리고 가능하면 채널 13에서 VHF 당직을 유지한다.
⑤ 등화/형상물을 게시하고 적절한 음향신호를 발하여 주위 통항선에 경고 통보한다.
⑥ 야간에는 갑판의 조명등을 켠다.
⑦ 선체에 대한 손상을 점검한다.
⑧ 빌지 및 탱크를 측심한다.
⑨ 가능한 경우 각 구역을 육안 검사한다.
⑩ 선박주위를 검사한다.

⑪ 어느 방향이 수심이 깊은 쪽인지 결정한다.

⑫ 해저 상태를 조사한다.

⑬ 지역의 해류 및 조석에 관한 정보 특히 조석의 밀물과 썰물에 대한 상세한 내용을 확보한다.

⑭ 선박의 흘수를 줄인다.

⑮ 선박이 긴급하고, 기능을 상실하고 중대한 위험에 처해 있으며 즉각적인 지원이 필요하면 조난 경보 및 통신문을 발송한다. 그렇지 않으면 근처에 있는 선박에게 긴급/통신문을 발송한다.

⑯ 승무원 부상여부 확인

⑰ 기름유출 여부확인

5.4.3 피해 상태확인

일단 선박이 좌초된 것으로 판명되면 착수해야 할 첫 조치는 피해 상태를 결정하고 각 탱크의 빌지를 측심하여 선체 철판이 큰 손상을 입었는지를 결정하는 것이다. 이 조치 다음에 본선 주위의 수심을 측정하여 선저 접촉 부위를 파악하는 데 도움을 주게 될 상황도를 작성해야 하며 이초(離礁) 작업에 최선을 다해야 한다.

5.4.4 선체손상 및 좌초부의 조사

선체손상의 장소, 정도, 타, 기관, 및 추진기의 사용 가능성 유무를 조사한다. 비록 좌초하였다 할지라도 깊은 곳의 손상은 확인하기 곤란하므로, 각 선창의 빌지 및 각 탱크를 계속 측심하여 침수 유무 및 그 양을 확인한다. 주의하여야 할 것은 좌초 즉시 기관을 함부로 후진하여 손상을 더욱 확대시키거나, 이초되었다 하더라도 큰 파공으로부터의 침수로 인하여 침몰되는 일이 없도록 하여야 한다는 것이다.

5.4.5 부근해역의 상태조사

선체의 손상 정도가 확인되었다면 선저하부 해면의 저질 및 상태, 부근 해역의 조류 및 간만의 차를 조사하여 이초 가능여부 및 그 시기 등을 판단하여 필요한 작업의 우선 순위를 결정하여야 한다.

5.4.6 쌔깅과 호깅현상

1. 쌔 깅(Sagging)

선박이 좌초되어 선저 양끝이 접촉하면 선박의 중량 때문에 중앙부에 응력이 생겨 선박을 변형하게 되어 영구적인 쌔깅(중앙부가 아래로 휘어지는 현상) 상태가 되거나 중대한 손상을 일으킨다.

2. 호 깅(Hogging)

선박이 좌초되어 영구 호깅(중앙부가 위로 구부러지는 현상) 상태가 되면 양쪽 끝으로부터 또는 발라스트 탱크의 물을 계속적으로 배출하거나 발라스트 중앙 탱크로 물을 이송한다.

5.4.7 이초시 고려사항

선장은 선박 손상의 확대 방지와 이초의 타당성을 주의깊게 평가하고 본사와 긴밀한 협조 관계를 유지한다. 이초(離礁) 시도로 선체에 추가적인 손상을 야기할 위험이 판단되면 전문적인 구조지원을 요청하여 선박이 안전하게 이초되도록 한다.

① 좌초시 침로와 속력, 흘수 확인
② 선박의 흘수, Trim 및 경사 형상 확인
③ 고조시 부양 가능성 검토
④ 높은 파도나 Swell에 의한 선체의 파손위험
⑤ 가연성 물체가 통제 불가능한 인화원에 노출되었을 때 화재의 위험
⑥ 좌초지점에 조석의 범위나 조류의 차이
⑦ 선체, 타, 기관, 프로펠러 추가적인 손상의 가능성 검토
⑧ 좌초의 위치가 항로에 미치는 영향
⑨ 모래나 뻘 바닥 위에 좌초될 때는 후진을 사용하지 않아야 한다. 프로펠러가 모래 또는 뻘을 본선의 양편으로 쌓아 본선을 더욱 많이 파묻히게 하는 결과를 만들기 때문에 기관은 프로펠러 바로 밑의 깊이가 충분하여 선저와 닿지 않을 만큼 여유가 있을 때만 후진을 사용할 수 있다.

5.4.8 좌초시 비상대응 Check List

좌 초		
대응순서	대응방법	확 인
1	기관정지	
2	선장에게 보고 및 선내 비상벨 작동	
3	기관실에 통보	
4	등화/형상물 게시	
5	VHF CH.16 청취	
6	부서 배치 발령	
7	필요시 비상투묘	
8	모든 수밀문 폐쇄	
9	전탱크 빌지 사운딩	
10	기름유출 여부 확인(필요시 기름유출사고 부서 배치 발령)	
11	선체손상 여부 확인(필요시 침수사고 부서 배치 발령)	
12	외판 파공이 있을시 시간당 침수량 확인	
13	선체 주변 수심 및 저질 파악	
14	좌초 정도 파악	
15	좌초 시간 및 위치 확인	
16	기관장비 손상 여부 확인	
17	Tail Shaft 이상 유무 확인 및 Stern Tube L.O 유출 여부	
18	Propeller 손상 여부	
19	본선 위치 통신사에게 전달, 필요시 조난신호 발신	
20	회사에 보고	
21	조석/조류 및 기상상태 파악	
22	고조시 자력 이초 여부 파악	
23	선체 안정 및 확산방지를 위해 Ballasting 또는 투묘 준비	
24	좌초 당시의 침로와 속력 확인	
25	좌초 전, 후의 흘수 확인	
26	도선사 승선 유무	
27	필요시 좌초 전 Tug의 위치 및 운용상태 확인	
28	부상자 발생 유무	
29	화물 손상 여부	
30	자력 이초 가능성 여부 회사에 보고	
31	좌초 직전까지의 본선 위치 및 시간을 Chart에 기록	
32	Telegraph Logger, Course Recorder 기록 확인	
33	부양시간 확인	
34	Log Book 기록	

5.5 침 수

5.5.1 개 요

선체가 손상되어 선체의 부상(浮上)이나 운항을 위태롭게 만드는 손상의 원인은 여러 가지가 있겠으나, 황천으로 인한 비정상적인 응력에 의한 외판의 손상, 다른 선박이나 기타 시설물과 충돌하여 입는 손상, 또는 해저의 암초와 접촉하는 등의 손상이 있다. 이러한 손상 발생시 가장 우선적으로 취해야 할 것이 다량의 해수 유입에 의한 침수(侵水)를 방지하는 것이다.

5.5.2 침수시 조치

① 다른 비상사태와 같이 침수에 대처할 때는 승무원이 각자 비상상황의 고유 위치로 배치될 수 있도록 비상경보를 울려라.
② 침수된 격실을 수밀문을 폐쇄하라.
③ 펌프를 이용하여 유입된 해수를 배출한다.
④ 필요에 따라 조난 통신문을 발송한다.
⑤ 격벽의 움푹 들어간 부분을 절대로 곧게 펴려고 하지 말라. 그렇게 하면 변형된 격벽을 더욱 약하게 만들 수 있고 또한 수밀도에 영향을 미칠 수 있는 그 격벽을 더 한층 변형시키기 때문이다.
⑥ 물이 들어오는 위치를 식별한다.
⑦ 그 지역으로 통하는 모든 전원을 차단한다.
⑧ 물의 유입을 저지하기 위하여 침수구역을 높게 한다.
⑨ 빌지펌프의 작동을 점검하고 후속지원을 위하여 보조펌프를 준비/점검한다.

5.5.3 침수 방지법

1. 시멘트 박스에 의한 방수법

철판의 자연마모로 인하여 약화된 부분이 생기면 황천 등에 의하여 큰 국부 응력을 받고 그 부분이 파열되어 침수가 된다. 또는 타선이나 부두와 충돌하여 큰 손상을 받지 아니하였을지라도 외판에 작은 파공이나 파열이 생겨 침수가 된다. 이러한 침수를 방지하기 위한 방법으로 그림 5-6과 같은 시멘트 박스를

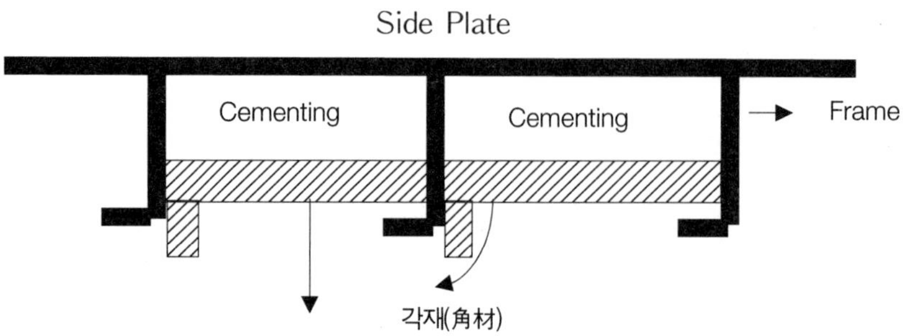

그림 5-6 • Cement box를 짜는법

이용한 방수법(防水法)이 있다. 시멘트 박스를 만들어 모래와 시멘트를 섞어서 그 내부를 충만시키는 것이다. 프레임을 이용하여 목판과 지주를 대고 그 속에 시멘팅하면 완전 방수가 되고 큰 강도를 갖게 된다.

2. 용접에 의한 방수법

파공이 원형에 가깝고 작으면 그림 5-7과 같은 방법으로 용접을 한다. 그림과 같이 파공을 Wooden wedge로서 침수가 안되도록 단단히 박아서 막고 파이프를 끊어서 용접한다.

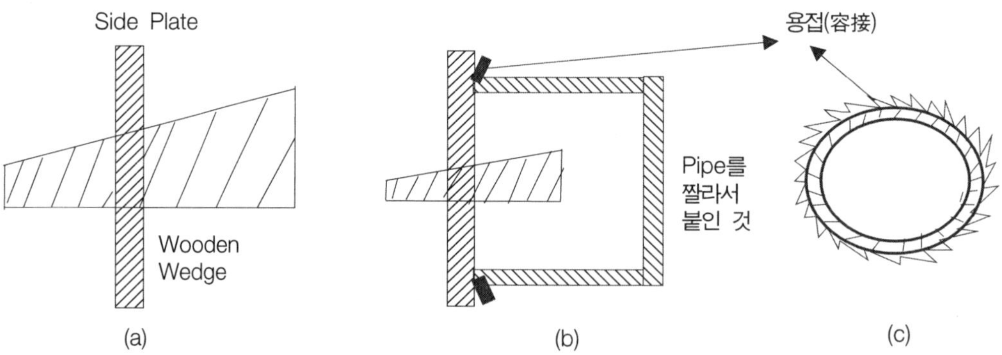

그림 5-7 • 작은 파공에 대한 조치법

3. 방수판 및 방수 Mat에 의한 방수법

앞에서 설명한 것은 파공이 매우 작을 때의 방법이고 좀더 커지면 침수의 완전 방지는 거의 불가능하게 되므로 이런 경우에 방수판이나 방수 Mat를 사용한다.

1) 방수판에 의한 방수법

별로 크지 않은 파공에 그림 5-8과 같은 방법으로 우선 방수판을 치고 그 내부를 시멘팅하는 방법이 있다.

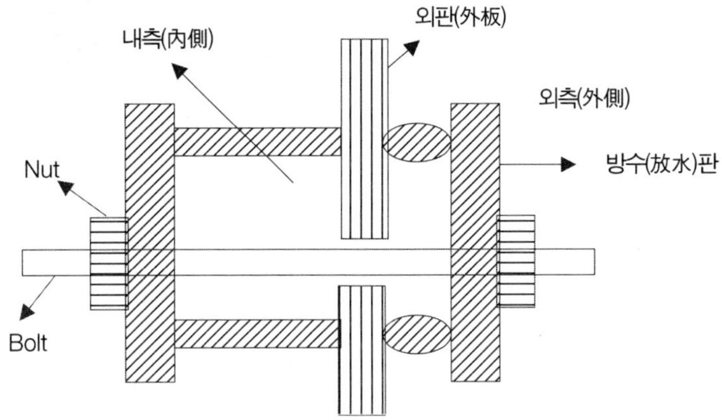

그림 5-8 ◦ 방수판에 의한 방수법

2) 방수 Mat에 의한 방수법

이 Mat는 겹으로 된 캔버스를 재봉한 것으로 찢어지지 않도록 양쪽 끝을 로프로 묶어서 정사각형으로 절단되어 있다. Mat를 보호하기 위해 매트리스를 구멍 뚫린 판 위에 놓을 수 있다. 그림 5-9처럼 Mat를 선체에 단단하게 잡아매도록 Mat의 양쪽 끝에 로프를 꿰맨다. 이 방법은 단지 임시방편으로 일단 누수가 줄어들게 되면 지지목을 설치하는 것과 같은 다른 더 효과적인 방법을 사용해야 한다.

일단 구멍 뚫린 철판 위에 Mat를 설치하였으나 누설을 완전히 막지 못하면 그 위치에서 Mat를 옮기지 말아야 한다. 이유는 옮기는 중 Mat가 찢어지기 쉽기 때문이다.

구멍에 수압이 있어서 Mat를 옮기는 것은 너무 어렵기 때문에 옮기지도 말아야 한다.

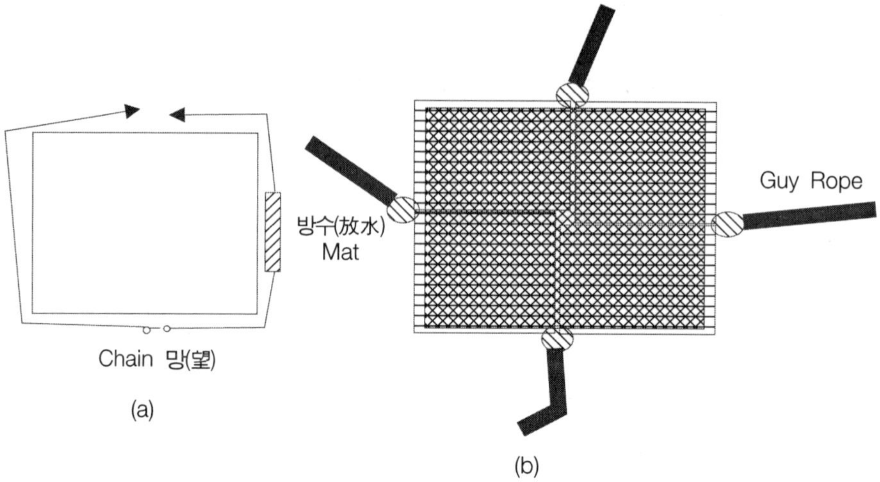

그림 5-9 ● 방수 Mat의 취부방법

이 경우에는 첫 번째의 Mat를 그대로 두고 또 하나의 Mat를 사용하는 것이 좋다. 현측 구멍을 계속 폐쇄하기 전에 손상개소가 풍향쪽으로 놓이도록 본선을 기동해야 한다. 이 방법으로 승무원들을 보호하고 그 쪽의 파도가 더 조용해져서 배 안으로 물이 적게 들어온다. 일단 손상된 쪽이 풍향에 있으면 Mat를 사용하여 기밀 작업을 계속할 수 있다.

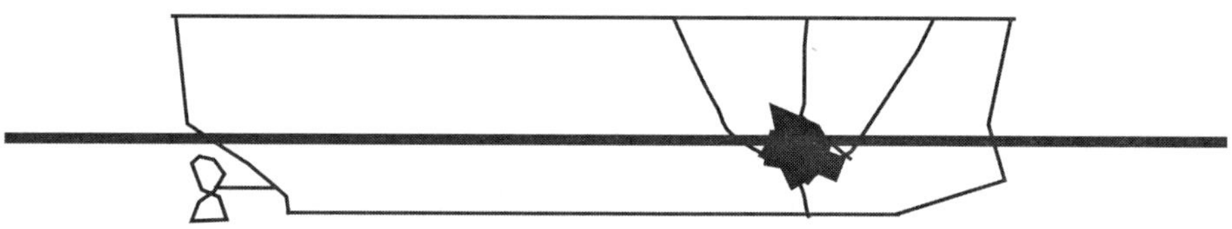

그림 5-10 ● 방수 Mat가 취부된 상태

5.5.4 침수 인접 격실 보강법

대량의 물이 격실로 누수되어 이를 막는 작업에 많은 시간이 소요되고 펌프를 사용하여 누설량만큼 배수하거나 침수수위를 감소할 수 없을 경우에는 손상개소 중간에 판을 대고 그 위에 압력을 가하여 이 판이 무너지지 않도록 지주목(支柱木)을 설치함으로써 인접 격실을 보호할 수 있다. 이렇게 하여 더 안전한 상태에서 방수작업을 계속할 수 있다.

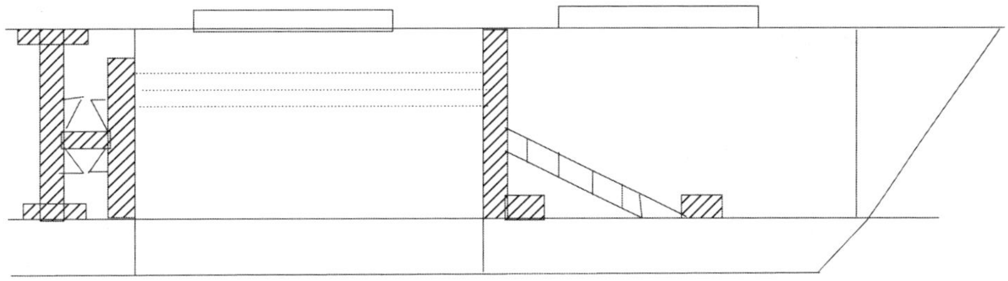

그림 5-11 ◉ 침수 인접 격실의 보강법

그림 5-11은 사용할 수 있는 여러 가지 종류의 지주 방법을 보여주고 있다.

5.5.5 침수시 비상대응 Check List

침 수		
대응순서	대응방법	확 인
1	선내 비상벨 작동	
2	비상부서 배치 발령	
3	선장에게 보고	
4	기관실 통보 및 펌프 준비	
5	본선 위치 통신사에게 전달, 필요시 조난신호 발신	
6	사용 가능한 모든 펌프 이용하여 해수 배출	
7	가능한 한 모든 방법을 이용하여 임시 방수조치 실시	
8	전 탱크와 모든 구역 사운딩 실시	
9	흘수 측정	
10	필요시 임의 좌초 이행	
11	회사에 보고 및 필요시 지원요청	

5.6 퇴 선

5.6.1 퇴선 신호

퇴선(退船) 신호는 기적 또는 전선경보(General Alarm)에 의해 단음 7회, 장음 1회를 울려 전 승무원들에게 알리며, 퇴선 신호가 울리면 비상상태 부서별 및 전 승무원은 모든 작업을 중단하고 퇴선준비를 하여 퇴선장소에 집합하여야 한다.

5.6.2 퇴선시 조치

① 선장 명의로 조난 경보 및 통신문을 발송한다.
② 조난위치를 확인한 후 통신을 실시한다.
③ 승무원들에게 구명조끼를 착용하고 적절한 보온복을 입도록 한다.
④ 가능한 옷을 많이 입고 손, 발, 머리 부분이 보호될 수 있어야 한다.
⑤ 수온이 16℃ 미만인 경우에는 비치되어 있다면 방수복을 착용하도록 한다.
⑥ 본선용의 각종 신호탄, 예비식수, 식량, 두터운 옷, 담요 및 여분의 기름 등을 준비한다.
⑦ 필요하면 기관, 보일러 및 각종 펌프를 정지시킨다.
⑧ 연료유 탱크의 통풍 공기구를 막는다.
⑨ 승무원들이 퇴선준비를 하고 퇴선위치에 집합한다.
⑩ Log Book을 비롯한 중요 서류들을 반출한다.
⑪ 구명보트/구명뗏목의 진수를 준비한다.
⑫ 구명보트의 Sea Painter가 선박에 부착되어 있는가를 확인한다.
⑬ 모든 승무원들을 구명보트/구명뗏목에 탑승시키고 진수한다.
⑭ 구명보트/구명뗏목이 본선과 안전한 거리에 떨어져 있도록 한다.

5.6.3 퇴선시 비상대응 Check List

퇴 선		
대응순서	대응방법	확 인
1	퇴선 여부 판단(해난의 종류와 심각한 정도 비상조치의 성공 가능성, 기상 및 해상 상태, 구조 가능성 등)	
2	선장에게 보고 및 기관실 통보	
3	퇴선신호 선내 방송(구조 가능 예상시간, 예상집결지 등 포함)	
4	회사에 보고/연안국에 통보	
5	구명정/Life Raft 강하, 현측을 풍하측이 되게 조선	
6	기관정지	
7	모든 선외변 폐쇄	
8	선위 확인, 가장 가까운 육지로부터의 거리 및 방위 산출 후 통신사 및 구명정장에게 통보	
9	선박국적증서, 선원명부, 갑/기 항해일지, 관련해도, Pilot Chart, 천측력, Sextant 및 천측계산표를 구명정에 탑재	
10	비상통신기를 구명정에 탑재	
11	S.O.S 발령 및 퇴선 준비 완료시 인원파악 후 퇴선	
12	구명정/Life Raft에서 Epirb 작동	

5.6.4 퇴선부서 비상배치표(승무원 20명 기준)

조 직	직 책	임 무	휴대품
NO.1 구명정 / NO.1 or 3 구명뗏목 (우현)	선장	총지휘	2-Way VHF, TR
	기관장	Engine 담당	TR
	통신장	통신담당, 중요서류 반출	중요서류, EPIRB
	2항사	정장, 탑승자 확인	2-Way VHF, TR 탑승자 명부
	2기사	부정장, Plug 확인, Engine 담당 보조	TR
	갑판장	강하요원, Winch 조작	
	갑판수 A	강하요원, Lashing 및 Stopper 제거	구명색 발사기
	기관수 A	강하요원, Ladder, Lifeline 준비(개방형에 해당)	SART
	기관수 C	Fore Painter 담당, 구명뗏목 투하	
	조리장	After Painter 담당(필요시), 비상식량, 의약품, 모포반출, 구명뗏목 투하	비상식량, 의약품 모포
NO.2 구명정 / NO.2 or 4 구명뗏목 (좌현)	1항사	정장, 탑승자 확인	2-Way VHF, TR
	3항사	부정장, Plug 확인	TR, 탑승자 명부
	1기사	Engine 담당	TR
	3기사 A	Engine 담당 보조	
	3기사 B	Fore Painter 담당, 기관중요서류반출 구명뗏목 투하	TR. 기관중요서류
	갑판수 B	강하요원, Winch 조작	
	갑판수 C	After Painter 담당(필요시), 구명뗏목 투하	
	조기장	강하요원, Lashing 및 Stopper 제거	
	기관수 B	강하요원, Ladder, Life line 준비(개방형에 해당)	SART
	조리수	현장 통풍차단, 소방원 보조	비상식량, 의약품 모포

5.6.5 퇴선부서 비상배치표

조 직	직 책	임 무	휴대품
Launch by Wire	선장	총지휘	2-Way VHF, TR
	1항사	정장, Lifeboat 조종	TR, 탑승자 명부
	3항사	탑승자확인, 정장 보조	2-Way VHF, TR 탑승자명부, SART
	기관장	Engine 담당	TR
	1기사	Engine 담당 보조	TR
	3기사	기관중요서류 반출	TR, 기관중요서류
	통신장	통신담당, 중요서류 반출	중요서류, EPIRB
	2항사	부정장, Winch 조작(Launching 후 탑승)	2-Way VHF, TR 탑승자 명부
	갑판수 A	Lashing 제거, Launching 보조(Launching 후 탑승)	구명색 발사기
	갑판수 B	Electric Plug 제거, Launching 보조(Launching 후 탑승)	TR
	2기사	Launching 후 트랜버스와 훅 분리	TR
	조리장 조리수	비상식량, 비상의약품, 모포반출	비상식량, 의약품 모포
	기타 인원	Lifeboat 탑승 후 대기	
Free Fall Launch	선장	총지휘	2-Way VHF, TR
	1항사	정장, Lifeboat 조종, Release Mechanism 작동	TR, 탑승자 명부,
	2항사	부정장, 탑승자 확인	2-Way VHF, TR 탑승자 명부
	기관장	Engine 담당	TR
	1기사	Engine 담당 보조	TR
	3기사	기관중요서류 반출	TR, 기관중요서류
	통신장	통신담당, 중요서류 반출	중요서류, EPIRB
	3항사	낙하지역 장해물 여부 확인	2-Way VHF, TR SART
	갑판수 A	Lashing 제거	구명색 발사기
	갑판수 B	Electric plug 제거	SART
	조리장 조리수	비상식량, 비상의약품, 모포반출	비상식량, 의약품 모포
	기타 인원	Lifeboat 탑승 후 대기	

(Free Fall Type Life Boat & Life Raft)

5.7 해양오염

5.7.1 기름의 유출에 의한 오염사고시 조치

① 기름이 유출된 경우 하역 작업 및 Bunkering을 중지한다.

② 기름유출방제부서 배치를 발령한다.

③ 선장에게 보고 및 기관실에 통보한다.

④ 계속적인 기름유출 방지를 위해서 탱크에 남아 있는 기름은 다른 탱크로 이송한다.

⑤ 기름이 유출된 경우 선장은 즉시 관련 법규에 따라 해상안전 관련기관, 항만당국 및 본선 관련자에게 통보한다.

⑥ 필요시 기름의 배출을 최소화하기 위해 밸러스팅이나 디밸러스팅으로 조절한다.

⑦ 만약 필요하다면 선장은 기름방제전문회사에 작업을 요청한다.

⑧ 본선에 비치된 방제자재를 이용하여 방제작업을 시행한다.

⑨ 유처리제를 사용시에는 기준에 적합한 것을 사용해야 하고, 당해 연안국의 승인을 얻은 후 사용하여야 한다.

5.7.2 기름유출시 비상대응 Check List

기 름 유 출		
대응순서	대응방법	확 인
1	기름유출사고 부서배치 발령	
2	하역작업 및 Bunkering 중지(펌프차단, 밸브차단)	
3	기관실 통보 및 선장에게 보고	
4	Ballasting & Deballasting 중지	
5	빌지 배출 중지	
6	필요시 관내 자유 이송 조치	
7	기름 이송 중단	
8	필요시 소화부서배치	
9	No Smoking Rule 이행 강조	
10	회사에 보고	
11	항만 당국 통보	
12	누유부 수리 및 누출원 제거	
13	모든 Scupper의 Plugging 상태 재확인	
14	유출기름 제거 및 방제조치	
15	선외 기름유출시 즉시 P & I 관계자에게 통보	
16	회사에 보고	
17	기름의 종류 및 상태, 추정 유출량, 유출유 움직임, 이동구역 표면적 등의 확인	
18	기름의 Sample 채취	
19	유출 기름량의 계산	
20	선외 유출시 확산된 면적 추정	
21	기상 파악	
22	조석/조류 파악	
23	주변 선박의 선명 파악 및 필요시 사진촬영	

5.7.3 기름유출 비상배치표(승무원 20명 기준)

<table>
<tr><th colspan="2">조 직</th><th>직 책</th><th>임 무</th><th>휴대품</th></tr>
<tr><td rowspan="6">지휘 및 당직반</td><td rowspan="6">선교. 기관실</td><td>선장</td><td>총지휘</td><td>TR</td></tr>
<tr><td>3항사</td><td>선교당직, 유출물 움직임 감시/보고, 현장상황 기록</td><td>TR</td></tr>
<tr><td>갑판수 B</td><td>선교당직, 조타업무, 3항사 보좌, 방제작업 지원</td><td></td></tr>
<tr><td>통신장</td><td>통신실 또는 선교 위치, 선장지시 대기</td><td></td></tr>
<tr><td>1기사</td><td>기관 당직, 오염방지관리인 지시에 따른 기기 조작</td><td>TR</td></tr>
<tr><td>기관수 A</td><td>기관당직, 1기사 보좌</td><td></td></tr>
<tr><td rowspan="12">현장반</td><td rowspan="9">방제작업반</td><td>기관장</td><td>오염방지관리인, 방제작업현장 지휘</td><td>TR</td></tr>
<tr><td>1항사</td><td>오염방지관리인 보좌, 표본채취, 선체손상부 파악</td><td>TR</td></tr>
<tr><td>2기사</td><td>오염방지관리인 보좌, 방제작업, 휴대용전화 설치</td><td>TR, 휴대용 전화</td></tr>
<tr><td>3기사 A</td><td>휴대용 펌프 관리, 방제작업</td><td>TR, 휴대용 펌프</td></tr>
<tr><td>갑판장</td><td>오염방지관리인 보좌, 방제작업, 방제자재 반출</td><td>방제자재</td></tr>
<tr><td>갑판수 A</td><td>방제작업, 방제자재 반출</td><td>방제자재</td></tr>
<tr><td>갑판수 B
갑판수 C</td><td>방제작업, 보트강하 준비</td><td></td></tr>
<tr><td>조기장
기관수 C</td><td>방제작업, 방제자재 반출</td><td>방제자재</td></tr>
<tr><td>2항사</td><td>지원반장, 현장사진 촬영, 보트강하준비</td><td>TR, 카메라</td></tr>
<tr><td rowspan="3">지원반</td><td>3기사 B</td><td>지원반장 지원, 방제작업 지원</td><td></td></tr>
<tr><td>조리장
조리수(원)</td><td>부상자 운반, 응급처치</td><td>모포, 들것
비상 의약품</td></tr>
</table>

5.8 인명구조

5.8.1 생존자 구조시 조치

① 익수자가 발생한 위치에 등화 및 연기 신호가 부착된 구명환을 투하한다.
② 익수자 위로 배가 지나가지 않도록 하기 위한 회피동작을 취한다.
③ 선박의 기적을 3회 장음으로 울리고 필요시 반복한다.(익수자에게 안정감을 줄 수 있다)
④ 쌍안경을 든 견시자를 배치하고 익수자에 대하여 계속적인 감시를 하도록 한다.
⑤ "Oscar" 신호기를 게양한다.
⑥ Williamson turn과 같은 원위치 복구조종을 개시한다.
⑦ 조타수를 이용할 수 있으면 수동 조타를 한다.
⑧ 선박의 위치, 속도, 방향 및 시각을 확인한다.
⑨ 이미 선교에 올라와 있지 아니하면 선장에게 보고한다.
⑩ 기관실에 통보한다.
⑪ 기관을 상용준비 상태로 둔다.
⑫ 진수를 위하여 구조정을 준비시킨다.
⑬ 통신을 위하여 VHF 무전기를 배부한다.
⑭ 구조작업을 지원하기 위하여 도선사용 사다리/그물을 설치한다.
⑮ 선박의 위치를 GMDSS 무선국에 입력한다.
⑯ 근처에 있는 선박에게 긴급 통신문을 발송한다.

5.8.2 수색 및 구조시 비상대응 Check List

수색 및 구조		
대응순서	대응방법	확 인
1	조난신호 수신 즉시 본선에서 조난지점까지 거리, 시간 계산	
2	선장에게 보고	
3	통신사는 통신실에서 조난신호 계속 청취	
4	지원이 가능하면 IMO MERSAR 지침에 따른다.	
5	구조와 관련된 이로 등을 안전경영책임자에게 보고	
6	구조정 및 승무원 준비	
7	사다리 및 NETS 등 필요 장비 준비	
8	의약품 및 뜨거운 음료/음식물 준비	
9	관련 구조센터에 본선이 참가하는 것을 통보	
10	조난인원수 확인	
11	VHF CH.16 청취	
12	조난선의 화물손상, 기름유출 여부의 확인	
13	조난자 구조시 조난자의 성명 및 실종자수 확인	

5.8.3 익수자 발생시 비상대응 Check List

익수자 발생		
대응순서	대응방법	확 인
1	익수자 낙하 현측으로 최대 전타, 인명구조 부서 배치 발령	
2	기관정지	
3	자기 발현부 신호, 자기점화등이 부착된 Life Buoy를 익수자 낙하지점에 투하	
4	익수자 지점으로부터의 본선 위치 파악	
5	Life Buoy 위치 추적	
6	Williamson Turn/Single Turn 실시	
7	선장에게 보고 및 장성 3회 실시	
8	견시 배치	
9	기관실 통보, 기관 준비	
10	구명정 강하요원 배치	
11	Williamson Turn/Single Turn 완료	
12	익수자가 본선의 Lee Side로 위치하게 조선	
13	필요시 주변 선박에 경고신호 또는 협조요청	
14	VHF CH.16 청취	
15	필요시 인접 육상국에 통보	
16	익수자 구조 및 응급처치	
17	부서해제 및 구명정 격납	
18	회사에 보고 및 필요시 지원요청	
19	Log Book 기재	

5.9 조타장치 고장

5.9.1 타효(舵效)상실시 조치

① 선장에게 보고한다.

② 수심이 얕은 수역에 있으면 투묘할 준비를 한다.

③ “운전부자유상태”를 나타내는 형상물/등화를 게시한다.
④ 음향신호를 발사한다.
⑤ 적절한 경우 근처에 있는 선박에게 긴급 통신문을 보낸다.
⑥ 기관실에 알린다.
⑦ 비상조타를 시행한다.
⑧ 타 선박으로부터 멀리 떨어지도록 한다.
⑨ 조종을 위하여 기관을 사용 준비상태로 만든다.

5.9.2 조타기 고장시 비상대응 Check List

조타기 고장		
대응순서	대응방법	확 인
1	고장 정도에 따라 대체방법 또는 비상 조타장치 사용	
2	비상부서 배치	
3	당직 기관사에게 연락	
4	선장에게 보고	
5	주변의 선박 동정 파악	
6	주위에 암초나 천수 등의 장애물이 없는지 확인	
7	필요시 감속 또는 기관정지	
8	필요시 경고 음향신호 실행	
9	조종 부자유 등화/형상물 게시	
10	VHF CH.16 청취	
11	수심 확인코 필요시 투묘준비	
12	고장발생 시간과 본선 선위 확인	
13	고장원인 파악	
14	필요한 Spare Part 보유 여부 확인	
15	회사에 보고	
16	Log Book 기록	

5.9.3 비상조타부서 배치표

<table>
<tr><th colspan="2">조 직</th><th>직 책</th><th>임 무</th><th>휴대품</th></tr>
<tr><td rowspan="5">지휘
및
당직반</td><td rowspan="5">선교
기관실</td><td>선장</td><td>총지휘</td><td>TR</td></tr>
<tr><td>3항사</td><td>선교당직, 현장상황 기록, 타기실과의 통신연락</td><td>TR</td></tr>
<tr><td>갑판수 B</td><td>선교당직, 조타업무, 3항사 보좌, 소화 1반 지원</td><td></td></tr>
<tr><td>기관장</td><td>기관실 총지휘</td><td>TR</td></tr>
<tr><td>3기사</td><td>기관당직, 기관장 보좌</td><td>TR</td></tr>
<tr><td rowspan="11">현장반</td><td rowspan="5">조타반</td><td>1항사</td><td>조타반장, 필요시 Anchor Stand-by</td><td>TR</td></tr>
<tr><td>2항사</td><td>1항사 보좌, 조타기 조치, 선교와의 연락</td><td>TR</td></tr>
<tr><td>갑판장</td><td>1항사 보좌, 필요시 Anchor Stand-by</td><td></td></tr>
<tr><td>갑판수 A</td><td>응급조타 교체작업</td><td></td></tr>
<tr><td>조리수</td><td>연락담당</td><td></td></tr>
<tr><td rowspan="4">기관반</td><td>1기사</td><td>기관반장, 조타기 조치</td><td>TR</td></tr>
<tr><td>2기사</td><td>1기사 보좌, 필요시 비상발전기 준비</td><td>TR</td></tr>
<tr><td>조기장</td><td>1기사 보좌, 조타기 작업</td><td>비상용 공구상자</td></tr>
<tr><td>기관수(원)</td><td>1기사 보좌, 조타기 작업</td><td></td></tr>
<tr><td rowspan="2">지원반</td><td>통신장</td><td>지원반장</td><td>TR</td></tr>
<tr><td>상기 외
승무원 원</td><td>비상조타 지원, 투묘준비</td><td>모포, 들것
비상 의약품</td></tr>
</table>

5.10 비상대응 Check List

5.10.1 중환자 발생시 비상대응 Check List

중환자 발생		
대응순서	대응방법	확 인
1	선위/시간 확인	
2	환자의 성명	
3	부상 또는 질병의 원인 정도	
4	응급처치 실시(전염병일 경우 격리 보호)	
5	회항여부 판단(환자의 상태, 본선 치료 가능성, 근접한 연안국의 의료구조 가능성, 회항지의 의료시설 여부 등 고려)	
6	안전경영책임자에게 보고	
7	환자의 상태 시간별 계속 기록(혈압, 맥박, 체온 등)	
8	입회자 참석하에 상병자 소지품 정리 및 목록작성	
9	필요시 이로 보고서 작성	
10	질병의 원인이 본선 장비/속구 결함으로 인하였을 경우 추후 검사를 위해 이를 보관	
11	목격자의 진술서 확보	
12	Log Book 기록	

5.10.2 사망자 발생시 비상대응 Check List

사망자 발생		
대응순서	대응방법	확 인
1	선위/시간 확인	
2	사망자의 신원파악	
3	사망원인 분석	
4	회항여부 판단	
5	안전경영책임자에게 보고	
6	연안국에 보고 및 시신보호조치	
7	전 승무원에 대한 사망자 진술서 확보	
8	입회자 참석하에 사망자의 유품정리 및 목록작성	
9	사망자 인도 준비	
10	사망자 침실 소독	
11	사망자 처리 문제 회사와 협의	
12	필요시 이로 보고서 작성	
13	Log Book에 기록	

5.10.3 주기관 고장시 비상대응 Check List(기관실)

주기관 고장(기관실)		
대응순서	대응방법	확 인
1	경보 발생 개소 확인	
2	필요시 주기관 조종을 Engine Control Room으로 전환	
3	주기관 조종 핸들을 정지 위치로 전환하여 정지	
4	필요시 조수기를 정지하고 모든 밸브 Close	
5	다음 사항을 점검하여 고장 개소 확인 1) 경보 발생 개소에 대한 원인을 파악한다 2) Safety Device의 작동 및 이상 유무 3) 유류(연료유, 윤활유) 계통의 레벨/스트레이너/펌프/온도 압력조절기 등의 작동 및 이상 유무 4) 과급기, 가버너 및 실린더 주유기 등 속구장치의 이상 유무 5) 주기관의 기계적 장치 이상 유무 6) Control System 및 Sensor의 이상 유무	
6	자체 수리 가능 여부 판단 후 수리 예상시간, 필요인력 등을 산정하여 선교에 통보	
7	자체 수리 불가능시 육상지원 및 Tug 요청	
8	자체 수리 가능시 고장 원인별 수리계획서에 의거 수리 집행	
9	수리 업무의 진행에 따라 발전기 병렬 운전	
10	보조기기 운전 및 주기 워밍	
11	수리 완료 후 선교에 통보 및 주기 시동	
12	주기 시운전시 이상 유무를 확인하고 서서히 회전수를 증가하여 정상운전이 되도록 조종	

5.10.4 주기관 고장시 비상대응 Check List(선교)

주기관 고장(선교)		
대응순서	대응방법	확 인
1	주변의 선박 동정 파악	
2	주위에 암초나 천수 등의 장애물이 없는지 확인	
3	필요시 경고 음향신호 실행	
4	선장에게 보고	
5	조종부자유 등화/형상물 게시	
6	VHF CH.16 청취	
7	수심이 허용되면 필요시 투묘	
8	고장 발생시간 및 선위 확인	
9	조석, 조류 및 기상상태 파악	
10	고장원인 파악	
11	자체 수리 가능 여부 판단 후 수리 예상시간 산정	
12	회사에 보고	
13	필요시 Tug 요청	
14	Log Book 기록	

5.10.5 Gyrocompass 고장시 비상대응 Check List

Gyrocompass 고장		
대응순서	대응방법	확 인
1	수동조타로 전환	
2	Magnetic Compass 이용하여 침로 유지	
3	선장에게 보고	
4	2항사에게 수리지시	
5	자체 수리 불가시 육상지원, Tug 요청	
6	기관실 통보	

5.10.6 악천후 손상시 비상대응 Check List

악천후 손상사고		
대응순서	대응방법	확 인
1	선위 확인	
2	선체 및 속구 손상정도	
3	전탱크 빌지 사운딩	
4	화물 손상 여부	
5	부상자 여부	
6	Pipe 손상 여부	
7	Anchor 고박상태 확인	
8	Winch/Windlass 등의 상태 확인	
9	침로, 속력조정	
10	기상 및 예상기상 관측	
11	회사에 보고 및 필요시 지원요청	
12	필요시 사진촬영	

5.10.7 화물 사고시 비상대응 Check List

화물사고		
대응순서	대응방법	확 인
1	화물손실, 오손이 계속될 경우 작업 중단	
2	손실 또는 손상의 원인 파악	
3	손실 또는 손상 화물량의 추산	
4	P & I 검사원 접촉, 조언요청 및 보고서 수령	
5	문제가 발생된 화물의 감시	
6	대리점에 통보	
7	해난보고서 작성	
8	사진촬영	
9	Log Book 기록	

제6장 해양오염 방지

6.1 개 요

해양오염에서 일찍이 문제가 된 것은 기름에 의한 오염이다. 그 방지대책이 정부간 해사협의기구(IMCO)에서 검토되어, 1954년 '기름에 의한 해수오탁방지를 위한 국제조약'이라는 것이 제정, 1969년 개정되었다. 한국에서는 1978년 말 '해양오염방지법'이 제정되어 전반적인 해양환경 보전과 선박 및 해양시설로부터의 기름배출 · 기타 폐기물 배출도 규제하고 있다.

매년 해양으로 유입되는 기름은 평균 325만 톤이며, 이 중 유조선 사고로 직접 바다로 들어가는 기름은 40만 톤에 달한다. 역사상의 대형 기름 오염사고를 보면, 1989년 3월 24일 알래스카의 프린스 윌리엄 해협에서 좌초한 엑슨 발데즈호(號)가 원유 4만 2000톤을 유출, 바닷새 30만 마리, 포유류동물 수천 마리가 떼죽음을 당하였다. 1991년 1월 말 걸프전쟁 기간 중 이라크가 쿠웨이트 유정에서 약 100만 톤의 원유를 고의로 누출, 이로 인해 약 100만 마리의 바닷새가 죽고 기름 제거 비용만 12억 달러 이상이 들었다. 1992년 에스파냐 근해에서 유조선 이지언시호(號)가 원유 7만 2000톤을 유출하여 해안을 오염시켰고, 1993년에는 스코틀랜드의 셔들랜드 군도 부근에서 좌초된 브레어호가 8만 4500톤의 원유를 유출하였다. 한국에서도 크고 작은 기름 오염 사고가 자주 발생하고 있다. 해양경찰청의 자료에 따르면 1985~93년까지 13건의 오염사고가 있었다. 최근의 예로는 1995년 7월 23일 남해의 소리도 앞바다에서 태풍 페이의 영향으로 좌초된 시프린스호의 기름유출 사고가 있었다.

이들 사고의 원인을 보면 선박충돌, 파이프라인 파열, 선박의 좌초 · 전복 · 침몰 순으로 되어 있다. 기름 유출에 의한 생태계의 오염에는 해양생물에 직접 피해를 주는 단기 피해와 사고 후 수개월 또는 수십 년에 걸쳐 피해를 주는 장

그림 6-1 • Erika호 침몰에 의한 해양오염

기 피해가 있다. 피해 정도와 지속 시간도 지역에 따라 다르다. 갯벌 지역은 회복하는 데 10~20년이 소요되는 반면, 어류의 산란장(産卵場)이나 치어(稚魚)가 성장하는 연안의 염소(鹽沼)나 습지도 장기간 피해가 나타나는 지역으로 분류되어 있다. 일단 유출된 기름은 생태계를 파괴하는데, 그 피해는 눈에 보이는 것보다 보이지 않은 피해가 더 크기 때문에 피해를 금액으로 산정하기가 어렵다. 이러한 이유로 세계 각국은 이에 대비한 긴급방제체계를 서두르는 한편, 1995년 5월 13일 미국 · 일본 등 19개국이 '유류 오염 대비 · 대응 및 협력에 관한 국제협약'을 체결하여 인접국간에 협조를 하고 있다.

6.2 해양오염의 정의

6.2.1 사전적 의미

① 오염 : 어떤 물질이나 자연 환경 등이 좋지 않은 물질에 섞이거나 영향을 받아 더러워지거나 훼손되는 것

② 해양오염 : 바닷물을 악화시키는 행위나 상태

6.2.2 오슬로 협약, 73/78 MARPOL 협약

인간의 환경에 해를 끼치고 생물자원 및 해양 생태계에 유해함을 발생시키는 등 다른 적법한 해양이용자의 해양이용을 방해하거나 또는 쾌적성에 피해를 발생시키는 오염물질의 반입이다.

6.2.3 유엔 해양법

인간의 행위에 직접, 간접적으로 생물자원 및 해양 생태계에 대하여 유해하며, 인간의 건강에 대하여 위험하고, 어업 및 기타 해양의 적법한 이용을 포함한 해양활동을 방해하며, 해수이용에 필요한 수질의 악화 및 쾌적도 감소 등의 해로운 효과를 초래하거나 초래할 수 있는 물질 또는 에너지가 하구를 포함한 해양환경에 반입되는 것이다.

6.3 해양오염의 분류

6.3.1 오염원에 따른 분류

1. 육상에 의한 오염

해양오염의 가장 주요한 근원이며, 전체 해양오염의 3/4을 차지한다.

2. 선박에 의한 오염

① 선박운항시 슬러지 등의 유류 배출
② 충돌, 좌초 등 해난사고에 의한 연료유 및 윤활유 등의 유류 배출
③ 정박시 연료유 수급중 탱크의 넘침이나 밸브 조작 실수 등에 의한 유류 배출

3. 해양 투기에 의한 오염

유엔해양협약에 의하면 해양투기란 선박, 항공기, 플랫폼 또는 기타 인공해양구조물에서의 폐기물, 기타 물질 등의 고의적인 처분으로 이로 인한 오염을 말한다.

4. 해저개발에 의한 오염

석유나 해저광물의 채굴 및 심해저의 개발에 따른 오염을 말한다.

5. 대기에 의한 오염

육상에서의 산업화 과정에서 화석연료가 연소되면서 방출된 오염물질로부터 다양한 합성화학물질이 대기에 의해 해양으로 운반되면서 발생하는 오염을 말한다.

6.3.2 형태에 따른 분류

1. 유류오염

해양에 유입된 유류에 의해 해양생물이나 인간 활동에 피해를 주는 것으로 해양 표면에 기름막을 형성하여 대기와 해양간의 물질순환을 방해하기도 하고, 태양광선의 투과를 저해하여 생물에 간접적인 영향을 미치게 된다.

2. 열오염

원자력 발전소나 화력 발전소 등에서 발전 기기의 냉각에 사용된 온 배수에 의한 해양오염 현상을 말한다.

3. 유기오염

생활하수에는 많은 유기물질이 포함되어 있으며, 해양에 유입된 유기물은 해수 중의 산소를 소모하게 된다. 이에 따라 산소의 농도가 저하되고, 일정 농도보다 낮아지게 되면 해역에 서식하고 있는 해양 생물에 피해를 주게 된다.

4. 매립 또는 간척에 의한 오염

간척이나 매립이 이루어지고 있는 해역은 대부분 조간대나 수심이 얕은 천해 연안해역으로 해양 생태계에서 고유한 역할을 담당하고 있는 곳이기도 하다. 간척이나 매립은 직접적으로 수많은 생물들의 서식처를 없애는 결과를 가져올 뿐만 아니라 해양 동식물의 산란, 성장 상실을 초래함으로써 해양 생태계에 큰 영향을 미치게 된다.

5. 중금속 및 유기 용매에 의한 오염

해양으로 유입된 중금속 원소와 난분해성 유기 용매 등이 해양 생물의 체내에 농축되고 있으며, 생물체 내에 흡수된 물질은 해양 생태계의 먹이사슬에 따라 고차 소비자에게 전달되고 결국 인간에게 피해를 주게 된다.

6. 고형물질에 의한 오염

유리병, 비닐, 플라스틱 등과 같이 물에 용해되지 않고, 미생물에 의해 분해되지도 않는 물질들에 의해 해양의 생태계나 인간 활동에 나쁜 영향을 미치고 있는 것으로, 이들 고형 물질에 의한 오염 문제는 해양에 서식하는 생물의 활동을 방해하기도 하지만 해수 표층에 부유하면서 해수 유동이 수렴되는 곳에 모이게 되어 경관상 불결하게 된다.

6.4 해양오염의 피해

유출된 기름이 해양생물들에 미치는 영향은 유출사고 초기의 직접적인 생물피해와 사고 후 수개월 또는 수십 년에 걸친 장기적인 생태계 피해로 크게 나누어 설명할 수 있다.

그림 6-2 ◦ 기름오염으로 피해를 받은 새

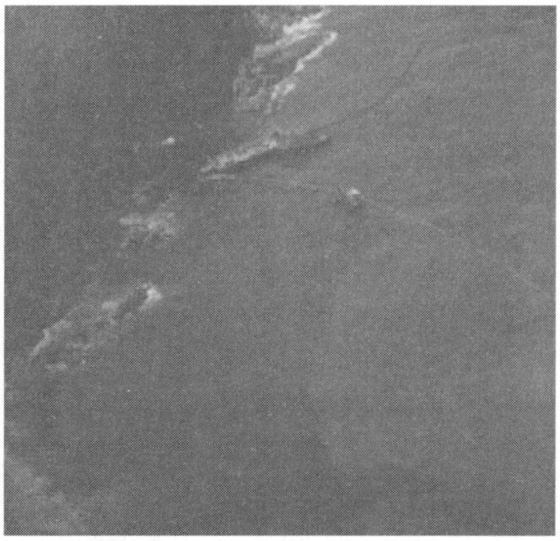

그림 6-3 ◦ 기름에 오염된 해안

직접적인 생물 피해는 기름과의 접촉이나 독성이 높은 용해성분에 의한 치사 효과 그리고 기름 냄새 등으로 인한 상업적 가치 소실을 들 수 있다. 기름에 의한 직접 피해는 물리적 효과와 생리적 효과로 나눌 수 있는데, 물리적 효과는 질식이나 접촉으로 치사를 유발하는 것으로써 조류의 대량 폐사나 어패류의 질식사 등을 말한다. 원유나 벙커유와 같은 고점도유의 경우에는 기름과의 직접 접촉에 의한 질식 등 물리적 피해가 가장 심각하다.

북해지역에서는 연간 15만 마리에서 45만 마리의 조류가 치사하는 것으로 조사되었으며, 토리캐넌호 사고시 10만 마리의 물오리가 죽음을 당했다.

유출된 유류는 방제 및 정화작업을 통하여 일부분은 제거되지만 대부분은 복잡한 풍화 과정은 거치면서 환경내에 잔류하여 각종 해양생물들에게 영향을 끼치게 된다. 외국의 사고 사례를 살펴보면 원유나 연료유의 유출사고 후 7~10년이 경과해도 게나 굴 등 갑각류와 어패류 서식지가 회복되지 않는 경우를 쉽게 찾아볼 수 있다. 자연 분산되거나 유처리제에 의해 분산 처리된 기름은 수중으로 확산되어 미세한 유적의 형태로 존재하면서 일부는 유류분해 미생물에 의해 분산되고 난분해성 물질들은 해양 환경내에 오랜 기간 동안 잔류하게 된다. 또한 에멀전이 형성되거나 타르볼의 형태가 된 기름들은 덩어리의 형태로 분해되지 않고 바다 속에 남아서 장기적인 영향을 미치게 된다.

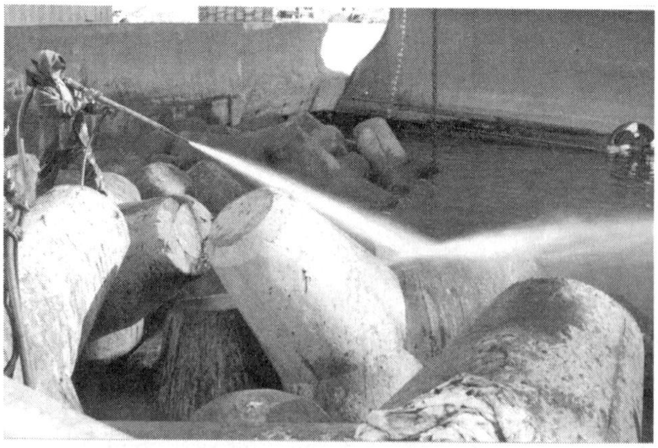

그림 6-4 ◦ 오염된 해안의 고압 분무세척작업

6.5 대형 해양오염사고 사례

6.5.1 시프린스호(유조선, 144,567톤) 오염사고

광양항 호남정유 부두에서 태풍(제3호 페이)을 피하기 위하여 출항하여 피항지를 찾던 중 1995년 7월 23일 17 : 00 경 전남 여천군 남면 소리도 남쪽끝단 남방 암초에 좌초되어 경남, 남해, 거제, 부산, 울산, 포항 해상까지 약 127마일 해상을 오염시켰으며, 해안선을 따라서 전남 여천, 경남 남해, 거제, 부산 해운대, 태종대, 울산 울주군, 경남 기장군, 경주시 해안 총 73.2km를 오염시킨 해난사고이다. 어민 피해 산정 443억 5,600만원의 피해를 입혔다.

그림 6-5 ● 오일펜스 전장된 시프린스호 선미 장면

6.5.2 EXXON VALDEZ호 오염사고

1989년 3월 24일 미국 알래스카 발데즈(Alaska, Valdez)에서 25마일(1마일 =1,852m 그러므로 약 40km) 떨어진 곳인 프린스 윌리엄 사운드(Prince William Sound)에서 좌초되어, 1,100만 Gallon(4,100만 l)의 원유를 유출시킨 미국 역사상 최악의 유류 오염사고이다.

약 250,000마리의 바다 새(Sea Birds)와 2,800마리의 바다 수달, 300마리의 바다표범, 250마리의 대머리 독수리, 22마리의 고래가 죽었으며, 약 140마일(1마일=1,852m)의 해역이 심하게 오염되었으며, 1,500마일의 연안이 오염되었다. 추정이 불가능할 정도로 많은 수의 연어, 해저 생물, 동물 등이 기름에 오염되었고, 회사는 10년에 걸쳐 US $ 9,000,000(900만불)을 지불하기로 합의하였다.

그림 6-6 • 엑슨 발데즈호가 좌초된 모습

그림 6-7 • 엑슨 발데즈호에서 기름이 유출되고 있는 모습

6.5.3 SEA EMPRESS호 오염사고

147,000톤의 원유운반선 시엠프레스(SEA EMPRESS)호가 1996년 2월 15일 영국 웨일즈(Wales) 서쪽에 좌초되어 72,000톤의 원유를 유출시켜 환경을 오염시킨 사고이다.

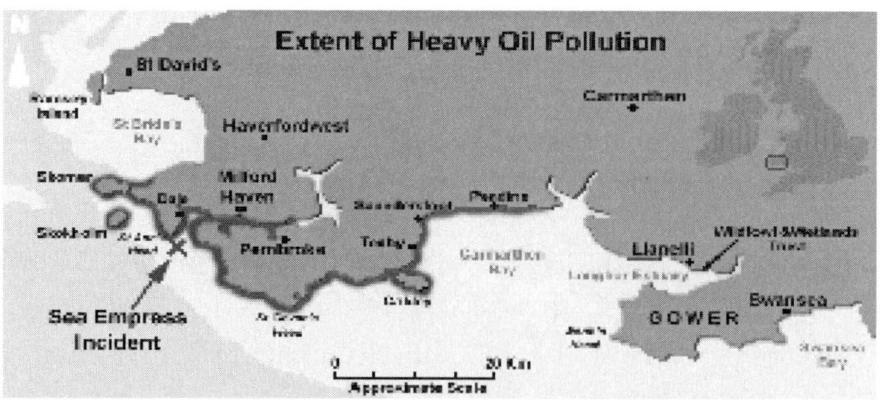

그림 6-8 • SEA EMPRESS호의 기름에 의해 심하게 오염된 지역

약 7,000 마리의 바다 새(Sea Birds)가 죽어서 해안에 밀려왔으며, 실제로 얼마나 많은 수의 바다 새와 바다 생물들(물고기를 포함한)이 오염되고 죽었는지는 알 수 없다. 약 200km의 해안이 황폐화되었고, 이를 정화하는 데 약 US $ 97,850,000가 소요되었다.

그림 6-9 ◦ 유출된 기름으로 심하게 오염된 백사장

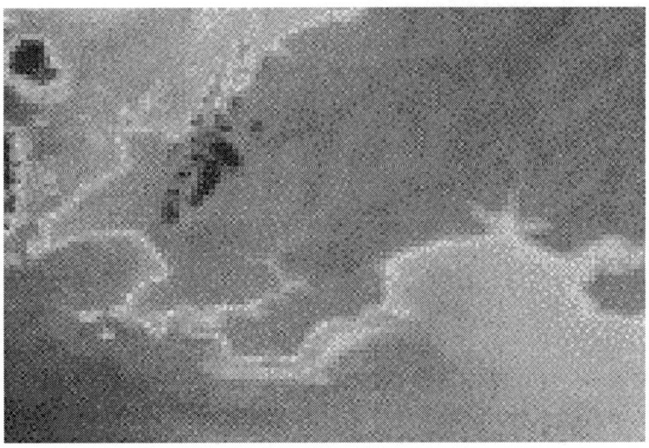

그림 6-10 ◦ SEA EMPRESS호 유출 기름이 확산되어가는 것을 인공위성에서 촬영한 사진

6.6 선박의 해양오염 방지 설비

6.6.1 유수분리장치

기관실에는 각종 기기의 운전이나 정비 또는 각종 기기와 관 계통으로부터 누설 등으로 인하여 빌지가 발생하게 된다. 이 경우 각 계통에서 정상적으로 발생되는 빌지나 드레인 등은 각각 빌지 탱크와 드레인 탱크 등에 저장되며 정비 또는 누설 등에 의해 비정상적으로 발생되는 빌지는 기관실 바닥에 모이게 된다. 이러한 빌지의 대부분은 물이며 그 중에 소량의 기름이 포함되어 있는 상태이지만 해양오염을 방지하기 위하여 그 자체로는 해양에 배출할 수 없다. 따라서 선박에서는 빌지를 처리하기 위하여 유수분리기를 사용한다. 기관구역에서의 기름 오염방지 설비의 설치기준에 의하면 50톤 이상의 유조선 또는 총톤수 100톤 이상의 유조선이 아닌 선박에 대하여 유수분리장치를 설치하도록 규정하고 있으며, 이의 성능 기준은 다음과 같다.

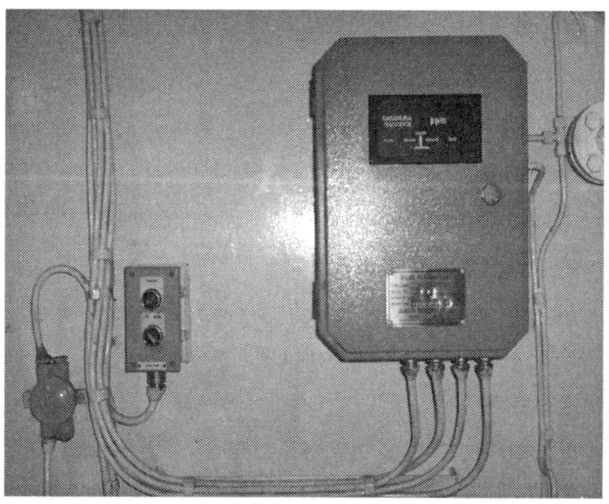

그림 6-11 • 유분농도 감시장치

그림 6-12 • 유수분리기

① 유수분리장치는 유수분리기, 펌프, 여과기 및 배수채취장치를 갖추어야 한다. 여기서 펌프는 선저폐수를 유수분리기에 이송하는 것으로써 그 유수분리기의 능력에 적합한 성능을 가지는 것이어야 한다.

② 유수분리기는 다음의 기준에 적합한 것이어야 한다.

- 유수분리장치의 유수분리기는 배출액의 유분농도를 15 ppm 이하로 분리할 수 있는 성능을 가질 것

- 수평면에서 임의의 방향으로 22.5도 경사한 상태에서도 그 성능에 지장이 없을 것
- 선박의 항해중 선체의 동요 및 진동 등에 의하여 그 성능에 지장이 발생하지 않을 것
- 검사 및 청소가 용이하고 선저 폐수가 유출되지 아니하는 구조일 것

6.6.2 폐유 소각기

유수분리기에서 분리된 슬러지나 폐유 등은 슬러지 탱크에 저장한 다음 본선의 소각기로 소각시키거나 또는 육상의 처리시설로 이송하게 된다. 기관구역에서의 기름오염방지설비의 설치기준에 의하면 총톤수 400톤 이상의 선박으로서 슬러지를 선박안에서 소각하고자 하는 선박의 경우에는 소각설비를 설치하도록 규정하고 있으며, 이의 성능기준은 다음과 같다.

1. 소각로의 재료, 구조 및 설치

① 주요부에 사용하는 재료는 내화성 및 내식성을 가져야 한다.

② 점검과 보수를 용이하게 할 수 있어야 한다.

③ 선체의 동요 및 진동에 충분히 견딜 수 있어야 한다.

④ 고열부분 또는 화재의 위험이 있는 부분은 적당한 방열조치를 취하여야 한다.

⑤ 소각로의 밑바닥으로부터 드레인 등이 흘러내리지 않아야 한다.

⑥ 점화하기 전 소각로안을 충분히 환기시켜 잔류가스를 배출시킬 수 있어야 한다.

⑦ 소각로는 연소가스가 누설되지 않고, 배출된 연소가스가 선박안에 재흡입되지 않아야 한다.

⑧ 고체폐기물을 투입하는 소각로의 투입구는 불길이 역류될 위험이 없는 구조의 것을 제외하고는 이중문이 설치되어야 한다.

⑨ 자동 점화되는 소각설비는 점화장치가 가동된 후에 연료가 공급되어야 한다.

⑩ 폐유 · 폐기물 및 연료가 자동 공급되는 경우에는 이들의 공급을 조절할 수 있어야 한다.

⑪ 소각로의 연기통로는 내연기관의 배기관과 연결되어서는 안되며, 2개 이상의 소각로의 연기통로가 서로 연결되거나 보일러의 연결통로와 연결된 경

그림 6-13 ● 소각기 제어반

그림 6-14 ● 소각기 전면

우에는 정지중인 소각로 또는 보일러에 연소가스가 역류되지 않아야 한다.

⑫ 검사 · 수리 및 조작을 위한 충분한 공간을 가지며 견고한 받침 위에 설치되어야 한다.

2. 안전장치와 경보장치

① 소각로가 제한된 온도를 넘거나 화염이 소실된 때에는 자동적으로 폐유 또는 폐기물과 연료의 공급이 정지되어야 한다.

② 다음의 경우에 보고들을 수 있는 경보장치가 작동되어야 한다.

- 경보장치의 전원이 차단된 경우
- 냉각장치를 가지는 경우 냉각장치가 정지된 때
- 폐유 · 폐기물 또는 연료가 압력분무식으로 공급되는 경우 이들의 분무압력이 각각 저하된 때
- 연소를 위한 송풍장치가 고장으로 정지된 때
- 소각로가 제한된 온도를 넘거나 화염이 소실된 때

3. 측정장치 및 검정기

① 충분한 내구성을 가지고 선체의 운동 · 진동 및 습기 등의 영향을 받지 않는 다음의 측정장치가 소각로마다 있어야 한다.

- 온도측정장치 1개
- 폐유 · 폐기물 또는 연료의 분무압력을 표시하는 압력계 각 1개
- 유량계(유해 액체 물질의 소각시에 한한다.)
- 일산화탄소 · 이산화탄소 및 산소농도를 연속하여 측정할 수 있는 장치(유기염소 화합물의 소각시에 한한다.)

② 유기염소 화합물 및 폐기물 관리법 제2조 제1호의 규정에 의한 폐기물의 소각에 사용되는 소각로가 폐쇄된 장소에 설치되는 경우에는 소각로에서 배출된 가스를 신속히 인지할 수 있도록 적당한 장소에 가스검정기가 설치되어야 한다.

4. 통풍 및 기타 장치

① 폐쇄된 장소내에 소각로가 설치되는 경우에는 당해 장소에 적당한 통풍장치가 있어야 한다.

② 폐유 또는 액상폐기물 탱크로부터 당해 물질을 흡입하는 관은 당해 탱크벽에 부착된 밸브 또는 콕에 연결되어야 한다.

③ ②항의 밸브 또는 콕은 당해 설치장소 밖에서도 조작할 수 있어야 한다.

6.7 해양오염 방제자재 및 약제

해양오염 방제시 사용되는 자재 및 약제는 다음과 같다.

6.7.1 유흡착재

1. 유흡착재의 특성

유흡착재는 흡수 또는 흡착에 의하여 기름을 회수하는 물질로서 유출량이 적거나 엷은 유막을 회수할 때 사용된다. 흡착재는 표면에 기름을 묻히는 종류와 기름을 흡수하는 종류가 있다. 흡착재를 대량으로 살포하려면 많은 노동력이 필요하고, 많은 폐기물이 발생한다. 일반적으로 흡착재는 방제작업 마무리 단계에서 사용하거나, 선박 접근이 곤란한 해역의 엷은 유막 회수에 사용하며, 산

란장이나 습지 같은 환경 민감 해역에서 다른 방법으로 방제하기 곤란한 경우에 사용하기도 한다.

2. 유흡착재의 구비조건

① 기름을 흡착한 후에는 물에 침강하지 않아야 한다.

톱밥이나 면재료로 된 흡착재는 기름의 흡착성이 좋은 반면 기름이 흡착된 후에는 침강하므로 회수가 곤란하다.

② 밀도가 낮은 것이어야 한다.

기름의 흡착효과는 일반적으로 흡착재의 밀도와 반비례한다.

③ 취급이 용이하여야 한다.

기름이 유출된 해면에 흡착재를 투여하는 작업과 흡착후의 회수 작업이 용이하여야 한다. 예를 들어 너무 크거나 또는 너무 작거나 분말형태는 그 회수가 곤란하다.

④ 독성이 없는 것이어야 한다.

어패류 등에 위해를 주어서는 안된다.

⑤ 기름의 흡착속도가 빨라야 한다.

단시간내에 기름에 접촉됨과 동시에 기름을 흡착할 수 있어야 하며, 이들 물질이 다른 곳으로 이탈되지 않도록 하여야 한다.

⑥ 소수성(Hydrophobic) 이어야 한다.

즉, 물은 배제하고 기름만 흡착하는 것이어야 하며, 실제로 인공적으로 친유성 물질이 되도록 표면처리를 하여 만들어지고 있다.

그림 6-15 • 매트형 유흡착재

3. 유흡착재의 종류

1) 매트형(또는 패드형)

밀폐된 구역의 소량 기름 회수에 사용된다. 흡수효율을 높이기 위해서는 일정 시간동안 놓아둔 후 수거한다. 오일펜스로 모아진 기름층 위에 투하하여 기름을 흡착시킨 후 수거하며 다양한 유종에 사용가능하고 적당한 크기로 잘라져 있어 사용하기가 편리하여 많이 사용된다. 수거하여 기름을 짜낸 후 재사용이 가능하다.

그림 6-16 ● 유흡착재를 사용하여 기름을 제거하는 모습

2) 롤 형

두터운 유층이 광범위하게 분포되어 있거나 대량으로 해안선에 유입된 기름을 제거하는데 유용하며 특히 해수욕장, 바위틈 등 민감한 지역에 기름이 부착되기 전 적당한 크기로 잘라 미리 깔아둠으로써 오염 지역을 보호할 목적으로도 사용되고 있으며, 흡착한 기름을 짜낸 후 재사용도 가능하다.

3) 붐 형

오일펜스 대용으로 여러 개를 연결하여 양식장, 해안선 등 굴곡이 있는 해역에 설치하여 기름을 흡착 수거할 수 있으며 또한 하수구나 하천에서의 유출유 등 엷은 유막에도 효과적이다.

4) 쿠션형

점도가 높은 기름이나 두꺼운 유층이 있을 때 유용하며 서로 연결하여 사용하면 효과적이고 해안쪽의 육지에 고정시켜 사용되기도 한다. 또한, 오일펜스의 안쪽에 겹쳐서 설치하여 바람이나 파고, 조류 등에 의하여 기름이 빠져나가지 않도록 사용하기도 한다.

6.7.2 유처리제

1. 유처리제의 특성

유처리제는 해상에 유출된 기름을 화학 및 생화학적 방법에 의하여 처리하는 약제로서 기름을 미립자화하여 유화 분산시켜 해수와 섞이기 쉬운 상태로 만듦으로써 자정작용을 촉진시키는 작용을 한다.

유처리제는 종류에 따라 구성성분 및 조성비율의 차이가 있으나, 주로 용제 및 계면활성제, 기타 첨가제 등으로 구성되어 있으며, 국내 생산제품의 방향족 탄화수소 함량은 1%미만이다.

2. 계면활성제의 작용

계면활성제는 생물독성이 낮은 에스테르(Ester) 형태의 비이온 계면활성제가 사용되고 있으며 다음과 같은 작용을 한다.

① 유화분산 작용으로 물과 기름의 혼합용해를 용이하게 한다.
② 친유기와 친수기로 되어 있어 기름에 침투하여 기름의 표면장력이나 계면장력을 약화시켜 본래 물에 불용성인 기름에 스며들어가 기름을 세분화하고, 그 세분된 기름방울을 활성제의 분자가 둘러싸서 미립자화한 안정된 유탁상태로 확산시켜 미생물 등에 의한 자정작용을 촉진시킨다.

3. 용제의 작용

탄화수소 용제형 제품은 주로 용제가 광유이나, 수용제형 및 농축형 제품은 물과 알콜이 용제로 되어 있으며 다음과 같은 작용을 한다.

그림 6-17 • 유처리제 살포작업

① 계면활성제의 유동성을 높인다.
② 저온시의 응고를 방지한다.
③ 유출유의 점도를 저하시키고 계면활성제를 기름에 침투하기 쉽도록 한다.

※ 우리나라에서 사용되고 있는 탄화수소용제형은 해양생물에 축적성이 없고 생물독성도 거의 없는(99%무해) 노르만 파라핀(Normal Paraffin)계 탄화수소용제가 주로 사용되고 있다.

※ 방향족이 많아짐에 따라 해양생태계에 미치는 독성이 높아지는데 최근 유처리제는 방향족 탄화수소를 거의 포함하지 않고 있다.

4, 유처리제의 효과

기름이 점성이 큰 경우에는 효과가 떨어진다. 점성이 약 2,000cSt를 초과하면 효과가 거의 없고, 5,000～10,000cSt 이상이면 효과가 없다. 경질 연료유는 어떤 형태의 유처리제를 사용해도 무방하나 점성 2,000cSt이상의 중질원유, 방카C유 및 풍화된 유류 등은 농축형을 사용해도 효과가 감소되며, 타르 등은 유처리제로 분산되지 않으므로 사용할 때 유의해야 한다.

표류하는 기름은 증발, 과산화, Water-In-Oil, 에멀전(Emulsion)형성 등 풍화과정을 겪을수록 분산처리가 어려우므로 유출된 후 경시변화 전에 유처리제를 사용하는 것이 바람직하다.

그림 6-18 ∙ 해양경찰의 유처리제 살포작업

5. 유처리제의 종류

1) 수용제형(Water-Based)

물에 희석하여 사용할 수 있으나 희석하면 효과가 떨어져 해안보호 목적으로 사전에 살포할 경우 이외는 희석하지 않고 사용한다. 독성이 적다는 장점은 있으나 저온에서 동결 및 변질 우려가 있다.

2) 농축형(Concentrated)

물에 희석하여 사용하며 물의 에너지가(파도의 영향) 적어도 분산이 잘된다. 분산효과가 가장 우수하고 희석사용이 가능하므로 보관상 부피가 적다는 장점이 있으나 단점으로 제품단가가 고가이다.

3) 탄화수소 용제형(Hydrocarbon)

물에 희석하여서는 안되며 해수와 접촉하면 효과가 크게 저하된다. 원액을 희석하지 않고 사용하는 유처리제는 항공기로 살포하여야 하나, 농축형처럼 희석하여 사용하는 유처리제는 선박으로 살포가 가능하며 선박을 사용할 경우 교반 효과도 있다. 유처리제는 해수 염도와 수온에 따라 분산 효과가 큰 영향을 받는다. 일반적으로 탄화수소용제형은 점도가 높고 오염이 심한 곳에서 효과가 크다. 분산효과가 비교적 우수하고 유동성이 높아 겨울철 사용에 효과적이나 물로 희석시 분산효과가 저하되므로 사용시 유의하여야 한다.

6. 유처리제 사용요령

유처리제는 해안이나 민감 해역에 기름이 유입되는 것을 방지할 목적으로 사용하여야 한다. 유처리제를 살포할 때는 보통 유막 중간부분의 엷은 유막보다는 유막 가장자리의 두꺼운 유막부터 살포한다. 만약 유막이 해안근처에 있다면 해안선 근처부터 평행하게 이동하며 살포한다.

또한, 바람상태에 따라 살포방법은 많이 달라진다.

① 선박으로 살포할 경우 유처리제가 갑판쪽으로 날리는 방향은 피한다.
② 항공살포는 바람이 불어오는 쪽으로 뿌린다.
③ 바람이 강하고 방향이 일정치 않을 때는 항공살포를 피한다.

살포할 유처리제의 양은 유종, 유층의 두께, 오염면적 등에 따라 정한다. 살포량의 조절은 펌프의 배출량을 조절하거나 선박, 항공기의 살포속도를 조정하는 2가지 방법이 있다. 유처리제 살포비율에 대해서는 일반형은 15~20%, 농축형은 5~7%의 양으로 동일한 효과를 얻을 수 있도록 생산되고 있다. 유처리제는 해수와 희석해서 살포하면, 유화효과를 저하시키게 되므로 가능한 한 원액을 살포해야 한다.

유처리제를 살포할 때 기름과 유처리제가 잘 희석되지 않으면 분산효과가 없다. 따라서 인공적인 방법으로 교반하거나 선박의 스크루에 의한 교반 등으로 충분히 교반해 주어야 한다. 바람이나 해상상태가 매우 잔잔하여 기름의 분산효과가 즉시 나타나지 않아도 유처리제를 살포하여야 한다. 유처리제 살포당시 해상이 매우 잔잔하더라도 살포된 유처리제는 유막 위에 몇 시간 동안 남아 있게 되고, 해상상태가 변함에 따라 분산효과를 얻을 수 있기 때문이다.

풍화된 기름이나 점도가 높은 기름, 특히 "Emulsion"이나 "Mousse" 상태의 기름은 분산되는데 많은 시간이 필요하다. 즉, 점도가 높고 물을 많이 함유한 기름은 유처리제에 의한 분산이 어려워진다. 경시변화의 정도는 기름의 성분, 유막의 두께, 해상상태와 온도에 따라 달라진다.

6.7.3 오일펜스

1. 오일펜스의 종류 및 구성

해상에 유출된 기름을 바람, 파도·해·조류 등에 의하여 빠르게 확산되기 때문에 회수가 어렵게 되고 피해도 확대된다. 따라서 초동 단계에서 유출된 기름의 신속한 확산 방지는 방제 작업의 성패를 좌우한다고 볼 수 있다. 유출된 기름의 확산을 방지하고, 확산된 기름을 포집하기 위하여 다양한 종류의 오일펜스가 개발·이용되고 있다.

1) 오일펜스 종류

유형	본체부		접속부(cm)	용 도
	수면상높이(cm)	수면하깊이(cm)		
A형	20 이상 ~ 30 미만	30 이상 ~ 40 미만	60 이상 ~ 80 미만	항만용
B형	30 이상 ~ 60 미만	40 이상 ~ 90 미만	80 이상 ~ 150 미만	연안용
C형	60 이상	90 이상	150 이상	대양용

※ 근거 : 해양경찰청 고시 제1997-45호(해양오염방제자재·약제의 성능시험기준 및 검정기준)

2) 오일펜스의 구성

오일펜스의 형태는 여러 가지가 있으나 대부분 부력부, 부력체, 스커트, 장력부재, 발라스트, 접속부 등으로 구성되어 있다.

(1) 부력부(Free board)

그림 6-19 ● 고형식 오일펜스

그림 6-20 ● 공기 팽창식 오일펜스

① 수면으로부터 상단까지 높이(건현)

② 기름이 오일펜스를 흘러 넘는 것을 방지 또는 감소시킨다.

③ 크기에 따라 바람의 영향을 크게 받는다.

- 외해에서는 높은 파도에 충분히 견딜 수 있어야 한다.

② 부력체(Floot)

- 수면에서 오일펜스를 부유시킬 수 있는 공기·부양재로 채워져 있다.
- 중심을 유지하고 파도의 요동에 견딜 수 있는 충분한 부력이 필요하다.

③ 스커트(Skirt)

- 오일펜스 밑부분으로 기름이 새나가지 못하게 하거나 감소시키기 위한 수면하의 부분
- 스커트가 길면 기름 유출을 방지하는 것이 유리하다.
- 스커트가 길면 파도와 조류의 영향을 받는다.

④ 장력부재(Tension member)

- 오일펜스에 발생하는 수평방향의 장력을 이겨내기 위한 부재
- 섬유벨트, 로프, 체인 등을 사용
- 장력부재의 위치는 오일펜스의 균형 유지와 기름을 차단하는 성능에 영향을 미친다.

⑤ 발라스트 (Ballast)

- 스커트의 하부를 수직으로 유지시켜 준다.
- 밑자락 벨트의 추(체인자체)가 장력 부재의 역할을 한다.

그림 6-21 • 대양용 공기 팽창식 오일펜스

⑥ 닻 고리(Anchor Point)
- 닻 로프와 계류 로프를 장치하는 고리
- 통상 스커트와 장력 부재에 부착한다.
- 강도에 충분한 것으로 하고 고리 주변을 보강한다.

⑦ 접속부(Connector)
- 오일펜스의 각 끝부분은 서로 연결하는 부분
- 접속부는 견인에 대해 충분하게 강도를 유지하고, 기름이 새지 않아야 한다.
- 연결 작업이 간단하고 안전하게 이루어져야 한다.

3) 오일펜스 사용요령

오일펜스를 전장할 때는 논리적이고 순차적으로 전장하여야 작업이 용이하며, 전장시에 파손되지 않도록 주의하여야 한다. 오일펜스를 전장하기 전에 필요한 오일펜스 길이를 산정한 후 육지나 선박의 갑판상에서 조립한다. 또한 펜스간 연결 방식이 서로 일치하는지 확인한다. 대형 유출 사고시 많은 양의 펜스를 동원할 경우 다양한 제조회사별로 연결방식이 일치하는지를 확인하는 것은 매우 중요하다.

그림 6-22 ● 오일펜스에 모인 소량의 기름을 유흡착재로 방제하는 과정

제 V 편

선내 생활

제7장 안전 작업 실무
제8장 선내 업무 및 지시 이해
제9장 직장에서의 인간관계

제7장 안전 작업 실무

선박에서 주·보기 및 각종 기기는 안전항해를 위해 정기적으로 정비 작업을 시행함에 있어서 가장 중요한 것은 작업원의 안전과 안전 수칙에 따른 기기의 정확한 정비일 것이다. 다음은 각종 정비 작업 수행시 필히 지켜야 할 최소한의 작업 수칙이다.

7.1 작업 안전 수칙

7.1.1 작업 전

① 작업 대상 기기를 선정한다.

② 작업 가능 여부를 판단, 다른 기기의 운전, 선박의 안전운항 및 하역작업에 미칠 영향 등을 고려한다.

③ 작업 절차에 관하여는 매뉴얼(manual) 및 전회 실시 후 작성한 작업일지를 참조하여 충분한 예비지식을 갖춘다.

④ 작업에 관계된 도구(tool) 상태 및 예비품(spare) 보유 여부를 확인하고 작업에 용이한 곳에 정리 정돈하여 준비한다.

⑤ 크레인(crane)과 터닝기어(turning gear)를 사용해야 할 경우에는 작동 상태를 충분히 점검하고 전원 차단 등의 비상을 대비하여 전원 패널(panel)의 위치를 확인한다.

⑥ 작업 대상의 기기의 부품(part)별 무게를 파악한다.

⑦ 작업 중 조작하지 말아야 할 곳에 "작업중" 표시를 하여 안전을 확보한다.

⑧ 툴 박스 미팅(tool box meeting)을 실시 및 작업 사항을 설명하고 안전교육을 실시하고, 특히 작업중의 신호에 대하여 정확히 확인시켜준다.

⑨ 작업자는 안전모, 안전화, 작업복 및 작업에 적합한 안전 장구를 착용한다.

7.1.2 작업 중

① 크레인(crane)과 터닝기어(turning gear)를 사용시에는 전 작업원에게 사용할 것임을 알린 후 사용한다.
② 중량물 이동시 안전한 자세로 정확한 도구(tool)를 사용한다.
③ 각 부분을 분해하기 전에 표시(marking)를 하여 조립시에 대비한다.
④ 분해 전 간극(clearance) 계측이 필요한 곳을 계측한다.
⑤ 매뉴얼(manual)에 규정된 토오크(torque)로 풀리는가를 확인한다.
⑥ 분해시 무리한 힘이 가해질 경우는 반드시 원인을 파악한 후 작업을 재개한다.
⑦ 분해 순서대로 정리 정돈한다.
⑧ 기기의 각 부분을 깨끗이 소제한다.
⑨ 각 부분을 계측하여 기록 및 허용한도가 초과하여 필요시 해당 부분을 신환한다.
⑩ 또한 조립 후 분해전의 계측치와 비교하여 필요시 매뉴얼(manual)에 따라 조정한다.
⑪ 반드시 규정 토오크(torque)로 정확한 도구(tool)을 사용해서 조립하되 특별히 규정되지 아니한 것은 분해 전의 표시(marking)를 기준으로 한다.

7.1.3 작업 후

① 작업 전에 조작했던 각 밸브(valve)와 스위치(switch)들을 원상태로 복구한다.
② 각 부분의 누설여부를 확인한다.
③ 시운전을 실시하여 각부의 운전 상태를 확인한다.
④ 사용했던 도구(tool)와 부품(spare)을 원위치시킨다.
⑤ 수리 가능한 교환 부품은 수리하고, 재고가 없는 것은 조사하여 청구한다.
⑥ 작업 기록은 가능한 한 상세히 기록하여 정리 보관한다.

7.2 분류별 안전 수칙

7.2.1 일반 안전 수칙

① 작업 책임자는 작업 전에 전 작업자가 알 수 있도록 작업방법, 순서, 용구 사용법 및 주의사항에 대해서 안전교육을 실시한다.

② 작업자는 안전모, 안전화, 작업복 및 작업에 적합한 안전 장구를 착용한다.

③ 작업 중 발생 가능한 위험 요소를 제거한다.

④ 일상 작업이 아닌 경우에는 반드시 책임사관이 작업 현장에 입회하여 작업자가 안전하게 작업을 수행할 수 있도록 감독을 해야 한다.

⑤ 환기가 불충분한 장소에 들어갈 경우에는 사전에 환기를 실시하고 감시원을 배치한다.

⑥ 전기 용접실습 등 위험이 수반되는 실습을 할 경우에는 사전에 책임사관의 허락을 얻어 지정된 장소에서 시행한다.

⑧ 녹 제거, 선반 및 그라인딩(grinding) 작업시에는 보호안경을 착용한다.

⑨ 작업과 무관한 자의 작업장의 접근을 제한시킨다.

7.2.2 상황별 안전 수칙

1. 산소 결핍사고 발생의 원인과 방지책

1) 산소 결핍이 인체에 미치는 영향

정상적인 공기 중에는 약 21%의 산소가 포함되어 있으며 호흡에 의하여 체내에 산소를 받아들임으로써 사람의 생명은 유지된다. 그러나 산소의 공급이 부족하면 먼저 뇌의 기능이 저하되고, 극단적인 산소 부족상태의 공기를 흡입하면 의식불명과 호흡 정지가 된다.

2) 산소 결핍이 생기는 원인

① 밀폐된 공간 탱크(tank)에서 공기 중의 산소가 소모된다.

- 탱크(tank)의 철판 등이 녹스는 과정에서 산소의 소모량이 증가한다.
- 도장된 페인트(paint)가 건조과정에서 산소를 흡수한다.

② 공기 이외의 기체에 의한 치환에 기인한다.
- 탄산가스나 프레온 등이 분출되면 공기와 치환되므로 순간적인 산소 결핍을 초래한다.

3) 방지대책

① 산소 농도를 측정하기 전에 충분히 환기를 하고, 산소 측정기가 있으면 측정기로 18% 이상이 될 때까지 계속 환기를 실시한다.

② 탱크(tank)와 같은 밀폐된 공간에서 작업을 할 경우에 작업자가 두통, 어지럼, 구토증세가 보이면 즉시 작업을 중지하고 작업 장소에서 작업자를 철수시킨다.

③ 불충분한 환기로 산소가 결핍된 장소로 들어가서 사고를 일으키는 일이 많으므로 안전상 2인 이상 작업하는 것이 원칙이다.

④ 작업자와 연락을 위해서 감시원을 반드시 배치하고, 구조를 위해서 생명줄이나 호흡구를 사용하지 않고 혼자서 뛰어드는 것은 더욱 더 위험한 일이다.

2. 소음 환경에서의 청력장해 방지

소음 환경에서의 작업에 의한 청력장해를 방지하기 위해서 귀마개나 귀덮개를 사용한다. 청력보호를 위한 허용레벨은 90dB 이하(기관실 내의 분리된 공작실의 소음)이다.

3. 일산화탄소 중독과 방지대책

① 일산화탄소는 숯불, 공장의 매연, 자동차와 선박의 배기가스 및 담뱃불 등에서 기인하며 이는 가연 물체의 불완전연소에 의해서 발생된다.

② 일산화탄소는 이산화탄소에 비해서 극히 미량이라도 인체에 아주 해롭다. 즉 호흡에 의하여 폐에 보내진 일산화탄소가 혈액에 접하면 혈액 중의 헤모글로빈과 강력히 결합(산소와 헤모글로빈의 결합력의 300배)함으로써 일산화탄소 헤모글로빈으로 되고 혈액의 산소 운반능력을 빼앗는다.

③ 증상은 일산화탄소가 많을 경우에는 산소 결핍상태로 인해 질식상태로 되고, 급성은 어지럼, 두통 및 구토를 일으키고, 심하면 의식장해, 혼수 및 사망을 초래한다.

④ 방지책은 충분히 환기를 하고, 작업장소에는 감시원을 배치한다.

4. 전기용접에 있어서의 재해 방지대책

① 아크빛에 포함되는 자외선으로부터 눈과 피부를 보호하기 위해서는 보호안경과 가죽장갑을 착용한다.

② 전기충격(감전)의 방지를 위해서 땀이나 물기에 젖지 않도록 한다.

③ 아연 도금관을 용접할 때에 발생되는 산화아연가스는 급성 폐렴 등을 유발시킬 수 있으니 방독 마스크를 착용한다.

④ 화재예방을 위해서 가연성이나 폭발성 물질은 용접장소 주변에서 멀리 있도록 하고, 작업장소 부근에 소화기를 비치한다.

5. 가스 용접작업에 있어서의 재해 방지대책

① 아세틸렌병 부근에는 화기 사용이나 흡연을 금지한다.

② 아세틸렌병은 고온의 장소, 환기가 나쁜 장소 또는 진동이 심한 장소에 두지 않는다.

③ 화재예방을 위해서 가연성이나 폭발성 물질은 용접장소 주변에서 멀리 있도록 하고, 작업장소 부근에 소화기를 비치한다.

6. 감전에 의한 재해 방지대책

① 전기 작업 중에 신체의 절연상태 불량으로 신체의 일부가 전기장치에 접촉되어 감전이 되므로 절연용 고무장갑, 고무장화를 착용한다.

② 무선통신장치의 고압부에는 몇 만 볼트의 전압이 흐르므로 신체가 절연이 불량하면 감전되는 순간 튕기고(전격증) 화상을 입는다.

③ 전압이 높을수록 위험도는 증가하고 통상 3000볼트가 가장 위험하지만 저전압에서도 감전이 되고, 직류보다 교류측이 3배의 위험이 더 있다.

④ 작업장소에 감시원을 배치하고, 기기 및 배전의 불량개소는 즉시 수리한다.

7. 폭발성 가스의 인화 염려가 있는 장소에서 작업할 때의 재해 방지대책

① 언제나 통풍과 환기에 노력하고 가스의 침체를 방지한다.

② 가연성 가스검지기로 가스를 점검하며, 가연성 가스 경보장치를 비치한다.

③ 화기 사용을 철저히 통제한다.

④ 전기나 기계적 스파크가 발생하지 않도록 한다.

⑤ 작업장소 부근에 소화기를 비치한다.

8. 연료 저장탱크의 내부에 들어가는 경우의 재해 방지대책

① 탱크내 가스는 충분히 배제하며, 가스검지기로 가스량을 점검한 다음 탱크로 들어간다.

- 원유의 가스농도가 2000ppm일 때는 30분 이내에 눈, 코, 목의 아픔과 현기증이 발생한다.
- 7000ppm일 때는 15분 이내에 술 취한 상태로 된다.
- 10000ppm일 때는 급속히 술 취한 상태로 되고 계속해서 노출되면 인사불성되어 사망한다.
- 20000ppm(2.0%)일 때는 급속히 마비 상태로부터 인사불성으로 되어 사망한다.

② 나전등은 파손되어 인화할 우려가 있으므로 사용을 금지한다.

③ 작업자는 필히 라이프 라인을 매고 작업을 하고, 맨홀 입구에는 감시원을 배치하여 긴급시 구조할 수 있어야 한다.

④ 공구 등의 쇠붙이는 낙하로 불꽃이 발생하는 원인이 되므로 사용시 주의하고, 쇠붙이가 붙은 작업화나 인체에 과도한 정전기의 대전을 일으키는 고무 밑창 신을 신어서도 안되며, 화학섬유의 의류는 정전기를 발생하여 가스 폭발의 원인이 되므로 착용하지 않는다.

9. 고소작업의 안전대책

마루면으로부터 2미터 이상의 높이에서 작업을 할 경우에는 다음의 조치를 한다.

① 경험이 있거나 기능이 있는 자에게 실시하도록 한다.

② 작업자는 안전모 라이프 라인 또는 안전벨트를 착용한다.

③ 연돌, 기적, 레이더 및 무선용 안테나 등의 부근에서 작업할 경우에는 작업전에 당직사관에게 연락을 한다.

④ 감시원을 배치하고, 작업장소의 아래쪽은 통행을 제한한다.

⑤ 선체의 동요 또는 풍속이 심할 경우에는 긴급을 제외하고는 작업을 하지 않는다.

10. 인력에 의한 중량물 이동 작업시의 안전대책

① 작업자는 작업화, 안전모 및 기타 움직이는 물건의 종류에 따라 보호장갑이나 어깨 받침 등을 사용한다.

② 물건을 들 때에는 물건에 몸을 근접시켜서 허리를 똑바로 세운 채로 다리의 힘으로 들어올리며, 무리라고 생각되면 도움을 청한다.

③ 물건을 내릴 때에는 허리를 낮추고 내리며, 무리라고 생각되면 도움을 청한다.

④ 밧줄, 블록, 택클 및 크레인 등은 사용 전에 상태 점검과 허용하중을 확인하고 이를 준수하며, 표시가 없는 경우에는 합리적인 판단으로 무리가 없도록 사용한다.

⑤ 선체 동요 등으로 넘어지지 않도록 일시적이라도 반영구적 보관이라고 판단되면 단단히 고박한다.

⑥ 작업자 이외에는 작업현장에 접근시키지 않는다.

7.3 안전사고 사례

다음은 위에서 언급한 최소한의 작업 안전수칙을 이행하지 아니하여 발생된 사고사례를 고찰하여 교훈으로 삼고, 재발방지 차원에서 사고의 개요, 원인, 결과 순으로 예를 들었다.

7.3.1 안전모 미착용으로 인한 사망

1. 사고 개요

본선은 한국 국적의 "ㅇㅇ" 호로, 일반 화물선이었다. 본선은 1986년 3월 한국에서 시멘트를 싣고 인도 봄베이에서 양하하던 중, 폰툰(pontoon)식의 해치커버(hatch cover)를 여는 과정에서 실족하여, 선창 내에 추락한 사고가 발생했다. 본선의 폰툰은 데릭크(derrick)를 사용하여 1장씩 들어 갑판상에 90도 회전시켜 놓게 되며, 이 작업 때에는 갑판원 2~3명이 폰툰 양쪽에서 로프(rope)를 잡아 폰툰의 흔들림과 각도를 조정하게 된다. 본선은 하역작업이 거의 완료되어, 선창 바닥이 노출된 상태에서 우천으로 일시 작업이 중지되었다가 다시 해치 커버를 여는 중이었다. 이 때 다른 해치 커버 위에서 보조 로프를 잡고 있던 갑판수 한 명이 폰툰의 흔들림을 피해 뒷걸음치다가 높이 13m의 선창 아래로 추락하여 두부가 선창 바닥에 부딪혀 뇌손상으로 사망하였다.

2. 사고 원인

해치 커버 위해서 폰툰 제거 작업을 할 경우는 폰툰의 흔들림 때문에 항상 신체와 접촉을 염려하여 안전모, 안전화 등을 착용하여야 하나, 안전의식 결여로 안전모도 착용하지 않고 폰툰 작업에 임했다. 선창내 추락은 본인의 부주의로 인해 실족한 것이 주원인이겠으나, 만약 안전모를 착용하였다면 치명적인 두부 손상은 피할 수 있었을 것이다.

3. 사고 결과

선창내 추락한 즉시 구급차를 수배하여 병원으로 이송 조치하였으나, 심한 두부 파열로 인한 뇌손상으로 이송 중 사망하였다. 여타 신체부위는 큰 외상이 없었던 점으로 보아 안전모를 착용하였으면 인명 손실까지는 가지 않았을 것으로 판단된다.

7.3.2 선외측 페인트 작업중 추락사

1. 사고 개요

본선은 리베리아 선적의 "ㅇㅇ"호로 선령 5년의 원목선이었다. 1985년 4월 일본의 마이쯔루항에서 양하 작업중 조타수 한 명이 선수 선명을 다시 쓰기 위하여 스테이지를 설치한 다음, 스테이지에 내려가서 선명을 쓰고 있었다. 그런데 작업 위치와 선명이 적혀 있는 곳의 위치가 맞지 않아, 스테이지를 조금 내리려고 갑판상에서 작업 보조를 하고 있던 갑판원에게 지지삭을 조정토록 하였다. 이 때 조타수는 갑판상에 올라와 같이 조정하였어야 했는데, 조타수는 발판에 그대로 있었고, 그 지시를 받은 갑판원이 지지삭을 조정하는 도중, 스테이지와 그 위에 있는 작업자의 무게 때문에 불행하게도 지지삭이 모두 풀려 버렸다. 그로 인하여, 조타수는 떨어져 벌버스 바우에 부딪친 후 물 속으로 들어가 즉사하였다.

2. 사고 원인

선외측에 스테이지를 매달아 그 위에서 작업을 할 때는 반드시 구명줄이 달린 안전 벨트를 착용하여야 하나, 이를 착용하지 않고 작업을 시작하였으며, 지지삭을 조종할 때에 약간의 시간이 지연되고 힘이 드는 것이긴 했겠지만, 반드시 갑판상에 올라와서 갑판원과 함께 조정하였어야 했는데, 조타수가 스테이지에 있는 채로 지지삭을 조정하는 작업을 하였기 때문에 발생한 사고이다.

3. 사고 결과

조타수 1명 사망.

7.3.3 용접작업시 폭발사고

1. 사고 개요

바하마 선적의 "미라리" 호는 선령 10년 유조선이었다. 1987년 5월 일본 요코하마 항에서 화물류(Bunker-B) 25,000톤의 양하 작업중에 NO.2 카고 펌프의 흡입측 파이프 라인(pipe line)의 파공으로 누설이 심하였다. 결국 NO.4 카고 펌프를 대신 작동하여 양하 작업을 끝낸 다음, "싱가폴"을 향하여 출항, 항해중에 NO.2 카고 펌프를 수리하기 위하여 파이프 라인를 완전히 플러싱(flushing)하였다. 상세한 작업 계획을 수립한 다음, 1등 항해사는 가스 검지기와 산소 검지기를 사용하여 펌프룸 내의 가스 및 산소농도를 측정한 결과, 안전한 상태라고 판단되어 용접작업을 시행하기로 하고, 전기 용접 케이블을 깔고 용접할 기본 준비를 완료하였다. 이때 작업 장소에는 조기장, 1기사 등 다섯 명이 있었으며, 조기장이 용접봉을 용접 부위에 대는 순간 "펑" 하는 폭발음과 함께 순간적인 폭발이 일어났다. 이로 말미암아 조기장은 뒤로 날아가 정신을 잃고 쓰러졌으며, 그 옆에 서 있던 1기사는 얼굴에 심한 화상을 입고, 머리를 모두 태우는 사고가 발생하였다.

2. 사고 원인

탱크나 펌프룸에서의 용접 작업은 매우 위험한 작업이므로 가연성가스의 농도를 정확히 측정하여야 한다. 가스 검지기에 이상이 없었고 정확하였다면, 아마도 부분적으로 가스가 모여 있는 곳이었을 것이다. 그러므로 가스 검지기는 여러 곳을 실시하여 보아야 한다.

3. 사고 결과

폭발로 인하여 심한 화상을 입고 의식을 상실한 조기장은 몇 시간 후 의식은 찾았으나 계속 혼미 상태여서, 필리핀 해경에 연락하여 마닐라에서 귀국시켰고 그 후 조기장은 4개월간의 치료를 받았다.

7.3.4 용접작업시의 감전사고

1. 사고 개요

30,000톤급 화물선 "ㅇㅇ" 호에서 홀드 내 화물 적재용 철골 구조물을 제작하던 중에 발생한 사고이다. "ㅇㅇ" 호는 선적항에 입항하기 전에 구조물을 완성하기 위하여 항해 중에 작업을 강행하였으며, 용접공은 철골 위에 걸터앉은 자세로 마무리 전기 용접작업을 하고 있었다. 이때 선박의 요동으로 용접공이 중심을 잃게 되자, 당황한 나머지 양손으로 용접봉 홀더를 잡게 되었고, 이로 인하여 용접공은 감전, 추락하여 사망하였다.

2. 사고 원인

① 항해 중 고위치 작업의 필수요건인 안전벨트를 착용하지 않았다.

② 양손 모두 면장갑을 끼고 있었고, 손은 땀에 젖어 있었으며, 철골에 걸터앉아 있었기 때문에 전기가 양손으로부터 엉덩이로 흘렀다.

③ 용접봉 홀더의 절연이 파괴되고 충전 부분이 노출되어 있었는데 용접기에 자동전격 방지장치를 부착하지 않았다.

④ 용접기의 2차측 전로의 연결선 중 한 선이 철골 구조물 하단에 연결되어 있어 용접공이 쉽게 감전될 수 있었다.

3. 사고 결과

용접공 한 명이 사망하였다. 교류 아크용접기는 100볼트에 가까운 전압의 단자를 손으로 잡고 금속을 용접하는 것이므로 위험이 많다. 따라서 충분한 사전 준비 작업이 필요하며, 작업자는 신중히 작업에 임하여야 할 것이다.

용접작업시 감전 방지대책의 주위 상황은 다음과 같다.

① 일정 조건하에서 용접기를 사용할 때는 자동전격방지장치를 사용할 것
② 자동전격방지장치와 용접봉 홀더 등은 사용 전에 점검할 것
③ 2차측 전로는 용접용 케이블(KSC 3321) 또는 캡 타이어 케이블을 사용할 것
④ 용접변압기의 1차측 전로는 하나의 용접기에 대하여 한 개의 개폐기로 하고, 중량물 등에 의하여 케이블이 손상되지 않도록 할 것
⑤ 피용접재 등은 접지를 할 것(제3종 접지공사)
⑥ 용접시에는 화재예방을 위하여 불꽃 비산 방지와 소화기를 준비할 것
⑦ 용접자는 전문 용접교육을 받은 자일 것

7.3.5 밀폐된 장소에서의 산소 결핍에 의한 질식사고

1. 사고 개요

싱가포르 국적의 "오리엔탈 패시픽" 호는 선령 12년의 부유선이었다. 1987년 태평양을 항해중 심한 파도로 인하여 좌현 2번, 3번 발라스트 탱크가 찢어지고, 4번 탱크는 휘어진 상태가 되었다. 목적항에 도착하여 하역 작업을 완료 후, 접안한 상태에서 수리 작업을 하였다. 좌현 2번 및 3번 탱크는 아무런 이상 없이 작업을 완료하였다. 그리고 좌현 4번 탱크의 균열 여부를 확인하기 위하여 작업 조장이 바닥으로 내려가던 도중 중간 위치에 이르러, 소리를 지르면서 떨어 졌다. 위에서 이 광경을 지켜보고 있던 두 사람의 작업 조원은 매우 당황하여 조장을 빨리 구하려고 급히 탱크로 뒤따라 들어갔다. 그러나 이들 역시 조장과 마찬가지로 바닥으로 떨어지고 말았다.

2. 사고 원인

이 선박의 발라스트 탱크는 십 수년간 해수를 적재하였기 때문에 탱크 내부의 부식 정도가 매우 심하였으며, 화물을 적재한 상태로 항해중 장시간 탱크를 비워 두었기 때문에, 탱크내의 산소는 철분이 녹이 쓰는 과정에서 흡수되어 그 농도가 매우 희박한 상태로 되어 있었다. 이러한 밀폐된 탱크 내부에 들어갈 때에는 사전에 산소 농도를 측정한 후 위험성 여부를 판단하고, 산소 농도가

20% 미만일 때는 충분한 강제 통풍을 실시한 후 작업 또는 검사를 위하여 들어가야 하나, 이러한 안전 조치를 취하지 않고 처음 조장이 들어간 것이 가장 큰 원인이 되었고, 특히 이러한 위험을 알고 있지 못하였기 때문에 단순히 빨리 조장을 구하려는 생각만으로 뒤따라 두 명이 들어가게 된 것이 희생을 더욱 크게 한 원인이 되었다.

3. 사고 결과

사고 이후 탱크 내부의 산소 농도를 측정한 결과 하부 7%, 중간 위치 10%, 상부 13% 정도로 측정되었으며, 세 명 모두 질식사하였다.

제8장 선내 업무 및 지시 이해

8.1 선내 조직도

8.1.1 일반선의 선내 조직도

다음 표는 일반선(general cargo, container, PCTC etc.)의 선내 조직도를 나타낸 것으로 가장 일반적 조직도이다. 물론 선사 또는 선박마다 다소 상이 할 수 있다.

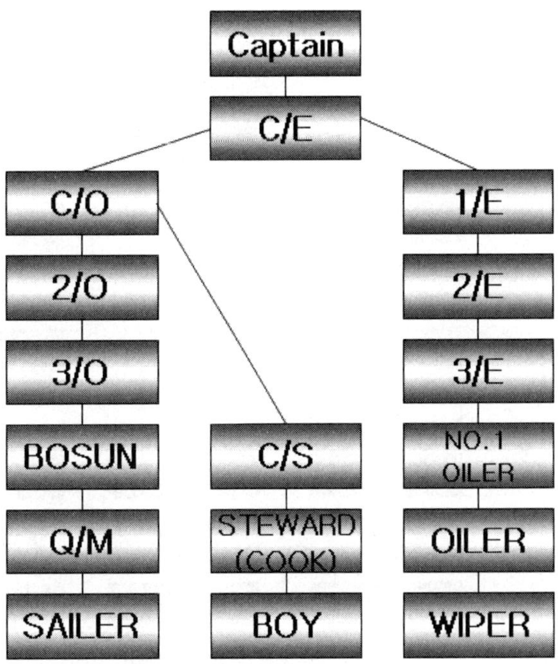

그림 8-1 • 일반선의 선내 조직도

8.1.2 유류운반선의 선내 조직도

다음은 유류운반선(VLCC, Product, chemical tanker etc.)의 선내 조직도이다. 이 또한 일반선의 경우처럼 선사나 선박마다 상황에 따라 다소 차이가 있을 수 있다.

유류운반선과 일반선의 선내 조직도에서 가장 큰 차이점은 갑판(Deck part)부의 조직도에서 '1/O'(일반적으로 First Officer의 약어)라는 직책이 추가되어 있음을 알 수 있다.

유류운반선의 경우는 항해중에도 화물 관리의 필요성이 있는데 이로 인하여 일등항해사에게 업무량이 과중되는 경향이 있어 이를 해소하는 차원에서 추가로 일등항해사를 한명 더 배치시킨 결과라 판단된다. 사소한 문제로 일반적으로 선박에서 일등항해사를 C/O라고 하는데 '1/O'를 어떻게 호칭할 것인가가 발생했는데 이를 구별짓기 위하여 C/O를 수(석)항해사 또는 화물(Cargo)장이라고 부르고, 1/O를 일(등)항해사로 부르곤 한다.

최근에는 선박의 자동화에 따라 1/O가 다시 없어지고, C/O가 화물 관리 및 항해당직을 모두 수행하고 있는 선사도 있다.

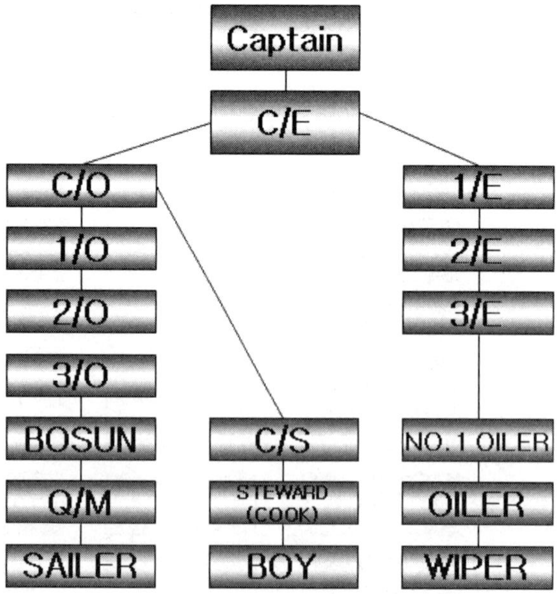

그림 8-2 ● 유류운반선의 선내 조직도

8.1.3 액화가스운반선의 선내 조직도

액화가스운반선도 유류운반선의 경우 같이 같은 연유로 유사한 선내 조직도를 가지고 있다. 다만, 다음 조직도에서 볼 수 있듯이 유류운반선의 조직도에 추가하여 화물기관사(CGO/E : Cargo Engineer)가 배치되어 있음을 알 수 있다.

액화가스운반선은 다른 선박들에 비해 항행중에 화물관리 작업이 많고, 화물관리 및 화물 적양하에 있어 관련된 많은 장비들이 설비되어 있어 이러한 장비들을 본선에서 관리하는데 많은 인력을 요하게 되었고, 이로 인하여 엔지니어(기관사관) 중에서 한명을 갑판부로 파견하여 화물기관사(Cargo Engineer)라는 직책으로 근무하도록 하고 있다.

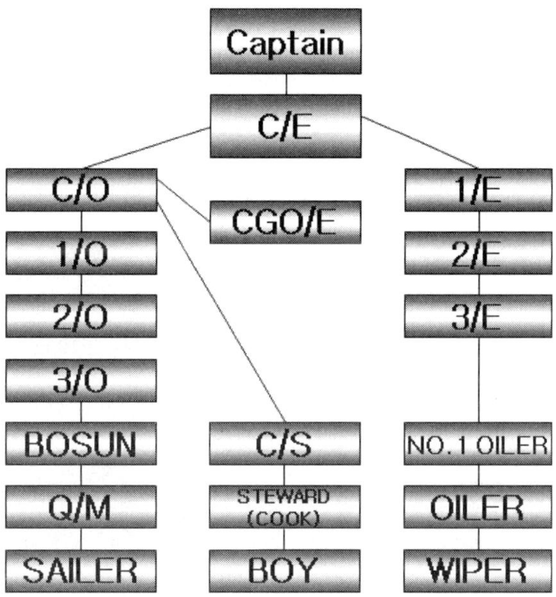

그림 8-3 ● 액화가스운반선의 선내 조직도

8.2 한바다의 선내 조직도 예

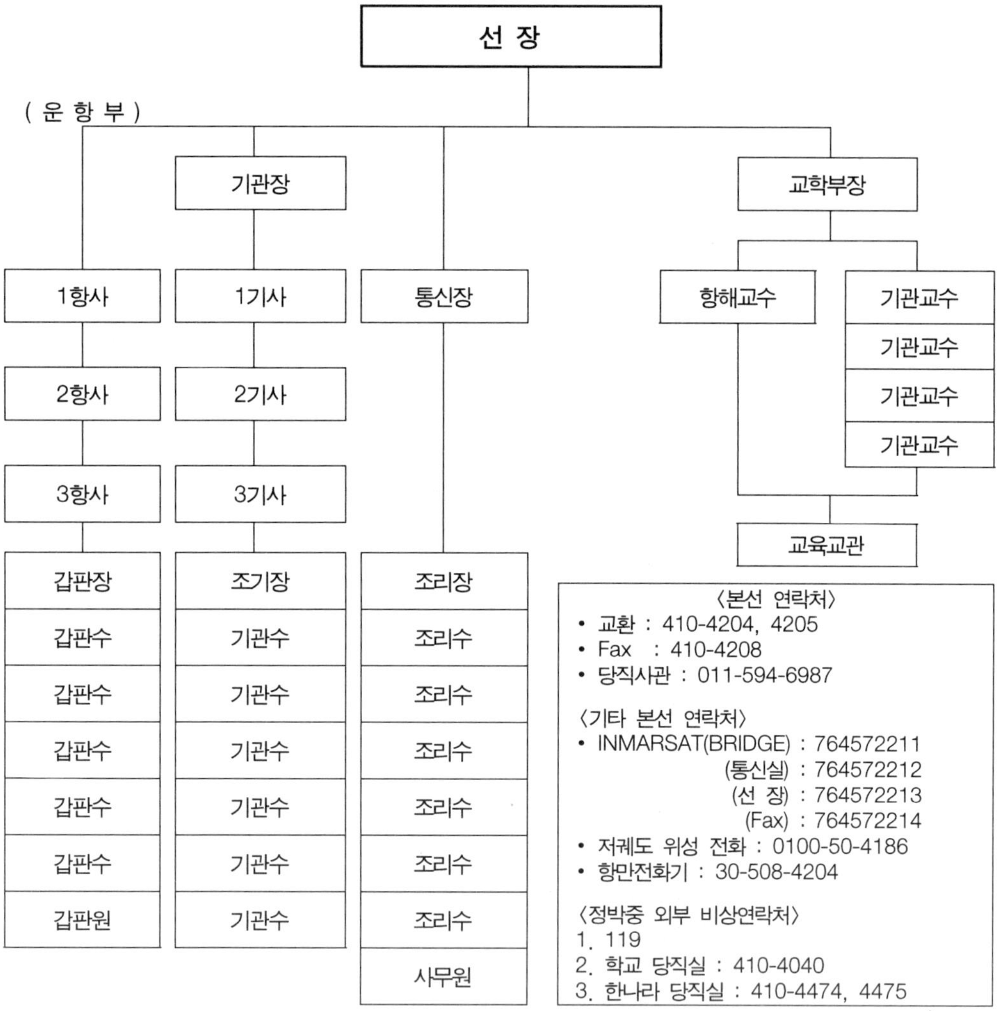

그림 8-4 · 한바다호 선내 조직도

8.3 승무원의 업무

8.3.1 선장의 직무

선장(master, captain)은 회사의 대리인으로서 선박을 지휘, 통솔하고 선내 질서를 유지하며, 선박을 안전하게 운항시키는 총지휘 책임자로 직무는 다음과 같다.

① 선박 안전운항 총지휘
② 승무원의 지휘, 통솔
③ 출항 전의 선박 검사 의무
④ 안전 항해 성취 의무
⑤ 직접조선(입출항시나 그 밖의 위험수역 통항 등)
⑥ 선박 및 화물의 안전을 위한 긴급조치 의무
⑦ 비상시 최종적 결정 및 조치

8.3.2 1등항해사의 직무

1등항해사(chief officer)는 갑판부의 책임자로 항해사 및 갑판부원의 지휘, 감독 및 선장을 보좌하고, 선장 부재시 그 직무를 대행한다. 그 직무는 다음과 같다.

① 안전과 규율 및 위생 관리
② 화물의 적재 계획 작성 및 하역 감독, 화물의 안전 관리
③ 갑판 부원의 지휘 및 감독
④ 선체 각부의 보존 정비 및 관리 감독
⑤ 갑판부 서류의 작성 관리

그림 8-5 ● 액화가스운반선의 화물 통제실

⑥ 식수, 밸러스트, 홀드 빌지의 운용 및 관리
⑦ 입출항시 선수부 작업 지휘
⑧ 항해 당직 근무
⑨ 선장 부재시 직무 대행

8.3.3 2등항해사의 직무

2등항해사(2nd officer)는 주로 항해에 관한 직무를 담당하며, 직무는 다음과 같다.

① 항해 기기의 정비 및 관리
② 해도 및 수로 서지의 개정 및 관리
③ 정오 위치 측정과 보고
④ 입출항시 선미부 지휘
⑤ 항해 요약 일지(AB-Log)의 작성
⑥ 항해 당직 근무
⑦ 항로계획 수립

그림 8-6 • 선교

8.3.4 3등항해사의 직무

3등항해사(3rd officer)는 상급 항해사를 보좌하며, 그 주요 직무는 다음과 같다.

① 입출항시 선장보좌
② 입출항시 컨디션 리포트(condition report) 작성
③ 의료관리자로서의 직무 및 선내 의약품 관리
④ 항해 당직 근무
⑤ Muster list 작성
⑥ 오락기구 관리
⑦ LOG book 기록
⑧ 안전장비 점검 보좌
⑨ 신호, 형상물, 기류 및 Hand lead 관리

표 8-1 • Condition report 예

Arrival / Leaving / Shifting CONDITION REPORT						
T/S		①		VOY. NO	②	
PORT		③		DATE	④	
DRAFT	FORE	⑤		MIDSHIP	PORT	⑧
	AFT	⑥			STB'D	⑨
	MEAN	⑦			MEAN	⑩
	M/M	⑪		Q/M	⑫	
DENSITY				⑬		
ARRIVAL TIME				⑭		
QURANTINE TIME				⑮		
BERTHING TIME				⑯		
COMMENCED LOADING / DISCHARGING				⑰		
COMPLETED LOADING / DISCHARGING				⑱		
LEAVING TIME(ETD)				⑲		
F.O	BUNKER(A)	ⓐ	M/T	SUPPLIED	ⓚ	M/T
	BUNKER(B)	ⓑ	M/T		ⓛ	M/T
L.O	CYLINDER OIL	ⓒ	LTR		ⓜ	LTR
	SYSTEM OIL	ⓓ	LTR		ⓝ	LTR
F.W	FRESH WATER	ⓔ	M/T		ⓞ	M/T
	DRINGK WATER	ⓕ	M/T		ⓟ	M/T
BALLAST		ⓖ		DISPLACEMENT	ⓠ	
CARGO		ⓗ		CORRECTION	ⓡ	
CONSTANT		ⓘ		LIGHT SHIP	ⓢ	
TOTAL		ⓙ		DWT	ⓣ	
REMARK	DIFFERRENCE : ⓤ					

8.3.5 기관장의 직무

기관장(chief engineer)은 기관부의 책임자로서 선장을 보좌하여 기관부 전반의 지휘를 행할 권리와 의무가 있다. 선장에게 기관에 관계된 보고와 쾌적하고 원활한 운항을 위하여 협력을 행한다.

일반적인 직무는 다음과 같다.

① 선내 정비, 보수 업무의 계획 및 이행
② 연료유 및 윤활유의 적절한 수급 및 관리
③ 정비, 보수 history의 기록 및 유지
④ 환경오염방지 관리인으로서 직무
⑤ 입거수리 책임
⑥ 선용품 및 예비품 관련 업무 수행
⑦ 법정 또는 선급 검사

8.3.6 1등기관사의 직무

1등기관사(1st engineer)는 기관장을 보좌하여 기관부의 지휘에 임하고, 주기관과 이에 관련된 기기 정비, 기관부의 인사 관리 등을 행한다.

그림 8-7 • Main Engine

8.3.7 2등기관사의 직무

2등기관사(2nd engineer)는 상급 기관사를 보좌하고 기관실의 담당기기들을 관리하며, 연료유 관리를 행한다.

항해당직은 항해사의 경우와 같이 그 직제와 같은 시간대에 해왔으나, 기관실 무인화선이 출현함에 따라 주간에는 일과작업을 하고, 야간에는 기관실내는 무인화상태로 하고 있는 선박들이 주류를 이루고 있다.

일반적으로 담당하고 있는 기기들은 다음과 같다.

① 발전기
② 비상배전반 및 비상발전기
③ Purifiers
④ 담당기기에 연계된 펌프

그림 8-8 ◦ Engine room

그림 8-9 ◦ 기관통제실

8.3.8 3등기관사의 직무

3등기관사(3rd engineer)도 상급 기관사를 보좌하고 기관실의 담당기기들을 관리한다.

일반적으로 담당하고 있는 기기들은 다음과 같다.

① 보조 보일러
② 에어컨

③ 선내냉장고
④ Vacuum toilet
⑤ 엘리베이터
⑥ 선내 전기
⑦ Lifeboat 엔진

8.3.9 통신장의 직무

통신장은 선장을 보좌하여 외부와의 무선통신에 의한 연락을 담당하며 각종 무선기기 및 레이더 등의 전파 항해 계기의 보수, 정비 등의 업무를 주관한다. 그리고 사무장이 없는 화물선 등에서는 출입항 수속 서류의 작성, 승무원의 승하선 수속 등을 행한다. 뿐만 아니라 기상통보의 청취, 조난 신호의 송수신 등 선박의 안전과 인명구조를 위한 중요한 임무를 행한다.

하지만 최근에는 선원의 인원 감축 및 기타 선박 자동화 등으로 인하여 통신장이 점점 없어지고, 그 업무를 항해사들이 분담하고 있는 추세다.

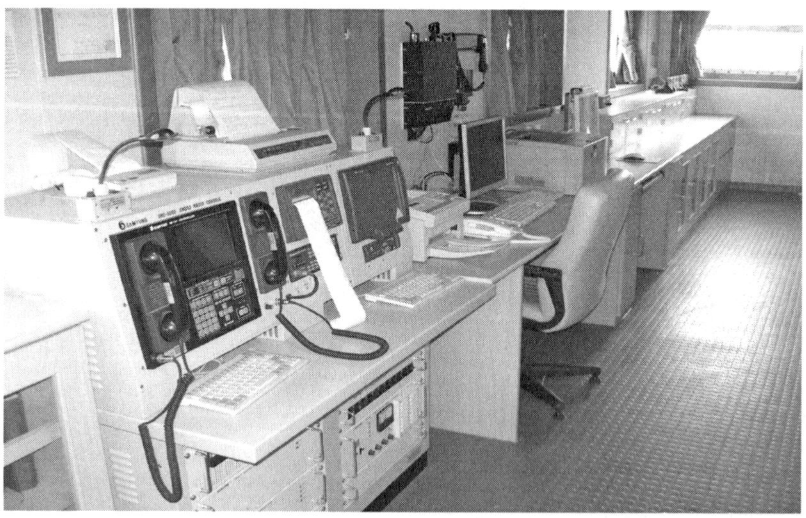

그림 8-10 • GMDSS 장비

8.3.10 실습 항해·기관사의 직무

실습 사관은 상급 항해사 및 기관사의 명을 받아 그 직무를 보좌하며 실습한다.

8.3.11 갑판부원의 직무

항해당직부원을 제외한 갑판부원은 갑판장(boatswain)의 지휘하에, 1등항해사의 작업계획과 지시에 따라 입출항 준비, 화물작업, 갑판의 청소, 방청작업, 페인팅 등을 행한다. 조타수는 1명씩 항해사와 함께 항해당직에 들어가며, 조타, 견시, 기상관측, 항해기기의 정비를 보좌하고, 정박중에는 정박 당직에 종사한다.

8.3.12 기관부원의 직무

기관부원의 작업은 1등 기관사의 지시에 따라 기관사를 보좌하여 기관사와 함께 각종 기관의 점검, 보수, 정비를 행한다. 재래선은 기관사와 조기수와 함께 항해당직에 임한다.

8.3.13 통사부원의 직무

통사부원은 조리, 식량관리, 침구류의 관리, 외래객의 접대 등을 행한다. 입·출항시에는 접안 작업 등을 지원하는 것이 현재 추세이다.

8.4 항해당직

항해중의 당직 근무는 일반적으로 당직 사관 1명과 당직 부원 1명으로 구성되며, 오전과 오후 4시간씩 하루 8시간 근무한다.

표 8-2 ◈ 항해당직표

직책	근무시간
3등항해사/기관사	08~12시, 20~24시
2등항해사/기관사	00~04시, 12~16시
3등항해사/기관사	04~08시, 16~20시

항해당직은 각 부에서 하는 일이 다르나, 갑판부의 경우에는 다음과 같은 임무를 한다.

① 국제 해상 충돌 예방 규칙과 개항 질서법, 그리고 각국에서 규정하는 규칙이 있으면 그 규칙을 준수하여 항해한다.
② 침로를 유지하면서 엄중한 경계(lookout)를 한다.
③ 항해 계기를 사용하여 자주 선박의 위치를 확인한다.
④ 항상 선박의 안전에 유의하며, 의심나는 사실이 있을 때에는 즉시 선장에게 보고하고, 비상시에는 먼저 비상 조치를 취한다.
⑤ 항해 계기와 조타장치가 정상 상태인지를 자주 점검한다.
⑥ 날씨의 변화에 유의하고 해상상태를 관측, 필요할 때에는 선장에게 보고한다.
⑦ 컴파스(Compass)의 오차를 측정한다.
⑧ 연안 항해 중에는 자주 측심(Sounding)하여 안전 항해를 하도록 노력한다.
⑨ 필요한 경우 육상 또는 다른 선박과 신호를 송수신하고, 야간에는 항해등의 점등을 확인한다.
⑩ 기름의 배출에 유의한다.
⑪ 화물 관리 및 갑판 정비를 시행한다.
⑫ 항해 당직을 교대할 때에는 15분 전에 선교(Bridge)에 도착하여 다음 사항을 인수 인계하고 정시에 교대한다.

- 본선의 위치와 침로, 속력, 기관 회전수
- 현재 보이는 물표와 해도상의 위치, 종류 및 성질
- 현재의 주위 상황과 항해 중인 다른 선박의 동태
- 날씨, 해조류, 파랑 등의 상태와 본선에 미치는 영향
- 선장의 지시나 그 밖의 전달 사항

그림 8-11 ● 선교에서의 경계

- 항해 계기 작동 상태 및 기타 참고 사항
- 당직 종료 후에는 선내를 순시한다.

8.5 정박중의 작업

8.5.1 정박당직

선박이 정박중에는 정박 당직에 임하게 되는데, 갑판 부원은 현문당직(Gangway watch)을 서고, 기관 부원은 기관실 당직에 임한다. 당직 근무자 이외의 인원은 일과 작업에 임한다.

현문당직자는 다음 사항에 유의하여 근무해야 한다.

① 본선의 보안을 위하여 관련 법령을 준수하고, 부두에 접안했을 때에는 접안 상태, 투묘 정박했을 때에는 닻의 상태를 자주 확인해야 한다.

② 현문 사다리의 통제, 승·하선자의 파악과 외부인의 출입을 관장한다.

③ 자주 선내를 순시하여 화재, 도난, 기름, 또는 유성 혼합물의 배출 등을 방지한다.

④ 기상 상태와 바다의 상태를 관측하고, 날씨가 급변할 경우에는 항해 당직 체제로 바꾸고, 선박 안전에 노력을 해야 한다.

8.5.2 하역작업

선종에 따라 육상의 하역 인부들에 의해서 하역작업이 진행될 수도 있고, 승무원들에 의해서 하역작업이 행하여지기도 하는데, 갑판부에게는 무엇보다 중요한 작업의 하나이다. 전체적인 작업의 흐름을 파악해서 안전하고 신속한 작업이 진행될 수 있도록 각자 최선을 다해야 하며 구체적인 작업은 하역작업 담당자인 일등항해사의 지시에 따라 행하게 된다. 그리고 기관부는 본선의 하역장비로 하역작업을 하는 경우 하역장비의 운전상태에 세심한 주위를 기울여서 이상이 발견될 때에는 즉시 조치를 취할 수 있도록 해야 한다.

그림 8-12 ◦ 하역작업

8.5.3 기관정비작업

항해중에 할 수 없는 주기관(Main Engine) 계통의 작업은 정박시를 이용해서 필요한 정비작업을 행하게 된다.

그림 8-13 ◦ 기관정비

8.5.4 보급작업

정박중에는 통상 다음 항해를 위하여 기관 운전에 소요되는 연료, 윤활유와 청수, 식량과 식수, 각종 기기의 예비품 및 기타 선용품을 보급받는다. 이때 당직자는 수량, 규격 등에 이상이 없는가 면밀히 확인해야 한다.

8.6 입 · 출항작업

선박이 입항하고 출항할 때에는 통항량이 많고 수로가 좁은 항내를 통과해야 하므로 고도의 조선술이 필요하고, 또 수행해야 할 작업도 많기 때문에 전 승무원이 각자의 입 · 출항 부서에 배치되어서 작업을 하게 된다. 대단히 바쁘고 위험도 많이 따르는 작업을 하게 되므로 시간을 두고 철저하게 준비해야 하고, 작업 책임자의 지시에 신속하게 따르지 않으면 안된다.

8.6.1 입항작업

항내에 들어가기 전의 적당한 시기에 당직 항해사는 선장, 기타 관계자에게 일정을 알려주고 기관사용이 가능하도록 지시한다. 입항 준비로서는 닻 또는 계선줄 등의 사용준비, 여객의 하선준비, 입항 수속 등의 서류준비를 한다. 특히 외항선은 검역, 세관, 출입국 관리 등에 대한 준비를 요한다. 입항부서 배치는 출항 부서에 준하여 행한다. 입항시에는 속력, 선회력, 외력 및 다른 선박에 주의하여야 한다. 묘박할 때에는 지정 묘지 이외의 경우에는 양호한 묘박지를 선정하고, 수심과 지질을 조사하여 후진을 시작할 때에 투묘하는 것이 보통이다. 부표 계류의 경우는 특히 조류, 풍압 등에 주의하고 계류하는 쪽과 반대쪽의 닻을 투묘하여 선박의 이동 범위를 작게 한다. 안벽 계류의 경우는 가능하면 예인선을 사용하고 필요하면 투묘도 한다. 계류가 완전히 끝나면 "입항 요원 해산"의 명령으로 입항 부서를 해제하고 정박 당직에 들어간다. 외항선에 있어서는 입항하기 전에 검역 묘지에 투묘하여 묘박하고, 검역 종료 후 예정 묘박지나 지정된 선석에 접안한다.

8.6.2 출항작업

승무원 승선여부, 화물과 여객의 점검, 기관 및 모든 기기의 정비, 서류의 정비, 연료, 청수, 식수의 수급 등 전반에 걸친 준비가 필요하다. 특히 출항이 가까워지면 기관, 조타설비, 엔진 텔레그라프, 갑판계기 등의 시운전, 무선기기의 시험, 갑판상의 정비, 선교 내에서의 항해계기, 수로도지, 기류 및 기적 등의 점검이 필요하다. 출항에 있어서는 먼저 엔진 상용이 될 수 있도록 준비하고 닻이나 계류색을 걷어 올리고 기관 또는 예인선을 적당히 사용하여 출항한다. 항내를 출항하여 비교적 안전한 장소에 나오면 기관은 정속으로 하고 해산 명령으로 출항부서를 해제한다.

8.6.3 계류작업

선박은 수면상에 떠 있는 구조물이므로 정박중에는 조류나 바람 등의 기상이나 해상에 의한 외력에도 표류되지 않도록 닻줄이나 계류색 등으로 지면이나 기타 구조물에 안전하게 연결시킬 필요가 있다. 선박을 계류하는 방법은 해상이나 기상, 그리고 항만의 상황에 따라 여러 가지가 있으나 보통 다음과 같이 분류한다.

1. 묘박(anchoring)

닻(anchor)과 닻줄(anchor chain)을 사용해서 정박하는 방법이다.

그림 8-14 • 묘박

2. 부표계류(Mooring)

닻줄이나 계류색 등을 사용해서 계류용 부표에 계류시키는 방법이다.

그림 8-15 • 부표계류

3. 안벽계류(Alongside)

계류색을 사용해서 선체를 부두에 잡아 메는 방법으로서 경우에 따라 닻을 함께 이용할 때도 있다.

그림 8-16 ● 안벽계류

제9장 직장에서의 인간관계

9.1 직장내 인간관계 유형

사람이 살아가는 곳 어디든 인간관계의 문제로 어려움을 겪어보지 않은 사람은 없을 것이고 또한 인간관계의 문제처럼 해결하기 쉽지 않은 문제도 없을 것이다.

현실을 반영한다는 각종 대중매체에서 다루는 중요한 테마 또한 인간관계가 아닌가 싶다.

다음은 과거 언론 매체 등을 통하여 보도된 한 기사의 내용이다.

직장인들 가장 큰 스트레스는 동료와의 갈등…

직장인들은 동료나 상사 등 조직원과의 갈등으로 많은 스트레스를 받는 것으로 조사됐다. 취업 포털 파인드잡(www.findjob.co.kr)이 1천561명의 직장인들을 대상으로 "회사에서 느끼는 스트레스 중, 현재 가장 큰 것은 무엇인가?"라는 주제로 설문 조사를 실시했다. 이 결과, 전체 응답자의 28.7%가 "동료와의 업무갈등으로 인한 스트레스" 라고 답변했다. 뒤이어, 22.4%가 "상사(부하) 와의 관계로 인한 스트레스"를 꼽았으며, 20. 6%는 "회사에 대한 불안에서 오는 스트레스" 라고 답했다. "업무 성과 (실적) 에 대한 압박으로 오는 스트레스" 라고 답한 사람은 10.3%였다.

이외에 "자기 계발에 대한 스트레스"(9.87%) "야근으로 인한 육체적 스트레스"(8.07%) 등의 순으로 나타났다.

파인드잡 정재윤 본부장은 "업종에 따라 틀릴 수 있지만, 팀별로 이뤄지는 업무일수록, 직원간의 관계에 따라 업무결과가 달라질 수 있다" 면서 "서로의 입장을 고려하고 원활한 관계를 이룬다면 업무효율도 크게 향상될 수 있을 것"이라고 덧붙였다.

(아이뉴스24)

직장인 최대 스트레스는 '인간관계

직장인들은 인간관계에서 가장 스트레스를 받는 것으로 조사됐습니다. 취업포털 파인드 잡이 직장인 천5백여명을 조사한 결과 29%가 동료와의 업무갈등으로 가장 큰 스트레스를 받는다고 응답했습니다. 다음으로 상사나 부하와의 관계로 인한 스트레스가 22%를 차지해, 절반 이상이 직원들 간의 갈등으로 스트레스를 겪는 것으로 나타났습니다.

(매일경제TV)

위 기사에서 보이듯이 이것은 계속되는 경제난과 취업난 속에서 직장에 대한 사회적 관심을 표면화하는 기사일 뿐 아니라 취업을 하여 직장생활을 한다고 하더라도 직장 내 인간관계의 형성이 직장 생활에 있어서 얼마나 중요하며 현실적인 문제인지를 상기시키는 기사라고 할 수 있을 것이다.

우리는 누구나 대부분 성인이 되면 직장에 들어가게 된다. 직장에 들어간다는 것은 어떠한 모양으로든 한 조직에 몸담게 된다는 것을 의미하는데, 이는 인간이 사회적 동물로 또 다른 공동체에서의 한 구성원으로 살아가게 된다는 것을 반영하는 것이다. 직장은 하루일과의 1/3 이상을 보내는 곳으로 특정한 목적을 가지고 모인 이익집단이라는 특성을 지닌 곳이니만큼 대인관계의 중요성 또한 높아지게 되는데, 가령 상사, 또는 동료와의 관계가 원활하지 않다면 위의 기사에서처럼 막중한 스트레스를 받게 될 것이고 이것은 개인의 건강, 업무수행 뿐 아니라 직장 내의 여타 관계에도 영향을 미칠 것이며, 궁극적으로는 조직의 목적달성에도 적지 않은 영향을 줄 것이기 때문이다. 더욱이 승선을 하는 해기사의 입장에서는 매일 동료 및 상사와 같은 공간에서 생활하며 업무를 수행하기 때문에 일반 직장보다도 더 많은 스트레스와 대인관계에 노출되어 있다.

분명, 인간관계의 원만함이 근무여건을 달리 할 수 있는 중요한 개념이지만, 생존과 밀접한 관련을 맺고 있는 직장에서 원만한 인간관계 형성에만 힘쓸 수만은 없는 일이다. 즉, 인간은 사회적 동물, 직장은 이익집단이라는 특성이 함께 맞물려 더욱 그 균형을 맞추기가 어렵다는 것이다. 그렇다면 개인과 조직의 목적달성을 위한 협력체이기도 하면서 또 다른 경쟁사회로의 면모를 가지고 있는 직장에서 어떻게 해야 원만한 인간관계를 맺을 수 있을까?

이에 곧 직장인이 될 우리가 취업이라는 벽에 부딪치게 되는 현실 뿐 아니라 사회초년생으로서 대부분 신입사원의 삶을 준비하게 되는 상황 앞에서 우리는 직장인들의 스트레스 중 가장 큰 요인을 차지한다는 바로 이 인간관계의 문제를 어떻게 바라보고 준비해야 할지 함께 살펴보고자 한다.

인간은 혼자서 살아가는 것이 불가능하기 때문에 주변의 타인들과 각자가 소속한 집단에 의존해서 살아간다. 사회생활에 있어서 사람은 상호자극이라는 반응으로써 상대방에 표출하며, 다른 사람과의 어느 정도 지속성을 갖는 상호작용을 거쳐서 일정한 심리적인 결속이 형성된다. 이러한 인간 대 인간의 심리적인 연결을 '인간관계'(human relations)라고 한다.

인간관계에 관한 연구가 실제적으로 중요한 이유는 개인을 둘러싼 인간관계가 그 개인생활에 커다란 영향을 미치기 때문이다. 인간관계가 복잡하면 스트레스의 원인이 되고 인간관계가 호조되어 있으면 삶에 충만감을 가져온다.

9.1.1 직장생활

① 직장생활에서의 인간관계는 동료관계와 상사 – 부하관계로 이루어진다.
② 과거의 상사 – 부하관계 : 수직적, 권위주의적 관계
③ 현대의 상사 – 부하관계 : 평등의 강조, 노사분규와 같은 갈등의 표출

9.1.2 생산적인 인간관계의 중요성

1. 생산적인 인간관계의 의미

인간관계는 그것 자체가 긍정적인 방향으로 형성될 수도 있고 부정적으로 형성될 수도 있다. 여기서 긍정적이란 기본적으로 조력적인 차원에서 이루어지는 바람직하고 관계를 맺는 서로에 게 도움이 되는 것을 말한다. 부정적이란 조력적이지 못하고 서로에게 피해가 되고 스트레스나 고통의 원인이 되는 관계를 말한다. 그렇기에 전자는 조력적인 관계, 생산적인 관계, 치료적인 관계, 효과적인 관계라고 불리며, 후자는 비조력적인 관계, 비생산적인 관계, 파괴적인 관계, 비치료적인 관계, 비효과적인 관계로 불린다.

2. 인간관계와 인간의 생존

인간관계를 통한 협동과 협조의 결과로 문화와 문명을 건설했으며, 이러한 모든 것들이 우리의 생존과 발달에 밑거름이 되었다.

3. 인간관계와 신체적 건강

인간관계의 단절은 소외의 문제를 가져오고 이것은 신체적 건강에도 영향을 미친다. 소외감을 느끼는 사람은 병에 걸리거나 사망할 확률이 다른 사람에 비해 배가 높다고 한다.

4. 인간관계와 심리적 성숙

Rogers, Maslow, May, Frankl 등과 같은 성장심리학자와 인본주의 심리학자들은 모든 사람들이 건강한 성격을 향한 선천적인 경향성을 가질 뿐 아니라 심리적 건강을 향한 생리적 동기를 가지고 있다고 한다. 성숙한 사람이 된다는 것은 첫째, 자기 자신을 현실적으로 정확하고 올바르게 이해하고(자기 이해), 둘째, 있는 그대로의 자신, 즉 자신의 장점뿐만 아니라 단점까지도 용납하고 수용하며(자기수용), 셋째, 있는 그대로의 자신을 남에게 개방할 수 있는 태도와 능력(자기 노출)을 갖는 것이다.

5. 인간관계와 직업적 성공

우리가 직장에서 효과적으로 자신이 맡은 업무를 수행하고 직업적 성공을 거두기 위해서는 세 가지 기술이 필요하다.

① 기능적 기술
② 개념적 기술
③ 인간관계 기술이다.

Mayo의 1920년대의 웨스턴 전기회사의 호손공장에서 실시한 연구에 따르면 인간관계가 생산성 향상에 커다란 영향을 미친 것을 알 수 있다.

9.1.3 인간관계의 특징

① 독특성 : 어떤 인간관계도 똑같지 않으며 사람에 따라 차이가 있고 독특성이 있다.
② 대체 불가능성
③ 상호의존성
④ 노출 : 인간관계에서는 필연적으로 자기노출이 수반된다.

⑤ 내적보상 : 인간관계가 보다 밀접할수록 그리고 깊이가 있을수록 관계 그 자체가 주는 내적보상은 크다.

⑥ 참 만남의 희소성 : 참 만남은 어떤 외적인 목적 때문이 아니라 관계 그 자체가 목적이며 상대방의 성장과 행복을 위하며 그와 함께 행복할 수 있는 경험을 하는 인간관계이다. 그러나 오늘날과 같은 산업사회, 물질문명 사회에서 그런 순수한 참 만남의 인간관계는 그만큼 귀하고 경험하기 어렵다.

9.1.4. 갈등의 의미

갈등이란 제한된 목표를 여러 사람이 차지하기 위해 투쟁하는 것이다.

어느 한 사람이 자신의 관심사를 다른 한 편에서 좌절시키려 한다고 할 때 생기는 과정이다. 즉, 갈등은 한 사람 또는 집단의 기대나 목표 지향적 행동이 타 집단에 의해 좌절되거나 차단되는 상황에서 발생하는 것이다.

1) 갈등의 기능

(1) 갈등의 순기능

① 갈등은 조직이나 개인의 문제점에 대해서 관계자들의 관심을 갖게 하는 계기가 되어 변화를 초래하게 할 수 있다.

② 갈등이 합리적으로 해결되면 쇄신이나 변동 및 발전과 재통합의 계기가 될 수 있다.

③ 갈등은 조직이나 개인에게 창의성, 진취성, 적응성, 융통성을 향상시킬 수 있다.

④ 갈등은 침체된 조직을 거기에서 벗어나 더욱 생동하게 하는 계기가 될 수 있다.

⑤ 갈등은 구성원들의 다양한 심리적 요구를 충족시키는 계기가 될 수 있다.

⑥ 갈등은 조직 내의 갈등을 관리하고 방지할 수 있는 방법을 학습할 수 있는 기회를 제공한다.

(2) 갈등의 역기능

① 갈등해결에 노력하는 동안은 성과나 목표달성에 매진할 수 없으므로 개인

이나 조직에 부정적 결과를 준다.

② 갈등은 조직의 안정성, 조화성, 통일성을 깨뜨릴 수 있다.

③ 갈등은 조직이나 개인의 창의성이나 진취성을 질식시킬 수 있다.

④ 갈등은 조직 내의 작은 문제에만 집착하여 환경을 무시할 수 있다.

2) 갈등의 원인과 유형

(1) 개인간 갈등의 원인과 유형

개인간 갈등은 두 사람 이상이 동일한 문제에 대해 불일치할 때 생기는 갈등으로 대개는 인성의 차이에 기인한다.

① 실질적 갈등과 감정적 갈등이 있다. 실질적 갈등은 정책이나 관습에 대한 의견 불일치, 불신, 원망, 거절 등이 속한다. 일반적으로 실질적 갈등이 감정적 갈등으로 변하는 경우가 많다.

② 개인간 갈등을 계층에 의하여 구분하면 수평적 갈등과 수직적 갈등이 있는데 이것은 한 개인을 중심으로 상급자와 하급자간의 갈등을 수직적 갈등으로 동료와의 갈등을 수평적 갈등으로 구분할 수 있다.

(2) 조직 갈등의 원인과 유형

① 사이몬(H. A. Simon)과 마치(J. G. March)는 조직갈 등의 요인을

- 제한된 자원에 대한 상호 의존성과 공동결정의 필요성
- 목표의 차이
- 현실에 대한 인식의 차이로 보았다.

② 로빈스(S. P. Robbins)는 갈등의 구조적 원인으로

- 상호의존성
- 과업의 일방적 의존성
- 고도의 수평적 분화
- 낮은 공식화
- 한정된 자원의 공용
- 평가기준과 보상체제의 차이
- 참여적 의사결정
- 구성원들 간의 이질성

- 지위의 불일치
- 역할불만
- 의사소통의 왜곡을 들 수 있다.

(3) 개인간의 갈등

개인간의 갈등을 해소하는 방법으로는 관리자나 제 3자가 개입하여 조정함으로써 가능할 수가 있다. 여러 가지 방법이 있지만 관리자나 제 3자는 상담을 통해 갈등의 원인을 분석하고 상호의견을 촉구하는 형식으로 이루어진다.

재미슨(D.W Jamieson)과 토머스(K.W. Thomas)의 갈등해결방법

① **경쟁형**(competing style)
이 유형은 개인간의 차이는 당연한 것이며 사람에 따라 지식을 가질 수도 있고 그렇지 못한 경우도 있으며 또한 어떤 쟁점은 옳을 수도 있지만, 어떤 것은 그를 수도 있다는 가정에 근거한 것이다. 그러므로 여러 가지 면에서 의심적인 경쟁적 관계가 일어날 수 있다. 이러한 유형은 승패를 확실히 가리는 전략에 참여하여 다른 사람과 어떤 관계에 있어도 개의치 않고 기꺼이 모험을 결코 자신의 개인적 목적을 달성하고자 다른 사람을 희생시키기도 한다. 즉, 경쟁적 관계에서 자신의 관심사를 충족시키기 위해 상대방을 압도해 버림으로써 갈등을 해결하는 유형이다.

② **동조형**(accomodation style)
이 유형은 사람들은 개인차로 인해 각각 구별되나 이것을 인정하고 훌륭한 인간관계를 이루어야 한다는 가정에 근거한 것이다. 그러므로 이 유형은 자신의 신념이나 목표를 타인의 그것에 영합시키거나 또는 필요하다면 화합을 위하여 자신과 타인간의 여러 가지 차이점들을 무시해야 한다. 이와 같은 경우 갈등은 필연적으로 생기게 되지만 훌륭한 인간관계를 유지하기 위하여 자신의 관심사는 버려두고 상대방의 관심사를 충족시켜주기 위해 자신의 관심사는 버려두고 상대방의 관심사를 충족시켜주기 위해 상대방의 주장에 따름으로써 갈등을 해결하는 유형이다.

③ **타협형**(compromising style)
이 유형은 다수의 이익을 위하여 자신을 포함한 어떤 집단의 견해가 포기되어야 하며 발전을 위해 어떤 개인의 의견이 주장되어서는 안된다는 가정에 근거한 것이다. 그러므로 이 유형은 필요하면 진로를 바꾸고 계획을 변경하기도 하지만 예정된 목적보다는 현재의 행동이 더 중요하므로 계속해서 행동해야 된다는 충분한 합의를 유지해야 하는 것이다. 그러기 위해서는 결정이 이루어져 목적과 방향이 타협되어야 한다는 것이다. 즉, 다수의 이익을 우선하기 위하여 양측이 상호교환과 희생을 통해 부분적 만족을 취함으로써 갈등을 해소하는 유형이다.

④ **협동형**(collaborating style)
이 유형은 개인간의 차이점은 당연한 것이며 건전한 것으로 여겨 갈등의 해결은 정직한 대결이나 문제 해결전략에 의거해야 한다는 데 근거한다. 이 유형은 자신의 목표나 야망과 타인과의 관점과는 내재적 차이가 있는 것으로 보지 않고, 이들 두 견해가 공동선(common good)으로 통합될 수 있는 것으로 낙관한다. 즉, 양측의 의견을 공동선의 입장에서 통합할 수 있는 것으로 보아 양측의 관심사를 모두 만족시켜 줌으로써 갈등을 해소하려는 유형이다.

⑤ **회피형**(avoding style)
이 유형은 갈등상태에서 얻게 되는 장점을 전혀 보지 못하고 개인적으로 이와 같은 갈등상태에 대처하려 들지도 않는다. 이와 같은 유형은 규칙이나 선례에 따라 물정적인 방법으로 갈등상태를 다루어나가지 못하고 단지 그 상황을 회피함으로써 벗어나려 한다. 즉, 갈등문제로부터 물러나거나 이를 피함으로써 자신뿐만 아니라 상대방의 관심사마저 무시하는 유형이다.

이들 갈등해결 유형 중 어느 것이 가장 좋은 방법이라고 할 수는 없다. 그러나 동조형, 회피형, 경쟁형을 계속 사용하는 것은 별로 효과적일 수 없다. 이들 유형을 상황에 따라 적절히 사용함으로써 갈등을 해결하는 데 효과를 거둘 수 있다.

9.2 회사내 인간관계 유형

직장에서의 인간관계는 구성원간의 호감도와 응집력에 따라 여러 가지 형태로 구분할 수 있다.

9.2.1 화합 응집형

구성원들이 서로 긍정적 감정과 친밀감을 지니는 동시에 직장에 대한 소속감과 단결력이 높은 경우 이런 유형의 직장에는 구성원들의 정서적 관계를 중시하는 지도력이 있는 상사가 있는 경우가 대부분이다. 업무분담이 명료하여 구성원간의 갈등이 적으며 자유로운 직장 분위기를 지니고 있다. 서로 개인적인 대화를 나눌 수 있는 회식의 기회가 많고 구성원의 경조사에 서로 적극적으로 참여한다. 따라서 구성원들은 직장중심적인 인간관계를 나타내는 인간관계를 나타내는 경향이 있다

9.2.2 대립 분리형

구성원들이 서로 적대시하는 두 개 이상의 하위집단으로 분리되어 있는 경우 하위집단간에서는 서로 반목하지만 하위집단 내에서는 서로 친밀감을 지니며 응집력도 높다. 이런 하위집단은 흔히 부서별로 형성되기도 하자만 같은 부서 내에서도 친교관계에 따라 분리될 수 있다. 직장전체의 통합적 운영을 위해서는 매우 취약성을 지니고 있는 인간관계 구조라고 할 수 있다. 흔히 이런 직장에 신입사원이 들어오면 서로 자신의 집단으로 끌어들이기 위한 노력이 이루어진다.

9.2.3 화합 분산형

직장구성원간에는 비교적 호의적인 관계가 유지되지만 직장에 대한 응집력이 미약한 경우. 지도력이 있는 상사가 유지되지만 직장에 대한 응집력이 미약한 경우이다. 지도력이 있는 상사가 없거나 개인주의적 성향이 강한 구성원으로 구성되어 있는 경우에 이런 형태가 나타날 수 있다. 이런 직장의 구성원들은 서로에 대한 깊은 수준의 공개나 정서적 교류가 일어나지 않는 피상적인 인간관계를 유지하는 경우가 많다. 이런 유형의 직장인들은 직장 내 인간관계보다 직장 밖의 인간관계를 중시하는 직장탈피적인 인간관계를 나타내게 되며 업무가 끝나면 각자의 인간관계 영역으로 뿔뿔이 흩어지는 반복적인 현상을 나타낸다.

9.2.4 대립 분산형

직장구성원간의 감정적 갈등이 심하며 직장의 인간관계에 구심점이 없는 경우 이런 유형의 직장인들은 직장에 대한 애착이나 소속감을 느낄 수 없다. 직장에서 찾을 수 있는 의미는 경제적 수입밖에 없으며 직장에서 자신에게 부여된 업무만 할 뿐 구성원간의 협조나 협동이 잘 이루어지지 않는다. 이런 유형의 직장인은 직장에 대한 만족도가 매우 낮으며 업무의 효율도 저하될 수밖에 없다.

9.3 회사내 일반적인 인간관계 갈등유형

9.3.1 동료직원과의 갈등

동료직원은 흔히 나이나 직위가 비슷하기 때문에 매우 친밀한 동료관계를 맺을 수 있지만, 또한 갈등을 초래할 소지도 높다. 동료직원은 흔히 상사의 업무지시를 공동으로 수행하는 경우가 많기 때문에 업무를 배분하고 수행하는 과정에서 여러 가지 갈등이 생길 수 있다. 업무가 공정하게 배분되지 못하거나 업무를 수행하는 스타일이 다르면 갈등이 발생하게 된다. 또한 동료직원은 협력자인 동시에 경쟁자이기도 하다. 직장인에게 승진보다 커다란 보상은 없다. 그러나 승진할 수 있는 직위는 제한되어 있기 때문에 소수의 우수한 직원만이 승진할 수 있는 것이 현실이다. 따라서 동료직원과의 상대적 평가에 의해 자신의 업무성적이 평가되고 승진여부가 결정된다. 동료직원의 우수한 업무성적은 자신의 승진가능성이 감소함을 의미할 수 있을 것이다.

이러한 관계에서 흔히 동료 직원들은 상사에게 자신의 능력을 증명하기 위해, 업무수행이나 상사와의 개인적 유대관계를 형성하기 위해, 충성 행동을 경쟁적으로 하게 된다. 이런 과정에서 동료직원과의 인간관계에 갈등이 생겨나는 경우가 흔하다. 뿐만 아니라 타부서 직원과의 갈등 역시 직장에서 경험하는 스트레스가 될 수 있다. 업무를 수행하는 데는 흔히 타부서의 도움과 협조가 필요하다. 부서간 협조에 문제가 발생할 때 타부서 직원과의 관계에서 갈등이 유발될 수 있으며 이러한 갈등으로 인해 부서간의 협조가 더욱 악화되는 것이다.

9.3.2 상사와 부하직원간에 갈등

직장은 업무수행을 위한 위계적 조직사회이기 때문에 업무를 지시하는 상사와 이를 수행하는 부하간에 갈등이 생겨나기 쉽다. 부하 직원들이 불만을 느끼는 상사는 부당하고 무리한 업무를 강요하는 상사, 평소 업무 지시나 언행에 있어서 부하를 비인격적으로 대하는 상사, 부하직원의 능력을 무시하고 부하직원에 대한 업무수행에 대한 정당한 평가나 보상을 해주지 않는 상사, 특정한 부하직원을 편애하거나 홀대하는 상사 등이다. 이러한 상사화 불편한 관계를 맺은 채 직장생활을 지속하는 것은 매우 고통스러운 일이다. 이에 반해 상사가 불만을 느끼는 부하직원은 지시한 일을 제대로 수행하지 못하는 부하, 사사건

건 이의를 제기하고 저항하는 부하, 상사에 대한 예의나 존중적 태도가 없는 부하, 조직의 규율을 지키지 않고 제멋대로 행동하는 부하, 조직에 대한 소속감이 없이 개별적으로 행동하는 부하 등이다.

흔히 상사에게 불만을 지닌 부하직원은 직접적으로 불만을 표현하기 어렵기 때문에, 업무를 소홀히 하거나 다른 일에서 이의를 제기하는 등 간접적으로 불만을 표현하는 경우가 많다. 상사 역시부하의 이러한 태도에 불만을 느끼게 되어 더욱 비판적인 행동을 보이게 됨으로써, 상사와 부하직원의 관계가 점점 더 악화되는 악순환을 형성하게 되는 것이다.

1. 여성 상사와 남성 부하간의 갈등

여권신장이 우리 사회에 거세게 몰아침에 따라 여성 상사 모시기가 새 직장문화로 뿌리내리고 있다. 이 같은 현상은 국민의 정부가 들어선 이후 더욱 두드러지고 있다. 관료조직에조차 40대 여성 법무부 장관의 등장은 이 같은 현상을 가속화시키고 있다. 전문가들은 이는 피할 수 없는 시대추세이자 사회변화라고 말한다. 모두가 지극히 당연한 현상으로 받아들여야 한다고 말한다. 이 같은 인식은 직장인들 사이에서도 크게 확산되고 있으며 이런 상황에 적응하기 위한 노력도 당연시되고 있다. 하지만 전통적 · 가부장적 가치관의 붕괴에 따른 위계질서의 변화는 조직과 사회체계뿐 아니라 개인적 가치관의 변화가 필요하다. 여러 세대에 걸쳐 오랜 세월 동안 학습된 행동양식과 문화적 믿음을 짧은 기간 내 바꾸기는 쉽지 않다. 충분히 적응하고 소화할 수 있는 준비이행 단계를 갖지 못했기 때문이다.

2. 여성 상사와 여성 부하간의 갈등

여성 직장인에게 가장 두려운 존재는 누구일까. 육아와 직업을 양립하려 애쓰는 기혼의 직장 여성의 처지를 조금도 이해해주지 않고 동정은커녕 눈총만 주는 상사는 주로 남자일까 여자일까. 남자는 '절대 아니다'라는 조사가 영국에서 나와 화제다. 미국계 회사로 지난 1월 영국에 지부를 낸 '노동과 가정경영연구소'의 최근 연구에 따르면, 면접에 응한 직장 여성 대다수가 여자 상관이 더 무섭다고 대답했다는 것이다. 특히 미혼의 전문 여성, 여성 경영자, 그리고 자녀가 없는 여성이 가장 두려운 존재로 집계됐다. 이 집단이 여러 부류의 상사 중 여성에 대해 가장 이해심이 부족한 것으로 나타난 것이다. 결혼보다는 전문

경력을 택한 여성일수록 자녀를 둔 여성 직장인의 스트레스를 이해하지 못하는 경우가 많았다.

이 연구에서 "경우에 따라선 남자 상관이 더 동정적일 때가 많고 특히 젊은 신세대 남성들이 여성의 처지를 섬세하게 배려하는 경향이 있다"고 밝혔다. 자녀가 있는 여자 상사라도 높은 자리에 있을수록 직장과 가사를 병행하느라 하루하루를 투쟁하듯 살아가는 여성 부하 직원들의 처지에 냉정해지기 쉽다는 점도 드러났다. 공교롭게도 비슷한 시기에 발표된 '전국경영연구소'의 조사 결과도 비슷한 내용을 담고 있다. 여성 관리자가 여성 직원에 동정적이라거나 남성이 여성에 대해 비우호적이라거나 하는 신화는 깨진 셈이다. 여성부하의 입장에서 언니라고 부르며 화장실도 같이 가고 분명 평소 남자사원들보다 친근한 것은 사실이지만 뒤통수를 맞는 경우가 많다고 한다.

9.4 대학생이 생각하는 회사내 인간관계 갈등

취업을 앞둔 대학교 4학년 학생을 대상으로 입사 후 신입사원이 겪게 될 갈등에 대해 질문을 했을 때, 대체적으로 비슷한 유형의 갈등에 대해 걱정하고 있는 것을 알 수 있었다. 이들이 생각하는 갈등의 유형은 크게 2가지로 나누어 볼 수 있었다. 그 첫 번째는 상사나 동료와의 원활하지 못할 수 있는 인간관계에 대한 걱정이었고, 두 번째는 다른 사람과의 인간관계나 업무 이전에 자신의 성격 때문에 발생할 수 있는 회사 내 부적응에 대한 걱정이었다.

먼저, 상사나 동료와의 원활하지 못할 수 있는 인간관계에 대해서는 주로 자신의 주변에서 직접 보거나 들은 간접경험에 의한 걱정들이었다. 특히 가장 걱정하는 것은 자신과 정말 극과 극인 상사를 만나 맘고생만 하다가 회사를 관둘지도 모르는 상황이었고, 두 번째는 경쟁이 치열한 회사에서 자신의 동료들간에도 견제하고 경쟁하고 편을 가르는 상황에 대한 걱정이었다.

자신의 성격에 의한 회사 내 부적응에 대한 걱정은 인터뷰 대상자 중 몇몇 소극적이고, 부끄러움을 많이 타는 성격을 가진 사람들이 가지는 걱정이었다. 회사에서는 프레젠테이션을 해야 하는 상황이 많은데, 대중 앞에 서면 식은땀을 흘리고, 얼굴이 빨개져 말 한마디 제대로 하지 못하는 사람들은 프레젠테이션을 잘 할 수도 없고 결과적으로 경쟁에서 밀려 도태되고 회사에서 살아남을 수 없다는 걱정이었다. 선박에서는 이러한 일이 별로 없겠지만 승선을 앞둔 학생들 중 이런 문제로 고민하는 학생도 있을 것이다.

9.5 신입사원이 느끼는 갈등

직장인 10명 가운데 4명은 직장 내 갈등, 특히 동료 사이의 지나친 경쟁으로 인한 갈등 때문에 우울증에 시달리는 것으로 나타났다.

상시 구조조정과 연봉 서열 파괴라는 새로운 기업문화 때문이다.

이같은 사실은 온라인 채용 포털 인크루트(www.incruit.com 대표 이광석)가 직장인 1천92명을 대상으로 '직장 문화'에 대해 설문 조사한 결과 밝혀졌다. 이 조사에 따르면 전체의 29.7%(324명)가 최근 직장내 갈등이 더 심해졌다고 답했다. 또 이 때문에 44%(480명)가 우울증에 시달리고 있었다.

불황이 장기화 되면서 기업들이 상시 구조조정을 진행하고 있는 반면 재취업은 쉽지 않은 상황인데다, 최근의 기업문화가 파격적인 승진, 연봉 차별 등 직원들간 경쟁을 부추기고 있기 때문이라고 전문가들은 지적한다.

실제로 이번 설문조사에서도 직장내 갈등이 심해진 이유에 대해 '개인간 경쟁이 더 치열해 졌기 때문'(31.9%)이라고 대답한 사람이 가장 많았다.

이밖에 '업무 이외에 친분을 쌓을 수 있는 기회가 줄어들고 있기 때문' 이라는 답변도 25.3%나 됐으며, '실적 위주의 기업 문화 때문'이라는 답변도 19.8%에 달해 직장 문화가 갈수록 삭막해지고 있음으로 보여주고 있다.

무엇보다 갈등의 대상이 과거와 달리 상사와 부하직원 보다는 동료간의 갈등이 더 심각한 것으로 나타났다. 절반 이상(51.6%)이 동료와의 갈등이 가장 심각하다고 답했으며, 상사와 부하간에 갈등을 겪고 있다는 직장인은 46.2%였다. 이밖에 CEO와 직원간의 갈등을 꼽은 사람도 2.2%였다.

이균성기자 gslee@inews24.com

신입사원이 입사 후 겪게 되는 갈등의 양상은 크게 상사와의 갈등, 동료와의 갈등으로 나누어 볼 수 있다. 설문조사 결과에서 볼 수 있듯이 과거에는 상사와의 갈등이 동료와의 갈등보다 더 큰 비율로 나타났으나, 현재는 개인간 경쟁의 심화로 동료와의 갈등이 상사와의 갈등보다 더 큰 비율로 나타나고 있다. 그러나 동료와의 갈등이 상사와의 갈등보다 월등히 많아졌다고 해서 상사와의 갈등이 완전히 사라진 것은 아니다. 여전히 존재하고 있는 상사와의 갈등은 업무적으로 발생하는 갈등과 비업무적으로 발생하는 갈등으로 나누어 볼 수 있다.

업무적으로 발생하는 갈등은

① 상사의 불합리한 지시에 대해 합리적 대안을 내세워도 상사가 수용하지 않을 경우
② 업무지시사항이 자주 바뀔 경우
③ 업무성과에 대해 칭찬이나 포상이 없고 제대로 평가하지 않을 경우
④ 지시사항을 무조건 달성하라고 할 경우
⑤ 지시한 업무가 지나치게 과중할 경우
⑥ 사소한 업무상 실수를 지나치게 혼내는 경우
⑦ 업무성과에 대해 동료들과 자주 비교할 경우
⑧ 업무지시 때 성차별을 할 경우 등이 있었다.

비업무적으로 발생하는 갈등은

① 회식자리에서 술을 마시라고 자꾸 강요할 경우
② '공과 사' 구분없이 사적인 일을 자주 부탁할 경우
③ 지나치게 엄격한 군대식 상하관계를 요구할 경우 등이 있었다.

동료들간의 갈등은 요즘의 기업문화가 상시 구조조정과 연봉 서열 파괴, 파격승진 등으로 나타나며 개인간 경쟁이 더욱 치열해져, 이러한 상황에 적응하지 못하는 신입사원은 심지어 우울병까지 걸리는 경향이 나타나고 있다. 또한 예나 지금이나 상사에게 지나치게 아부를 하는 동료는 동료들간 가장 싫어하는 동료의 유형으로 나타나 그러한 동료와의 갈등이 발생하기도 하였다.

9.6 갈등 해결방법, 유지방법, 직장예절

9.6.1 입사 초기에 느끼는 갈등대처

입사 후 직장에서 새로운 인간관계를 형성하는 과정에서 여러 가지 스트레스를 경험할 수 있다. 대학과 같이 자유로운 분위기에서 생활하다가 직장의 위계적인 인간관계 구조에 적응하는 일은 쉬운 일이 아니다. 또한 대학에서처럼 마음 맞는 친구만 골라 사귄다면 직장생활에 문제가 생길 것이다. 직장내 인간관계는 정이 바탕이 되는 관계가 아니라 이해관계가 바탕이 되기 때문에 입사한 후부터 냉정하고 현실적인 사회에 적응해야 할 것이다.

1) 신입사원의 사내예절

우선, 직장 선배들이 제일 민감하게 보는 신입사원의 작은 사내예절에 대해 언급해보자. 이것은 선상생활에서도 적용될 것이다.

첫째, 개인적인 전화는 1분 이내에 해결하라.

직장 선배들에게 제일먼저 눈 밖에 나기 쉬운 부분이 바로 이 대목이다. 특히 여성(요즈음엔 남성도 두드러지게 많아지고 있다) 중에서 친구나 애인과의 통화에 거의 하루를 보내는 사람처럼 보이는 경우가 있다. 이들에게 Feminism이나 Specialist는 남의 이야기일 것이다.

둘째, 타인에 대한 평가를 하지 마라.

"김과장님은 성격이 어쩌고 저쩌고…" 이 순간 옆에서 듣는 사람은 "이 친구가 내가 없을 때도 이런 식으로 나를 매도하겠지"라는 생각을 반드시 하게 될 것이다.

셋째, 출근은 출근시간보다 30분전에 하라.

말단사원이 근무시간 중에 신문을 읽는 모습은 보기 흉하다. 그러므로 남들보다 하루를 일찍 시작하라. 특히 사무실 회식한 다음날은 더 일찍 출근하라. 우리나라는 술 앞에서 강한 모습에 경외심을 보이는 속성이 있다. 그렇다고 술이 세다고 자랑 마라, 무림에는 고수가 있기 마련, 결국 무너지는 모습을 보이게 된다. 항상 준비된 사람으로서의 모습을 스스로를 연출해야 할 것이다.

넷째, 선배사원이 한 잔 살 때는 가급적 따라가라.

그들의 자기자랑 및 가족이야기 그리고 애환에 진지하게 경청하는 모습을 보여라. 미국의 메이저리거들이 경기 중 난투극이 벌어질 때 덕아웃에서 뛰어나가 같이 뒹굴던 박찬호 선수의 모습에서 하나가 되는 것을 보았다. 여기서 인종차별을 넘어 비로소 우리가 되는 것이다. 바로 당신의 이러한 모습에서 선배들 역시 동질감을 느낄 것이다.

다섯째, 궂은 일은 내가 한다.

선택의 여지가 없다. "내가 이 일을 하려고 대학졸업 했나?"라는 쓸데없는 생각일랑은 출근하며 집에 놓고 나와라. 대학 졸업장이 큰 벼슬이 될 수는 없다.

여섯째, 먼저 인사하라.

사내에서는 당신보다 후배는 없다. 그러므로 마주치는 사람들마다 "안녕하세요"라고 경쾌하게 먼저 인사하라. 자고로 인사 잘해서 욕먹는 사람 없는 법이다.

이런 기본적인 행동을 몸에 익히는 것도 중요하지만 직장내 사람을 파악하고 성품을 알아차리는 눈치 또한 앞으로 직장생활을 편하고 성공적으로 하는 데에 많은 도움을 준다.

2) 인간관계의 형성

인간관계를 형성하는 과정에서 염두에 두어야 할 몇 가지를 요약하면,

첫째, 1명의 엘리트가 10명의 보통 사람을 이겨낼 순 없다.

성공자가 주변에는 늘 인간이 있다. 현대사회에서 독불장군은 절대 성공할 수 없다. 다양한 조직으로 짜여진 사회구조는 1명의 엘리트가 아무리 뛰어나다 하더라도 10명의 보통 사람과는 애초에 경쟁조차 할 수 없게 되어 있다. 성공한 사람은 자서전을 유심히 읽어 보라. 현재에 이르기까지 겪어야 했던 수많은 시련과 인생의 전환점에서 항상 인간관계가 새로운 활로를 찾아 주었음을 쉽게 알 수 있다. 특히 우리 나라의 경우 인간관계는 비즈니스 사회에까지 영향을 미친다. 제품의 질이나 가격의 여부를 떠나 인간관계만으로 계약이 체결되는 수도 허다하다. 성공하기 위해서는 인간을 주변으로 끌어들여야 하고, 그러기 위해서는 인간을 연구해야 한다. 반드시 기억하라, 비즈니스도 연출이 가능하다.

둘째, 성공자는 성공자끼리, 실패자는 실패자끼리 어울린다.

사회는 학벌이나 출신지역, 군대동기 등 다양한 인맥이 거미줄처럼 얽혀 있다. 사람을 처음 만나면 출신교나 지역을 묻는 것도 이 같은 인맥의 끈을 찾고자 하는 무의식적인 행동이다. 심지어 과거에 같은 지역에 살아 있다는 것만으로도 상대방과 원만한 대화가 이루어지는 경우도 있다. 흔히 '발이 넓다'고 자랑하는 사람이 있다. 하지만 이는 어리석은 일이다. 시간에 쫓기는 현대사회에서 무조건 인간관계만 넓혀 놓으려고 뛰어다니는 것은 시간낭비이기도 하고 그렇게 어중이떠중이 모인 인간관계는 대부분 쓸모가 없다. 또한 시간이 가면 자연와해가 되고 마는 것이 보통이다. 인맥 형성의 기본은 자기 주변의 사람부터 튼튼하게 묶어 나가는 데 있다. 자신보다 뛰어난 동료, 상사가 있다면 지체없이 접근해야 한다. 인맥형성이 불가사의하다는 것은 비록 처음엔 같은 학교 출신의 동창이라는 이름으로 인간관계가 형성되었다. 하더라도 시간이 지남에 따라, 인간의 수준에 따라 분화되기 때문인 것이다. 결국 성공자들의 주위엔 성공자들만 남아 있게 마련이다. 실패자는 실패자끼리 어울린다. 성공자를 가까이 하라.

셋째, 내가 먼저 성공자의 길을 걸어야 한다.

양질의 인맥을 형성하기 위해서는 성공자를 찾아야 한다. 성공자 또는 성공할 가능성이 있는 자를 찾기 위해서는 자신이 먼저 성공자의 길을 걸어야 한다. 예를 들어 입사한 사람이 승진에 유리한 발판을 위해 자격증을 준비한다면 어느 사이엔가 주위에는 같은 자격증을 취득하려는 사람이 모인다. 시간이 지나면 자격증 취득에 성공하는 사람과 실패하는 사람이 나온다. 결국엔 성공한 사람들만 남아서 계속 우대관계를 맺는 것이 보통이다. 마라토너들은 혼자 뛰지 않는다. 선두그룹과 제2그룹, 제3그룹으로 무리를 지어 달린다. 성공이 대열 역시 마찬가지이다. 비슷한 수준의 인간들이 그룹을 형성하며 달린다. 그리고 성공에 가까워질수록 그룹의 인원은 줄어든다. 끝까지 남아 있는 인간이 바로 인내인이다. 하지만, 조직 내에서 가장 중요한 것은 특히 신입사원이 가져야 할 가장 중요한 것은 "인간성"이라 생각된다. 아무리 능력이 뛰어난다한들 인간으로서의 소양이 부족하다면 중요한 순간에 좌절을 맛볼 수밖에 없을 것이다. 회사에 입사하는 순간 새로운 인생이 시작되는 것이다. 이제까지의 사고방식과 행동으로 직장생활을 하려 한다면 이미 낙오자의 대열에 선셈이다. 성공을 향한 숨가뿐 경쟁시대, 새롭게 태어나야만 한다. 학창생활의 편안한 마음가짐과 행동으로 이 경쟁을 뚫고 나가려 한다면 그야말로 계란으로 바위치기와 다름없을 것이다. 싫은 사람, 자기와 맞지 않는 사람, 자기에게 도움을 주지 못할 것 같은 사람이라도 차별하고 무시한다면 자기 또한 다른 사람에게 차별당하고 무시당할 수 있다는 것을 명심해야 한다. 모든 사람에게 예의바르고 정직한 모습을 보이도록 노력해야 한다. 직장인들은 자본주의사회의 전사이라고들 한다. 그리고 직장은 보이지 않는 가운데 서로를 누르고 눌리는 비정한 전쟁터와 같다고 한다. 살아남는 것이 아니라 승리를 해야만 한다. 그러기 위해서는 강해져야 하고 매력있고 능력있는 강한 직장인이 되어야 한다. 신입사원 때부터 이런 이미지를 심어주는 것이 중요하다.

9.6.2 상사 부하간의 갈등대처

직장생활에서 피할 수 없는 것이 상사와의 갈등이다. 위계적 조직사회이기 때문에 상사와 부하관계가 가장 중요하다고 말할 수 있다. 앞에서 말했듯이 직장은 영리를 목적으로 설립된 이익단체이다. 물론 학교나 공무원과 같이 비영리 법인도 있지만 우리가 회사나 직장에서 만나는 상사는 주로 회사나 조직의 목표에 집중되어 있는 것을 볼 수 있다. 대부분의 경우에 직장 상사는 회사를 대표한다는 생각이 들기도 한다. 회사의 방침과 지침, 또는 회사의 정책에 가장 충실하고자 하는 경향이 많기 때문이다. 아쉬운 것은 회사의 요구 사항과 목표와 달성하고자 하는 수준이 매우 높기 때문에 일을 잘하고자 한다면 끝이 없다. 따라서, 직장 상사의 요구를 모두 만족시킨다는 것은 불가능에 가깝다. 그러나, 우리가 잘 할 수 있는 것은 최선을 다하는 자세이다. 최선이라는 단어는 주어진 환경 내에서 할 수 있는 것은 끝까지 한다는 것을 의미한다. 직장 상사가 원하는 것은 모든 것을 완벽하게 처리하는 것을 원하는 것이 아니라, 최선을 다하는 성실성을 원하는 것이다. 일을 잘 하고자 노력하는 과정 자체가 일을 잘 배우는 첩경이 된다. 일이란 경험하여 본 사람이 보다 잘 할 수 있는 원리가 숨겨져 있기 때문이다. 따라서 상사가 원하는 것과 비례하여 많은 일을 하여 볼 것을 권한다. 일반적으로 직장의 상사는 일을 열심히 배우고자 하는 부하 직원을 좋아한다. 그리고 일을 잘 배울 수 있도록 배려하여 주기도 한다. 물론 어떤 상사는 매우 이기적인 이유에서 자신을 위하여 부하 직원을 혹사만 시키는 경우도 있지만 이러한 경우에도 일을 많이 하는 것은 자신에게 매우 유익하다는 점을 강조하고 싶다. 결론적으로 직장 상사와 잘 지내는 방법은 자신이

속한 조직의 목적과 목표에 적합한 일을 잘 배우고자 성실하게 노력하는 자세이다.

첫째는 상사를 특별한 인물이라고 생각하지 말라는 것이다. 그 역시 일상에 지친 사람이며, 자신의 경력을 생각하는 사람이며, 위로부터 또 다른 스트레스를 받는 사람이며, 나처럼 단점과 장점을 가지고 있는 감정적인 사람이라는 것을 이해하라는 것이다. 상사와 좋은 관계를 가지지 못하는 대부분의 경우를 보면, 그 지위에 걸맞은 인격을 가정하기 때문이다. 그러나 그런 것은 없다. 인격은 자리와 지위에 따라 달라지는 것이 아니다. 인격은 오히려 타고난 바탕 같은 것이어서 잘 변하지 않는다. 다만 그 바탕을 표현하는 형식이 지위에 따라 달라지는 것이다. 그래서 높은 자리에 오르고 관록이 붙고 좋은 의복을 입으면 사람이 달라 보이는 것이지 바탕이 변한 것은 아니다. 그것이 인간이다. 그러므로 상사의 강점을 좋게 생각하고, 그의 약점을 뒤에서 비웃지 않으면 우선 좋은 관계를 맺을 수 있는 기초가 마련된다 할 것이다.

둘째는 인간적으로 관계를 맺으라는 것이다. 사람은 똑똑하거나 실세에 딱 붙어 줄을 잘 선 사람이거나 카리스마가 강한 사람이 아니라 '나를 나로서 인정해 준 사람'이 가장 잘 기억이 나고 그를 위해 열심히 일하고 싶어한다. 인간적 관계를 맺으라는 것은 아부하라는 뜻이 아니며, 설날에 선물을 싸들고 그를 찾아 가라는 것도 아니다. 일로 맺어진 상사와 직원의 관계로만 남지 말고, 인생의 한 때를 공유했고, 이것을 인연으로 앞으로도 관계가 지속될 '사람과 사람의 관계'로 받아들이라는 것이다. 상사가 개인적으로 어떤 관심을 가지고 있는지, 무엇을 좋아하는지, 어떤 인생을 그리워하는지 관심을 가지고 알아두라는 것이다. 그리고 그 중에 자신과 일치하는 관심사나 취향이 있으면 공유하라는 것이다. 서로를 알아준다는 것은 서로에게 좋은 일이다. 그리고 오래 지속될 수 있는 만남으로 발전할 수 있다.

셋째는 역지사지의 마음으로 상사로부터 배우라는 것이다. 이 대목을 잘 이해하려면 자신이 몇 년 후 지금 상사의 자리에 앉은 관리자가 되었을 때를 가정하는 것이다. 그러면 보일 것이다. 상사가 나보다 나은 점이 있을 것이고, 내가 그 보다 잘 할 수 있는 것도 있을 것이다. 내가 그 보다 더 잘할 수 있는 것들에 대해서는 조용히 수련하여 자신의 강점을 계발하고 키워 나가는 것이 좋다. 종종 나의 강점으로 상사의 약점을 공격하고 싶은 때도 많을 것이다. 그러나 이때는 매우 조심해야 한다. 적절한 타이밍과 적절한 표현법을 찾아 상사의 약점을 보완하고 도와주는 형식을 갖추어야 한다. 그러면 반드시 고마워할 것이다. 그러나 적절한 형식과 태도를 잃게 되어 상사로 하여금 자신의 권위가 공격받았다고 느끼게 만들면 그 관계는 대단히 위험해지기 때문에 조심해야 한다. 그러나 상사가 나보다 나은 점에 대해서는 그것은 적극적으로 질문하고 배우려는 자세가 곧 좋은 관계로 발전하는 첩경이다. 사람을 가장 흐뭇하게 하는 것 중의 하나는 추종자를 가지는 것이다. 나의 좋은 점을 배우려는 사람을 미워할 바보는 아무도 없다. 그러니 상사를 즐겁게 해주고 나에게도 배움이 되는 일을 하는 것을 마다할 이유가 없다. 수직적인 관계든 수평적인 관계든 중요한 것은 그 만남이 서로에게 스미듯 향기로운 관계로 이어지는 것이 좋은 만남이라는 점이다. '당구공의 만남'처럼 서로 배척하는 관계가 되지 않으려면 상대방 속에서 아름다움을 찾아내는 시선과 함께 내 속의 결함을 돌이켜보게 하는 두 개의 이중적 시선을 가질 필요가 있다. 그리하여 나의 약점이 나의 강점을 상쇄하여 인간적 매력을 반감시키는 일이 없도록 애써야 한다. 좋은 만남은 결국 매력과 매력의 만남이어야 서로 존중하며 오래 갈 수 있기 때문이다.

넷째, 감사하는 마음을 전하라. 상사가 내는 밥값이나 고생했다고 하는 말 한마디, 수고했다는 메모 한 장은 상사이기 때문에 당연히 해야 하고 부하이기 때문에 우리가 당연히 받을 자격이 있는 것은 아니다. 그러나 흔히 다른 사람이 잘 해 주는 것에 대하여는 감사한 생각을 하지만 상사가 잘 해 주는 것에 대하여는 당연하다고 생각한다. '마치 나같이 유능한 직원과 같이 일하려면 이 정도는 해야 하는 것 아니냐'라고 생각하는 듯하다. 그렇기 때문에 상사의 호의에 대해 감사의 표시를 하지 않고 지나가는 사람이 많으며 혹은 '닭살 돋게 굳이 그것을 말할 필요있는가' 라고 생각하는 사람이 있다. 승진을 시켜주어도 내가 열심히 한 당연한 결과라고 생각하거나, 회식을 시켜주어도 그것은 상사의 의무라고 생각하는 경우가 많다. 심지어 회사돈으로 사주는데 내가 왜 감사해야 하는가? 오히려 시간을 할애한 나에게 상사가 고마워 해야지 하고 주장하는 사람도 있다. 상사는 늘 '나의 고민을 파악하고 나에게 관심을 가지고 있을 거야'라며 상사에 대해 지나친 기대와 착각을 하기도 한다. 그러나 실제는 그렇지 않다. 부하와 마찬가지로 상사에게도 가장 큰 관심은 본인에 관한 것이다. 자신의 장래에 대한 불안, 과중한 업무, 가족 걱정 등으로 머리가 아픈 사람이다. 당연하다고 생각하는 많은 것들이 사실은 당연한 것이 아니다. 당연히 있는 직장, 늘 부하를 칭찬하고 생일 케익과 대화의 장을 마련해 주는 상사가 사실은 당연한 것이 아니다. 부하가 상사의 칭찬과 격려에 목말라 하듯이 상사 또한 부하의 감사와 격려에 목말라 있다. 칭찬과 격려는 위에서 아래로만 향하는 것이 아니다. 누구나 할 수 있다. “어제 저에게 칭찬의 말씀을 해주셔서 큰 힘이 솟습니다. 감사합니다”, “어제 본부장님께 보고하신 내용은 저희들이 보기에도 참 일목요연하게 잘 된 것 같습니다. 수고 많으셨습니다.” 등 진심으로 상사에게 감사하고 칭찬하라. 직장의 분위기가 바뀌고 직장 생활이 달라질 것이다.

9.6.3 동료와의 갈등대처

동료직원은 흔히 나이나 직위가 비슷하기 때문에 매우 친밀한 동료관계를 맺을 수 있지만 또한 갈등을 초래할 소지도 높다. 동료직원은 협력자인 동시에 경쟁자이기도 하다. 인간은 사회적인 동물이라고 한다. 직장내에서 만나는 사람의 대부분을 우리는 동료라고 부른다. 일을 위해서는 서로 역할이 분담되어 있지만, 서로 협력하여 도와야 하는 관계이다. 일을 원만하게 잘하기 위하여, 그 일을 체크하고 평가하는 업무가 존재한다. 그러나 이 모든 일들은 근본적으로 서로 도와서 일을 이루고자 하는 것이다. 따라서 동료와 잘 지내는 방법은 서로의 입장을 이해하는 마음과 돕는 자세이다. 동료 중에는 매우 자기 중심적인 사람도 있다. 이러한 동료와 밀접하게 일을 하여야 하는 경우에는 속상하는 일들이 빈번하게 발생하기도 하지만 이러한 동료는 자신의 인격을 돌아보는 좋은 기회가 되기도 한다. 자신의 사랑 없음을 사랑 없는 동료를 통하여 새삼 느끼게 되는 경우가 많다. 그래서 우리는 동료를 자기를 비추는 거울이라고 표현하기도 한다. 결국 동료와 잘 지내기 위해서는 동료를 자기 자신과 동일시하는 자세가 필요하다. 동료와 함께 일을 하는 것이 익숙하여지면 두 가지의 원리를 알게 된다. 한사람의 지혜보다는 열 사람의 지혜가 뛰어나다는 것과 팀웍은 시너지 효과를 가져온다는 것이다. 그래서 우리는 흔히 개인은 조직을 이길 수 없다고 표현하기도 하는 것이다. 이러한 원리를 인정한다면, 우리는 동료를 인격적으로 존중하여야만 한다. 사람은 감정의 영향을 받기에 자신을 향하여, 웃는 얼굴과 반가와 하는 마음과 기뻐하는 동료에게는 호감을 갖게 된다. 결국 동료를 사랑하는 사람이 동료들로부터 사랑을 받는다고 할 수 있다.

하지만 동료관계는 이렇게 협력만 하는 관계로 유지할 수 없다. 도울 땐 도와야 하지만 경쟁자로서 자신의 이익을 챙겨야 하는 상황도 직면할 수 있다. 따라서 겉으로 보기엔 원만한 인간관계를 갖여야 하지만 그 안에서 선을 유지하는 것이 중요하다.

첫째, 공적인 호칭을 상용화하라. ‘OO야’ ‘언니’ ‘오빠’ 같은 단어를 사무실 안에서 사용할 경우 문제가 될 수 있다. ‘OO씨’ ‘OO선배’ 같은 공적인 호칭에 익숙해져야 한다. 물론 반말 대신 경어를 사용할 수 있다면 더없이 좋다. 만약 이미 ‘안방 언어’가 만연해 있는 분위기라면 동료를 살짝 불러 “사무실에서 언니, 동생 하는 게 윗사람 보기에도 그렇고, 타부서 눈도 있고, 바람직하지는 않은 것 같아. 회사에서는 호칭 바꿔 부르자.”라고 설득할 수는 있다. 말이 무섭다고 호칭만 바꿔도 태도가 달라진다. 뻔뻔스럽게 자기 일을 떠맡기듯 부탁하거나 공동작업할 때 자기 일 안 하고 무임승차하는 버릇은 상당 부분 고칠 수 있을 것이다.

둘째, 착한 척하지 말고 바쁜 척하라. 자기가 한가할 때 발 동동 구르고 있는 가련한 동료를 모르는 척하는 건 물론 양심 불량이다. 그러나 ‘내 일은 내 일, 네 일도 내 일’식의 바보 온달 노릇을 할 필요는 없다. 바쁘긴 매한가진데 유독 혼자 우는 소리 하는 인간은 어딜 가나 있게 마련이다. 친하다고 오냐오냐 받아주면 자기시간을 가질 수 없게 된다. 인정머리 없고 자기밖에 모르는 이기주의자로 낙인찍힐 필요야 없겠지만 알량한 의리 지킨답시고 무슨 부탁이든 다 들어주는 만만한 ‘바람돌이’가 되어서 좋을 건 없다. 눈물 글썽거리며 부탁하는데 매정하게 내칠 용기가 없다면 늘상 바쁜 척 하는 것도 좋다. 적어도 귀찮은 동료의 잔무를 분담하거나 화장실로 호출당해 지겨운 연애상담사 역할을 해야 하는 사태 정도는 막을 수 있다.

셋째, 단짝 ‘밥친구’를 만들지 말라. 회사내에서 ‘필요 이상으로 과도하게’ 친한 동료가 생기는 시발점이 바로 점심시간이다. 소화기능이 다소 불량해지더라도 상사가 사주는 공짜 밥도 알뜰하게 챙겨 먹고, 눈도장 찍어두면 회사 생활에 유리한 거래처 사람들과도 점심 스케줄을 잡는 버릇도 들이도록 노력하라. 어려운 선배에게 밥 사달라고 아양도 부려보고, 인사 정도나 하고 지냈던 소원한 동료들도 끌어들여 점심 판을 크게 벌이는 것이 필요하다. 폐쇄적인 ‘밥친구’를 만듦으로써 많은 사람들과 ‘적당히’ 친해질 기회를 봉쇄하지 않는 것이 중요하다.

넷째, 퇴근 후 개인 스케줄을 만들어라. 동료와의 사적인 친분 관계가 본격적으로 싹트는 공간은 단연 술집이다. 알코올 기운을 빌려 할 말 못 할 말을 다하는 순간, 당신과 동료와의 관계는 절대로 배신할 수 없는 끈적끈적한 관계로 발전한다. 회사 앞 단골술집에서 술을 마시며 동료와 쓸데없는 수다로 시간 낭

비하는 행동은 회사생활을 하는 동안 자기발전을 하는 시간을 버리는 것이다. 영어학원을 다니든 재즈댄스를 배우든 정신 수양을 위해 단전 호흡을 하든, 퇴근 후 회사 동료들로부터 '당당하게' 탈출할 수 있는 확실한 스케줄을 만들어라.

다섯째, 업무 외의 일로 전화하지 말라. 동료들과 업무적인 용건이 아닌 쓸데없는 전화질, 문자질은 삼가도록 하라. 당신의 동료로 하여금 술이 고플 때나 함께 쇼핑할 사람이 없을 때 언제고 써먹을 수 있는 편리한 친구 정도로 우습게 생각할 기회를 주지 않는 것이 중요하다. 남자 친구와 대판 싸우고 속풀이 할 대상이 필요할 때, 심지어는 남자친구가 너무 잘해줘서 자랑할 상대가 아쉬울 때 한 시간이고 두 시간이고 마음 놓고 전화할 수 있는 만만한 친구가 되지 말아야 한다. 너무 이기적이지도 이타적이지도 않는 융통적인 자세가 중요하다. 직장내에서 동료관계뿐만 아니라 모든 인간관계에서는 눈치있게 대처할 수 있도록 노력해야 한다.

9.6.4 종합적인 인간관계 유지방법

종합적으로 직장 내 인간관계에서 필요한 것들을 열거하자면,

① 조직 안에서의 네트워크를 갖추어야 한다.
직장은 냉엄한 경쟁사회이다. 어려운 입장에 처했을 때 당신을 위해 말 한 마디 거들어줄 사람을 얻는 것은 절대로 쉬운 일이 아니다. 여성동료 선후배는 물론, 남성동료 선후배들과도 개별적인 유대를 가져야 한다. 업무능력 만큼이나 인적 네트워크가 중요하다는 것은 잊지 말아야 한다.

② 사람들의 장점을 보아야 한다.
직장에서 일하다 보면 갈등, 미움, 스트레스에 의해 피곤해진다. 일에 지친 데다 인간관계조차 힘들면 직장은 지옥이다. 그러나 그 미움의 대상도 여유를 갖고 한 발 물러나 보면 좋은 점이 많다.

③ 상사에게는 공손하게, 동료직원에게는 친절하게, 후배에게는 따뜻하되 엄격해야 한다.

③ 자기보다 낮은 사람을 배려하라. 상사에게만 잘 보이려 하는 사람은 대접받기 어렵다. 자기보다 낮은 사람을 배려하라. 인간성 평판이 좋아지고 길게 보고 가는 방법이다.

④ 동료에게 인정받는 사람이 되자. 상사에게 인정받는 것보다 수평적, 경쟁

적 관계에 있는 동료들에게 인정을 받기가 더욱 어려운 것이 사실이다. 아무리 일을 잘해도 동료들과 화목하지 못하면 그 직장생활은 성공적이라고 볼 수 없다. 동료들에게 인정받고 사랑받는 것이 중요하다.

⑤ 약속시간은 반드시 지키자.

어느 은행 창구 점심시간. 1시까지 들어오기로 한 동료가 1시 5분에 들어왔다. 다른 한 동료는 정확히 1시 5분전에 들어왔다. 당신이라면 어떤 사람에게 신뢰가 가겠는가? 사소한 약속시간이라도 지키는 것이 사회생활의 기본이다. 1시에 부장님께 결재서류를 가져가기로 했으면 그렇게 해야 한다. 설령 서류가 준비되어 있지 않더라도 일단 가서 늦어지는 이유를 설명할 수 있어야 한다. 약속시간을 지키는 것으로 신뢰는 쌓여간다.

⑥ 궂은일은 솔선수범, 내가 먼저 하자.

조금 일찍 출근하니 아무도 나와 있지 않다. 말없이 사무 정리를 하는 동료를 보며 우리는 저절로 머리가 끄덕여진다. 화장실이 유난히 더럽혀져 있다. 아줌마가 청소하길 기다리기 전에 고무장갑을 낄 수 있는 마음자세가 필요하다.

⑦ 자신의 잘못을 남에게 돌리지 않는다. 분명히 책임이 자신에게 있을 때 주변 동료의 탓으로 돌리지 않는다. 설령 타인에 의해 방해를 받은 점이 있다 할지라도 절대 남의 탓을 하지 않는다. 뒤에 가서도 자신이 책임지는 자세가 필요하다.

⑧ 선의의 경쟁상대를 가져라. 선의의 경쟁상대가 있으면 서로 자극이 되어 발전할 수 있다. 결과에 연연하는 경쟁보다 누가 더 열심히 노력하는지를 경쟁하자.

⑨ 상사 앞에서 동료와 비교하지 말라. 동료와의 선의의 경쟁은 좋지만 상사 앞에서 보고 할 때 동료들과 자신을 비유하는 것은 금물로 해야 한다. 자신의 문제점과 미래지향성의 발전적인 보고를 하는 습성을 길러야 한다.

⑩ 직장에서 주최하는 행사에 빠짐없이 참여하라. 휴일행사는 사생활 침해라며 독단적으로 하는 행동은 결국 외톨이로 남게 한다. 종교 등을 이유로 불참할 경우 공동생활에서 제외될 뿐이다. 회식에는 꼭 참석하자. 자기편의주의는 안된다. 모든 것이 팀제로 운영되는 지금과 같은 조직세계에서는 더욱더 공동체 의식이 필요하다.

⑪ 선배와의 관계를 원만하게 유지하여라. 선배와의 약속은 반드시 지키고,

청소, 차는 선배가 하기 전에 먼저 준비하고, 식사시간에도 선배와 함께 가는 배려를 가져야 한다. 근무시간 종료 후에도 원만한 관계를 위해서 선배와의 만남의 시간 필요하다.

⑫ 직원의 애경사에 반드시 참석하라. 직원의 결혼, 아기의 돌잔치, 모친상 등에 부지런히 참석해서 기쁨과 슬픔을 같이 나누는 자세가 필요하다. 직장동료는 하루 중 반 이상을 함께 보내고 가장 가까이 지내야 하는 사람들이다. 일 속에서만 만나는 것이 아니라 가정의 애경사와 함께 한다면 진정한 동료가 될 수 있지 않을까.

⑬ 상대방과 대화법이 중요하다. 서로의 문화권이 틀린 상태에서 자칫 잘못하면 오해를 받을 수 있기 때문이다. 대화전달방법에 있어 신중하지 않으면 서로가 다른 견해로 받아들일 수 있다는 사실도 알아야 한다.

⑭ 이성동료에게 지나친 친절은 동성 동료들을 적으로 만든다. 어떤 여성은 같은 여성에게는 별 친절함을 안보이다가 유독 남성동료에게 보기에 좀 지나치다 싶을 정도로 친절한 경우가 있다. 그것이 아무 생각 없이 그렇게 한 것이라 할지라도 같은 여성동료들에게는 좋지 않게 보일 수 있다.

⑮ 일터에서 이성으로 느끼게 하지 말고 동료로 느끼게 하라. 한 남자직원이 아무 생각 없이 여직원의 목에 붙은 머리카락을 떼어 주려 했는데 여직원이 놀라서 "어머, 왜 그래요?"하며 소릴 질러대는 바람에 얼굴이 벌개져 당황하게 되었다. 이런 행동은 여자를 더욱 여자로 느끼게 할 뿐이다. 치근거림과 장난, 그리고 자연스러운 행동을 구분할 줄 알아야 한다. 오히려 단호하게 대처해야 할 '치근거림', 즉 성희롱에 속수무책으로 당하는 경우가 문제이다.

⑯ 동료직원들과의 금전거래 및 보증거래 되도록 안해야 한다. 동료직원이 어려움에 처했을 때 도와주는 것이 마땅하지만 금전거래는 친한 사이에서는 오히려 피해야 한다고들 한다. 왜일까? 돈이 오고가면 이후 처음 의 도와는 다르게 오해가 생길 가능성이 많고 그것이 인간관계에 장애가 되는 것이다. 정말 도와주고 싶다면 이후 문제가 발생해도 그 문제까지 떠안을 생각을 하고 도와야 할 것이다.

⑰ 돌출행동이나 불신조장, 화합저해 행위는 금물이다. 인간사회는 어울려 사는 사회이다. 너무 튀는 행동은 눈길은 끌지는 몰라도 결코 플러스요인이 되지 않는다. 서로간의 불신을 조장하고 화합을 저해하는 행위는 조직

사회에서 철저히 배제되어야 할 행동이다.

⑱ 야단맞아도 눈물 보이지 말고 칭찬 받아도 응석부리지 말라. 상사가 업무와 관련하여 꾸중을 할 때는 배우는 심정으로 겸허하게 받아들이는 자세가 필요하다. 칭찬 한 번 듣고 헤헤거리며 너무 설치는 것도 보기 안 좋다. 꾸중은 보약이다. 칭찬은 힘이 되긴 하겠지만 발전의 도움이 되는 것은 오히려 꾸중이라는 사실을 명심하자.

⑲ YES, NO를 오해의 소지가 없도록 분명하게 표현하여라.
뒤에서 말하지 말라. 불만사항이 있으면 뒤돌아서 욕하지 말고 본인과의 대화를 통하여 풀어나가도록 한다.

⑳ 남성 동료나 상사의 개인적인 저녁식사 초대시 한적한 장소보다 번잡한 곳을 선택한다. 거절이 불가능할 경우는 다른 동료 직원과 동행하도록 한다.

㉑ 연배로서의 남자직원도 제대로 볼 줄 아는 마음을 갖자. 여직원은 여고 졸업 후, 남자직원은 대부분 대학 졸업 후 혹은 군대 제대 후 입사하기 때문에 입사가 늦어도 나이는 여직원보다 많은 경우가 대부분이다. 이런 여직원들이 남자직원을 대할 때는 나이를 감안해서 대해야 한다.

인간의 삶터가 직장을 중심으로 이루어진다고 할 때 우리는 직장을 통하여 많은 사람들과 교제한다. 같은 직장내에서도 윗사람, 동료, 아랫사람이 있고, 직장 외부에서도 관련된 사람들을 수시로 접촉한다. 이때, 인간관계가 원만하면 직장 생활이 늘 즐거운 반면에, 그렇지 못하면 늘 긴장과 스트레스 속에서 갈등하게 된다. 그러므로 대부분의 직장에서는 전통적인 인화와 협동을 강조한다. 왜냐하면, 인화와 협동 관계 속에서 일의 생산성과 효율성이 높아지기 때문이다.

사회생활에서 인간 사이의 화합이 중요함은 어떤 공동체에서도 공통되는 사실이다. 그러나 대인 관계를 원만히 한다는 것은 개인의 노력만으로 해결되는 문제가 아니다. 그것은 공동체 구성원의 상호 배려를 토대로 형성된다. 우리는 성공하는 많은 사람들을 보면 그들은 무엇인가 남다른 면이 있다는 것을 발견한다. 그 중에서도 그들에게 있어서 중요한 것으로 간주되는 것은 대인관계에서의 성공적인 발전이라는 점이다.

성공하는 사람들에게 공통적인 것은 조그마한 것에서 상대방을 위하여 최선을 다한다는 점이다. 그들은 커다란 일에 전략을 수립하고 집행하는 데 노력을 다하는 것에 못지않게 작은 일에 있어서도 그 자체의 성공을 위하여 최선을 다한다는 점이다. 그들의 성공은 작지만 성공을 위하여 최선을 다하는 가운데 형성되는 자기의 이미지의 확산에 의하여 타인에게 알려지고 인정을 받으며 그 결과 그들이 삶이 성공적인 것으로 만들어지는 것이라고 할 수 있다.

우리는 대인관계 문제를 논할 때 그 출발점을 자신으로부터의 예절에서 출발하여야 한다. 자신 스스로의 예절, 동료와의 예절, 상사와의 예절, 고객과의 예절 등으로 예절은 자신과 관계를 형성하는 많은 대상에 따라 달리 형성되는 것이고 그로부터 자신의 이미지가 형성되며, 아울러 직장내에서의 대인관계도 원활히 이루어질 수 있다는 점을 이해하여야 한다.

즉, 예절과 자신의 이미지는 밀접한 상관관계에 있다는 점이다. 오늘날 경영환경이 급변하는 시대에서 성공적인 직장생활을 하기 위하여 직장에서 능력있는 사람으로 인정받아야 한다. 그러나 인정을 받는다는 것은 단지 일을 열심히 하여 성과를 높이는 측면에서의 인정도 있지만 이에 더하여 인간적인 측면에서 신뢰할 수 있는 사람으로 인정을 받아야 한다는 의미도 포함한다. 그런데 인간적으로 인정을 받는다는 것은 타인의 마음속에서 오랫동안 축적되어 온 자신의 이미지의 평가인 것이다.

나의 동료, 상사 그리고 많은 사람들을 만날 때 밝은 미소 한번을 더 선사하면, 그리고 그들의 이야기를 그들의 입장에서 잘 들어준다면, 그리고 진심으로 그들을 위해 배려하는 마음을 가진다면, 이 작은 예절로부터 시작되는 대인관계는 자신의 이미지는 너무나 큰 것이라는 점을 잊지 말아야 한다. 직장에서 원만한 인간관계를 유지하기 위해서는 본문에서 열거한 몇 가지 원칙과 기준을 지키고 숙지한다면 갓 입사한 새내기 사원이라도 어렵지 않게 사회생활의 첫 발을 내딛을 수 있을 것이다.

참고문헌

1. 예병덕 외 4명, "기초안전교육", 한국해양대학교.
2. "응급처치", 한국해양수산연수원.
3. WHO, "International Medical Guide for Ships, 2nd Edition".
4. Department of Transport, "The Ship Captain's Medical Guide, 21st Edition".
5. 의학교육연수원, "가정의학", 서울대학교 출판부.
6. 동아출판사 편집국, "현대 가정의학 백과" 동아출판사.
7. 교육인적자원부, "고등학교 선박 운용", 국정도서편찬위원회.
8. 정윤석, "마라톤과 심폐소생술" 조선일보 편집국.
9. 김광만 외 2명, "초급사관현장교육교재", 한진해운.
10. 유명윤 외 다수, "해상안전", 한국해양수산연수원.
11, "해양오염방지실무", 한국해양수산연수원.
12. Brain Davies, "Survival at Sea", BROWN, SON & FERGUSON LTD.
13. Ministry of Defense(Navy), "Manual of Seamanship", HMSO.
14. 김사수 외 6명, "조선공학개론", 대한조선학회.
15. 문채식, "해상안전론", 해인출판사.

찾아보기

H

I

P

S

선박기초안전

2020년 2월 20일 1판 6쇄 발행

저 자 윤 귀 호 외
발행인 남 승 우

발행처 도서출판 상尙 학學 당堂

서울특별시 동작구 사당로9가길 6
TEL : 02) 595-1692~4
FAX : 02) 595-1394
E-mail : namdoo6@unitel.co.kr
신고 : 2-155호 (1968. 11. 29)

정가 23,000원

ISBN 978-89-93383-22-5 93500